三好康彦 著
YASUHIKO MIYOSHI

高圧ガス
販売主任者試験
第一種販売

合格問題集

■ はしがき

本書は，国家資格試験「高圧ガス販売主任者試験　第一種販売」について，2018（平成30）年度から2023（令和5）年度までの6年分の試験問題を解説したものです．法令試験問題は項目別と年度別に，保安管理技術試験問題は項目別に分類しています．特に法令の項目別は，各設問のイ，ロ，ハの3つの選択肢を完全に分離してまとめていますが，各選択肢は出題年度と問題番号が一目でわかるように掲載してあります．また，その解説では，各選択肢のキーワードを太字で示し，一目で法令試験問題の内容と出題傾向がわかるようになっています．

読者がこの項目別を学習されると，同様な問題が繰返し出題されていることがわかり，また，まとめて掲載しているので記憶に残りやすく，系統的に理解が進むと確信しています．また本試験は，他の国家試験とは異なり，3つ（法令）もしくは4つ（保安管理技術）の選択肢を完全に理解していないと，正解ができない仕組みになっているので，本書のような項目別分類は，正確な理解に大いに貢献するものと考えています．

また，法令の項目別で学習を終えた後，実際の試験問題の形式である法令(年度別編）を活用されると，いっそう理解が深まるものと考えています．

さらに，試験のキーワードを簡単に探すことができる索引を掲載していますので，大いに活用していただきたいと思います．

ところで，高圧ガス販売主任者は，高圧ガスによる災害を防止するための鍵となる重要な職務を担っています．現在では，最新の技術を適用して予防や警報をはじめ，さまざまな保安措置などが取られていますが，どのような措置が取られていても，それらの管理や検査などが一定の水準に維持されなければ，災害を予防することはできません．高圧ガス販売主任者は，この点で極めて重要な役割を果たす位置にいるといえます．

読者の皆さんは，すでに実務に携わっている方も多いと思います．現場では，いろいろな問題に遭遇し解決することが求められます．その際に重要なことは，問題解決に必要な広範囲の知識と経験を身につけていることはもとより，単にそれだけではなく，それらを有機的に結び付けて解決する能力が求められているということです．その能力は，関係するどんな些細なことにも関心をもち，常に疑問の課題として抱えておくことによって，身につくものと考えています．

保安関係に関する技術進歩が日進月歩であることはいうまでもありません．この国家資格の合格をきっかけに，関連する他の国家試験にも挑戦していただき，絶えず自己研鑽と現場に即した技術を身につけられることを期待しています．

最後に，本書の読者から多くの合格者が誕生すれば，これに勝る喜びはありません．

2024年6月

著者しるす

主な法令名の略語一覧

法 …………………… 高圧ガス保安法
令 …………………… 高圧ガス保安法施行令
一般則 ……………… 一般高圧ガス保安規則
液石則 ……………… 液化石油ガス保安規則
コンビ則 …………… コンビナート等保安規則
容器則 ……………… 容器保安規則
液石法 ……………… 液化石油ガスの保安の確保及び取引の適正化に関する法律
液石法令 …………… 液化石油ガスの保安の確保及び取引の適正化に関する法律施行令
液石法則 …………… 液化石油ガスの保安の確保及び取引の適正化に関する法律施行規則

■目　次

第1章　法　令（項目別編）

第1章　法　令（年度別編）

第2章　保安管理技術

第1章

法　令
（項目別編）

本編は，過去6年分の法令試験問題の各選択肢を出題内容（項目）ごとに分類，整理したものです.

各問題（選択肢）は，一問一答式になっているので，各問題の正誤を答えなさい.

1.1 法の目的

1)【令和5年 問1ハ】高圧ガス保安法は，高圧ガスによる災害を防止して公共の安全を確保する目的のために，高圧ガスの製造，貯蔵，販売，移動その他の取扱及び消費の規制をすることのみを定めている.

2)【令和4年 問3ロ】高圧ガス保安法は，高圧ガスによる災害を防止して公共の安全を確保する目的のために，高圧ガスの製造，貯蔵，販売，移動その他の取扱及び消費並びに容器の製造及び取扱について規制するとともに，民間事業者及び高圧ガス保安協会による高圧ガスの保安に関する自主的な活動を促進することを定めている.

3)【令和3年 問3ロ】高圧ガス保安法は，高圧ガスによる災害を防止して公共の安全を確保する目的のため，高圧ガスの製造，貯蔵，販売及び移動を規制することのみを定めている.

4)【令和2年 問3イ】高圧ガス保安法は，高圧ガスによる災害を防止し，公共の安全を確保する目的のために，高圧ガスの容器の製造及び取扱についても規制している.

5)【令和元年 問3イ】高圧ガス保安法は，高圧ガスによる災害を防止して公共の安全を確保する目的のために，高圧ガスの製造，貯蔵，販売，移動その他の取扱及び消費の規制をすることのみを定めている.

6)【平成30年 問3イ】高圧ガス保安法は，高圧ガスによる災害を防止して公共の安全を確保する目的のために，高圧ガスの製造，貯蔵，販売，移動その他の取扱及び消費並びに容器の製造及び取扱について規制するとともに，民間事業者及び高圧ガス保安協会による高圧ガスの保安に関する自主的な活動を促進することを定めている.

解説　1）誤り.「法の目的」（各種規制と自主的活動の促進）に係るもので，高圧ガス保安法は，高圧ガスによる災害を防止して公共の安全を確保する目的のために，高圧ガスの製造，貯蔵，販売，移動その他の取扱及び消費並びに容器の製造及び取扱について規制するとともに，民間事業者及び高圧ガス保安協会による高圧ガスの保安に関する自主的な活動を促進することも定めている．法第1条（目的）参照.

2）正しい.「法の目的」（公共の安全の確保）に係るもので，高圧ガス保安法は，高圧ガスによる災害を防止して公共の安全を確保する目的のために，高圧ガスの製造，貯蔵，販売，移動その他の取扱及び消費並びに容器の製造及び取扱について規制するとともに，民間事業者及び高圧ガス保安協会による高圧ガスの保安に関する自主的な活動を促進することを定めている．法第1条（目的）参照.

3）誤り.「法の目的」（各種規制と自主的活動の促進）に係るもので，高圧ガス保安法は，高圧ガスによる災害を防止して公共の安全を確保する目的のため，高圧ガスの製造，貯蔵，販売，移動その他の取扱及び消費並びに容器の製造及び取扱を規制するとともに，民間事業者及び高圧ガス保安協会による高圧ガスの保安に関する自主的な活動を促進することも定めている．法第1条（目的）参照．

4）正しい．「法の目的」（容器の製造及び取扱いも規制）に係るもので，高圧ガス保安法は，高圧ガスによる災害を防止し，公共の安全を確保する目的のために，高圧ガスの容器の製造及び取扱についても規制している．法第1条（目的）参照．

5）誤り．「法の目的」（高圧ガスの取扱い及び消費の規制及び自主的な活動の促進）に係るもので，高圧ガス保安法は，高圧ガスによる災害を防止して公共の安全を確保する目的のために，高圧ガスの製造，貯蔵，販売，移動その他の取扱及び消費の規制をすることのみではなく，民間事業者及び高圧ガス保安協会による高圧ガスの保安に関する自主的な活動を促進することを定めている．法第1条（目的）参照．

6）正しい．「法の目的」（公共の安全の確保）に係るもので，高圧ガス保安法は，高圧ガスによる災害を防止して公共の安全を確保する目的のために，高圧ガスの製造，貯蔵，販売，移動その他の取扱及び消費並びに容器の製造及び取扱について規制するとともに，民間事業者及び高圧ガス保安協会による高圧ガスの保安に関する自主的な活動を促進することを定めている．法第1条（目的）参照．

1.2 高圧ガス及び高圧ガス消費者の定義

1.2.1 高圧ガス

問題

1）**【令和5年 問1イ】** 圧力が0.2メガパスカルとなる場合の温度が35度以下である液化ガスは，高圧ガスである．

2）**【令和5年 問4イ】** 常用の温度35度において圧力が1メガパスカルとなる圧縮ガス（圧縮アセチレンガスを除く．）であって，現在の圧力が0.9メガパスカルのものは高圧ガスではない．

3）**【令和4年 問3イ】** 常用の温度35度において圧力が0.2メガパスカルとなる液化ガスであって，現在の圧力が0.1メガパスカルのものは特に定めるものを除き高圧ガスではない．

4）**【令和4年 問4イ】** 常用の温度において圧力が1メガパスカル以上となる圧縮ガスであって，現在の圧力が1メガパスカルであるものは，高圧ガスである．

5）**【令和3年 問3イ】** 温度35度以下で圧力が0.2メガパスカルとなる液化ガスは，

高圧ガスである.

6) **【令和3年 問4イ】**圧縮ガス（圧縮アセチレンガスを除く.）であって，温度35度において圧力が1メガパスカルとなるものであっても，現在の圧力が0.9メガパスカルであるものは，高圧ガスではない.

7) **【令和2年 問3ハ】**常用の温度において圧力が0.2メガパスカル未満である液化ガスであって，圧力が0.2メガパスカルとなる場合の温度が35度以下であるものは高圧ガスではない.

8) **【令和2年 問4イ】**温度15度において圧力が0.2メガパスカルとなる圧縮アセチレンガスは高圧ガスである.

9) **【令和元年 問3ハ】**圧力が0.2メガパスカルとなる場合の温度が35度以下である液化ガスは，高圧ガスである.

10) **【令和元年 問4イ】**常用の温度35度において圧力が1メガパスカルとなる圧縮ガス（圧縮アセチレンガスを除く.）であって，現在の圧力が0.9メガパスカルのものは高圧ガスではない.

11) **【平成30年 問3ハ】**圧力が0.2メガパスカルとなる場合の温度が35度以下である液化ガスであっても，現在の圧力が0.1メガパスカルであるものは高圧ガスではない.

12) **【平成30年 問4イ】**現在の圧力が0.1メガパスカルの圧縮ガス（圧縮アセチレンガスを除く.）であって，温度35度において圧力が0.2メガパスカルとなるものは，高圧ガスである.

解説 1）正しい.「高圧ガスの定義」（三号ガス：液化ガス）に係るもので，圧力が0.2 MPaとなる場合の温度が35℃以下である液化ガスは，高圧ガスである. 法第2条（定義）第三号参照.

2）誤り.「高圧ガスの定義」（一号ガス：圧縮ガス）に係るもので，常用の温度35℃において圧力が1 MPa以上（本問では1 MPa）となる圧縮ガス（圧縮アセチレンガスを除く）であるものは，現在の圧力にかかわらず高圧ガスである. 法第2条（定義）第一号参照.

3）誤り.「高圧ガスの定義」（三号ガス：液化ガス）に係るもので，常用の温度35℃において圧力が0.2 MPa以上（本問では0.2 MPa）となる液化ガスは，現在の圧力にかかわらず高圧ガスである. 法第2条（定義）第三号参照.

4）正しい.「高圧ガスの定義」（一号ガス：圧縮ガス）に係るもので，常用の温度において圧力が1 MPa以上となる圧縮ガスであって，現在の圧力が1 MPa以上（本問では1 MPa）であるものは，高圧ガスである. 法第2条（定義）第一号参照.

5）正しい.「高圧ガスの定義」（三号ガス：液化ガス）に係るもので，温度35℃以下で圧力が0.2 MPaとなる液化ガスは，高圧ガスである．法第2条（定義）第三号参照．

6）誤り．「高圧ガスの定義」（一号ガス：圧縮ガス）に係るもので，圧縮ガス（圧縮アセチレンガスを除く）であって，温度35°Cにおいて圧力が1 MPaとなるものは，現在の圧力にかかわらず高圧ガスである．法第2条（定義）第一号参照．

7）誤り．「高圧ガスの定義」（三号ガス：液化ガス）に係るもので，圧力が0.2 MPaとなる場合の温度が35°C以下である液化ガスは，常用の温度における圧力にかかわらず高圧ガスである．法第2条（定義）第三号参照．

8）正しい．「高圧ガスの定義」（二号ガス：圧縮アセチレンガス）に係るもので，温度15°Cにおいて圧力が0.2 MPa以上（本問では0.2 MPa）となる圧縮アセチレンガスは，高圧ガスである．法第2条（定義）第二号参照．

9）正しい．「高圧ガスの定義」（三号ガス：液化ガス）に係るもので，圧力が0.2 MPaとなる場合の温度が35°C以下である液化ガスは，高圧ガスである．法第2条（定義）第三号参照．

10）誤り．「高圧ガスの定義」（一号ガス：圧縮ガス）に係るもので，常用の温度35°Cにおいて圧力が1 MPa以上（本問では1 MPa）となる圧縮ガス（圧縮アセチレンガスを除く）であるものは，現在の圧力にかかわらず高圧ガスである．法第2条（定義）第一号参照．

11）誤り．「高圧ガスの定義」（三号ガス：液化ガス）に係るもので，圧力が0.2 MPaとなる場合の温度が35°C以下である液化ガスであれば，現在の圧力にかかわらず高圧ガスである．法第2条（定義）第三号参照．

12）誤り．「高圧ガスの定義」（一号ガス：圧縮ガス）に係るもので，温度35°Cにおいて圧力が1 MPa以上となる圧縮ガス（圧縮アセチレンガスを除く）であれば，現在の圧力にかかわらず高圧ガスであるが，本問ではその圧力が0.2 MPaなので高圧ガスではない．法第2条（定義）第一号参照．

■ 1.2.2　用語の定義（特定高圧ガス消費者，充てん容器）

問題

1）**【令和5年 問5イ】** 他の事業所から導管により圧縮水素を受け入れて消費する者は，特定高圧ガス消費者である．

2）**【令和5年 問5ロ】** モノシランを消費する者は，特定高圧ガス消費者である．

3）**【令和5年 問5ハ】** 貯蔵設備の貯蔵能力が質量3,000キログラムである液化酸素を貯蔵して消費する者は，特定高圧ガス消費者である．

4）**【令和3年 問2イ】** 医療法に定める病院は，一般高圧ガス保安規則に定める第一種保安物件である.

5)【令和3年 問2ロ】収容定員300人以上である劇場は，一般高圧ガス保安規則に定める第一種保安物件である.

6)【令和3年 問2ハ】学校教育法に定める大学は，一般高圧ガス保安規則に定める第一種保安物件である.

7)【令和3年 問5イ】モノシランを消費する者は，特定高圧ガス消費者である.

8)【令和3年 問5ロ】容積300立方メートルの圧縮酸素を貯蔵し，消費する者は，特定高圧ガス消費者である.

9)【令和3年 問5ハ】質量3,000キログラムの液化天然ガスを貯蔵し，消費する者は，特定高圧ガス消費者である.

10)【平成30年 問4ハ】貯蔵設備の貯蔵能力が質量1,000キログラムである液化塩素を貯蔵して消費する者は，特定高圧ガス消費者である.

解説 1) 該当する.「特定高圧ガス消費者」(他の事業所から導管により消費する圧縮水素を受け入れる者) に係るもので，他の事業所から導管により圧縮水素を受け入れて消費する者は，特定高圧ガス消費者である. 法第24条の2 (消費) 第1項かっこ書参照.

2) 該当する.「特定高圧ガス消費者」(モノシランを消費する者) に係るもので，高圧ガスのモノシランを消費する者は，特定高圧ガス消費者である. 法第24条の2 (消費) 第1項及び令第7条 (政令で定める種類の高圧ガス) 第1項第一号参照.

3) 該当する.「特定高圧ガス消費者」(3,000 kg以上の貯蔵能力の液化酸素を貯蔵して消費する者) に係るもので，貯蔵設備の貯蔵能力が質量3,000 kgである液化酸素を貯蔵して消費する者は，特定高圧ガス消費者である. 法第24条の2 (消費) 第1項及び令第7条 (政令で定める種類の高圧ガス) 第2項表参照.

4) 該当する.「医療法に定める病院」(第一種保安物件に該当) に係るもので，医療法に定める病院は，第一種保安物件に該当する. 一般則第2条 (用語の定義) 第1項第五号ロ参照.

5) 該当する.「収容定員300人以上である劇場」(第一種保安物件に該当) に係るもので，収容定員300人以上である劇場は，第一種保安物件に該当する. 一般則第2条 (用語の定義) 第1項第五号ハ参照.

6) 該当しない.「学校教育法に定める大学」(第一種保安物件に非該当) に係るもので，学校教育法のうち大学は第一種保安物件から除外されている. 一般則第2条 (用語の定義) 第1項第五号イ参照.

7) 該当する.「特定高圧ガス消費者」(モノシランの圧縮ガス又は液化ガスで規模は関係なし) に係るもので，圧縮ガス又は液化ガスのモノシランを消費する者は，規模に関係なく特定高圧ガス消費者となる．法第 24 条の 2（消費）第 1 項，第 2 項及び令第 7 条（政令で定める種類の高圧ガス）第 1 項参照．

8）該当しない．「特定高圧ガス消費者」（液化酸素 3,000 kg 以上を貯蔵して消費する者）に係るもので，液化酸素を 3,000 kg 以上貯蔵し，消費する者は特定高圧ガス消費者に該当するが，圧縮酸素を貯蔵しても該当しない．令第 7 条（政令で定める種類の高圧ガス）第 2 項表参照．

9）該当しない．「特定高圧ガス消費者」（圧縮天然ガス 300 m^3 以上を貯蔵して消費する者）に係るもので，圧縮天然ガス 300 m^3 以上貯蔵し，消費する者は特定高圧ガス消費者に該当するが，質量 3,000 kg の液化天然ガスを貯蔵し，消費する者は該当しない．令第 7 条（政令で定める種類の高圧ガス）第 2 項表参照．

10）正しい．「特定高圧ガス消費者」（液化塩素では質量 1,000 kg 以上の貯蔵能力）に係るもので，貯蔵設備の貯蔵能力が質量 1,000 kg である液化塩素を貯蔵して消費する者は，特定高圧ガス消費者である．法第 24 条の 2（消費）第 1 項，第 2 項及び令第 7 条（政令で定める種類の高圧ガス）第 2 項参照．

1.3 法の適用範囲

問題

1）**【令和 5 年 問 4 ハ】**オートクレーブ内における高圧ガスのうち，水素，アセチレン及び塩化ビニルは，高圧ガス保安法の適用を除外されている高圧ガスではない．

2）**【令和 4 年 問 1 イ】**オートクレーブ内における高圧ガスは，そのガスの種類にかかわらず高圧ガス保安法の適用を受けない．

3）**【令和 3 年 問 1 イ】**内容積が 1 デシリットル以下の容器に充塡された高圧ガスは，いかなる場合であっても，高圧ガス保安法の適用を受けない．

4）**【令和元年 問 1 ロ】**一般高圧ガス保安規則に定められている高圧ガスの移動に係る技術上の基準等に従うべき高圧ガスは，液化ガスにあっては質量 1.5 キログラム以上のものに限られている．

5）**【平成 30 年 問 4 ロ】**密閉しないで用いられる容器に充塡されている高圧ガスは，いかなる場合であっても，高圧ガス保安法の適用を受けない．

解説 1）正しい．「オートクレーブ内の高圧ガスは例外を除き法の適用除外」（水素，アセチレン及び塩化ビニルは適用）に係るもので，オートクレーブ内における高圧ガスのうち，水素，アセチレン及び塩化ビニルは，高圧ガス保安法の適用を除外されている高圧ガスではない．令第2条（適用除外）第3項第六号参照．

2）誤り．「オートクレーブに対する法の適用」（水素，アセチレン及び塩化ビニルは適用あり）に係るもので，オートクレーブ内における高圧ガスであっても，水素，アセチレン及び塩化ビニルは高圧ガス保安法の適用を受ける．法第3条（適用除外）第1項第八号及び令第2条（適用除外）第3項第六号参照．

3）誤り．「1 dL以下の容器充てん高圧ガス」（液化ガスであって35°Cで0.8 MPa以下で経済産業大臣の定めるもの以外は法の適用あり）に係るもので，内容積が1 dL以下の容器に充てんされた液化ガスであって，温度35°Cで0.8 MPa以下のもののうち経済産業大臣が定めるものは高圧ガス保安法の適用を受けない．したがって，それ以外は法の適用を受ける．なお，内容積が1 dL以下の容器及び密閉しないで用いられる容器については，法第40条～第56条の2の2及び第60条～第63条の規定は適用されないので，それ以外は法の適用を受ける．法第3条（適用除外）第1項第八号，第2項及び令第2条（適用除外）第3項第八号参照．

4）誤り．「移動の技術上の適用規模基準」（下限は無規定）に係るもので，一般高圧ガス保安規則に定められている高圧ガスの移動に係る技術上の基準等に従うべき高圧ガスは，毒性ガスに係るものについてはその規模の下限が定められていない．なお，液化ガスにあっては質量1.5 kg（容積0.15 m^3）を超えるものは貯蔵規制の適用がある．法第15条（貯蔵）第1項，第23条（移動）第1項及び第2項，一般則第19条（貯蔵の規制を受けない容積），第49条（車両に固定した容器による移動に係る技術上の基準）及び第50条（その他の場合における移動に係る技術上の基準）第一号かっこ書参照．

5）誤り．「非密閉容器の高圧ガス」（政令で除外するもの以外適用あり）に係るもので，密閉しないで用いられる容器については，法第40条～第56条の2の2及び第60条～第63条の規定は適用されないが，高圧ガスについては政令で除外するもの以外適用される．法第3条（適用除外）第1項第八号及び第2項参照．

1.4 届出

■ 1.4.1 特定高圧ガスの販売事業の開始又は消費者の消費開始

問題

1）**【令和4年 問1ロ】** 特定高圧ガス消費者は，第一種製造者であっても事業所ごとに，消費開始の日の20日前までに，特定高圧ガスの消費について，都道府県知事等に届け出なければならない．

2）**【令和2年 問1ロ】** 特定高圧ガス消費者は，事業所ごとに，消費開始の日の20日前までに特定高圧ガスの消費について所定の書面を添えて都道府県知事等に届け出なければならない.

3)**【令和元年 問5イ】**特定高圧ガス消費者は,事業所ごとに,消費開始の日の20日前までに,その旨を都道府県知事等に届け出なければならない.

4)**【令和元年 問5ロ】**特定高圧ガス消費者であり,かつ,第一種貯蔵所の所有者でもある者は,その貯蔵について都道府県知事等の許可を受けているので,特定高圧ガスの消費をすることについて都道府県知事等に届け出なくてよい.

5)**【平成30年 問1ハ】**第一種貯蔵所の所有者が,その貯蔵する液化石油ガスをその貯蔵する場所において溶接又は熱切断用として販売するときは,いかなる場合であっても,その旨を都道府県知事等に届け出なくてよい.

解説 1)正しい.「第一種製造者の特定高圧ガス消費者」(消費開始の日の20日前までに届出必要)に係るもので,特定高圧ガス消費者は,第一種製造者であっても事業所ごとに,消費開始の日の20日前までに,特定高圧ガスの消費について,都道府県知事等に届け出なければならない.法第24条の2(消費)第1項参照.

2)正しい.「特定高圧ガス消費の届出」(消費開始の日の20日前までに届出必要)に係るもので,特定高圧ガス消費者は,事業所ごとに,消費開始の日の20日前までに特定高圧ガスの消費について所定の書面を添えて都道府県知事等に届け出なければならない.法第24条の2(消費)第1項参照.

3)正しい.「特定高圧ガス消費の届出」(消費開始の日の20日前までに届出必要)に係るもので,特定高圧ガス消費者は,事業所ごとに,消費開始の日の20日前までに,その旨を都道府県知事等に届け出なければならない.法第24条の2(消費)第1項参照.

4)誤り.「貯蔵所の許可を受けた者が消費する場合」(消費の届出も必要)に係るもので,特定高圧ガス消費者であり,かつ,第一種貯蔵所の所有者でもある者は,その貯蔵について都道府県知事等の許可を受けているが,特定高圧ガスの消費をすることについて都道府県知事等に届出が必要である.法第16条(貯蔵所)及び第24条の2(消費)第1項参照.

5)誤り.「第一種貯蔵所の所有者が液化石油ガスを溶接・切断用として販売」(届出が必要)に係るもので,第一種貯蔵所(1,000 m^3 以上)の所有者が,その貯蔵する液化石油ガスをその貯蔵する場所において溶接又は熱切断用として販売する場合,貯蔵数量が常時5 m^3 以上であるから,その旨を都道府県知事等に届け出なければならない.法第20条の4(販売事業の届出)第二号及び令第6条(販売事業の届出をすることを要しない高圧ガス)参照.

■ 1.4.2　販売業者による高圧ガス貯蔵所の設置・使用

問題

1)【令和3年 問1ハ】販売業者が第二種貯蔵所を設置して，容積300立方メートル（液化ガスにあっては質量3,000キログラム）以上の高圧ガスを貯蔵したときは，遅滞なく，その旨を都道府県知事等に届け出なければならない．

解説　1）誤り．「第二種貯蔵所の設置・貯蔵」（あらかじめ都道府県知事等に届出が必要）に係るもので，販売業者は容積300 m^3（液化ガスにあっては質量3,000 kg）以上1,000 m^3 未満の高圧ガスを貯蔵するときは，あらかじめ都道府県知事等に届け出て設置する第二種貯蔵所において行わなければならない．法第17条の2第1項参照．

■ 1.4.3　災害・事故が発生したとき

問題

1)【令和5年 問2ロ】高圧ガスの販売業者は，その所有し，又は占有する高圧ガスについて災害が発生したときは，遅滞なく，その旨を都道府県知事等又は警察官に届け出なければならない．

2)【令和4年 問2ロ】販売業者が容器を喪失したときに，遅滞なく，その旨を都道府県知事等又は警察官に届け出なければならないのは，その喪失した容器を所有していた場合に限られている．

3)【令和2年 問1イ】販売業者は，その所有し，又は占有する高圧ガスについて災害が発生したときは，遅滞なく，その旨を都道府県知事等又は警察官に届け出なければならないが，その所有し，又は占有する容器を喪失したときは，その旨を都道府県知事等又は警察官に届け出なくてよい．

4)【令和元年 問1イ】販売業者は，その所有する容器を盗まれたときは，遅滞なく，その旨を都道府県知事等又は警察官に届け出なければならない．

5)【平成30年 問1ロ】高圧ガスが充填された容器を盗まれたときは，その容器の所有者又は占有者は，その旨を都道府県知事等又は警察官に届け出なければならないが，高圧ガスが充填されていない容器を喪失したときは，その必要はない．

解説　1）正しい．「災害が発生したときの届出先」（都道府県知事，消防吏員，警察官，消防団員若しくは海上保安官）に係るもので，高圧ガスの販売業者は，その所有し，又は占有する高圧ガスについて災害が発生したときは，遅滞なく，その旨を都道府県知事，消防吏員，警察官，消防団員若しくは海上保安官に届け出なければならない．法第36条（危険時の措置及び届出）第2項参照．

2）誤り．「喪失容器の届出」（所有及び占有の容器）に係るもので，販売業者が容器を喪失したときに，遅滞なく，その旨を都道府県知事等又は警察官に届け出なければならないのは，その喪失した容器を所有していた場合だけでなく，占有していた場合も含まれる．法第63条（事故届）第1項本文及び第二号参照．

3）誤り．「都道府県知事等又は警察官に事故届」（災害発生，容器喪失）に係るもので，販売業者は，その所有し，又は占有する高圧ガスについて災害が発生したときは，遅滞なく，その旨を都道府県知事等又は警察官に届け出なければならないが，その所有し，又は占有する容器を喪失したときも，その旨を都道府県知事等又は警察官に届け出なければならない．法第63条（事故届）第1項本文及び第一号並びに第二号参照．

4）正しい．「都道府県知事等又は警察官に容器の事故届」（窃盗）に係るもので，販売業者は，その所有する容器を盗まれたときは，遅滞なく，その旨を都道府県知事等又は警察官に届け出なければならない．法第63条（事故届）第1項本文及び第二号参照．

5）誤り．「盗難容器の届出」（充てん容器又は非充てん容器に無関係）に係るもので，容器が盗まれた場合，その容器に高圧ガスが充てんされていなくても，その容器の所有者又は占有者は，その旨を都道府県知事等又は警察官に届け出なければならない．法第63条（事故届）第1項本文及び第二号参照．

■ 1.4.4　承継・譲り渡し

題

1）**【令和5年 問2イ】** 高圧ガスの販売業者がその販売事業の全部を譲り渡したとき，その事業の全部を譲り受けた者はその販売業者の地位を承継する．

2）**【令和2年 問3ロ】** 販売業者である法人について合併があり，その合併により新たに法人を設立した場合，その法人は販売業者の地位を承継する．

3）**【平成30年 問2ハ】** 販売業者がその販売事業の全部を譲り渡したとき，その事業の全部を譲り受けた者はその販売業者の地位を承継する．

解説　1）正しい．「販売事業の全部の譲渡し」（譲り受けた者は販売業者の地位を承継）に係るもので，高圧ガスの販売業者がその販売事業の全部を譲り渡したとき，その事業の全部を譲り受けた者はその販売業者の地位を承継する．法第20条の4の2（承継）第1項参照．

2）正しい．「販売業者の法人について合併で新たな法人の設立」（その法人は販売業者の地位を承継）に係るもので，販売業者である法人について合併があり，その合併により新たに法人を設立した場合，その法人は販売業者の地位を承継する．法第20条の4の2（承継）第1項参照．

3）正しい．「販売事業の全部の譲り渡し」（譲り受けた者は販売業者の地位を承継）に係るもので，販売業者がその販売事業の全部を譲り渡したとき，その事業の全部を譲り受けた者はその販売事業の地位を承継する．法第20条の4の2（承継）第1項参照．

1.5 台帳

問題

1）**【令和3年 問3ハ】** 販売業者が高圧ガスを容器により授受した場合，その高圧ガスの引渡し先の保安状況を明記した台帳の保存期間は，記載の日から2年間と定められている．

解説 1）誤り．「販売業者による保安台帳」（保存期間の定めなし）に係るもので，販売業者が高圧ガスを容器により授受した場合，その高圧ガスの引渡し先の保安状況を明記した台帳の保存期間は，定められていない．液石則第41条（販売業者等に係る技術上の基準）第1項参照．

1.6 帳簿の保存期間・帳簿記載事項等

問題

1）**【令和5年 問1ロ】** 高圧ガスの販売業者は，販売所ごとに帳簿を備え，その所有又は占有する第一種貯蔵所又は第二種貯蔵所に異常があった場合，異常があった年月日及びそれに対してとった措置をその帳簿に記載し，販売事業の開始の日から10年間保存しなければならない．

2）**【令和4年 問4ハ】** 販売業者が高圧ガスである圧縮窒素を容器により授受した場合，販売所ごとに備える帳簿に記載すべき事項の一つに，「充填容器ごとの充填圧力」がある．

3）**【平成30年 問1イ】** 販売業者は，高圧ガスを容器により授受した場合，販売所ごとに，所定の事項を記載した帳簿を備え，記載の日から2年間保存しなければならない．

解説 1）誤り．「貯蔵所の異常」（帳簿に記載の日から10年間保存）に係るもので，高圧ガスの販売業者は，販売所ごとに帳簿を備え，その所有又は占有する第一種貯蔵所又は第二種貯蔵所に異常があった場合，異常があった年月日及びそれに対してとった措置をその帳簿に記載し，記載した日から10年間保存しなければならない．「販売事業の開始の日」が誤り．法第60条（帳簿）第1項及び一般則第95条（帳簿）第2項表参照．

2）正しい．「帳簿の記載事項」（充てん容器ごとの充てん圧力）に係るもので，販売業者が高圧ガスである圧縮窒素を容器により授受した場合，販売所ごとに備える帳簿に記載すべき事項の一つに，「充てん容器ごとの充てん圧力」がある．一般則第95条（帳簿）第3項表中第一号参照．

3）正しい．「帳簿保存期間」（2年間であるが，異常があった場合10年間）に係るもので，販売業者は，高圧ガスを容器により授受した場合，販売所ごとに，所定の事項を記載した帳簿を備え，記載した日から2年間保存しなければならない．異常があった場合は，それに対してとった措置等について10年間保存しなければならない．一般則第95条（帳簿）第2項表参照．

1.7 販売事業の開始・廃止等

問題

1）**【令和5年 問2ハ】** 高圧ガスの販売の事業を営もうとする者は，定められた場合を除き，販売所ごとに，事業開始の日の20日前までにその旨を都道府県知事等に届け出なければならない．

2）**【令和5年 問3ロ】** 高圧ガスの販売業者は，その販売の方法を変更したときは，その旨を都道府県知事等に届け出なければならないが，その販売の事業を廃止したときはその旨を届け出なくてよい．

3）**【令和4年 問2ハ】** 販売業者は，同一の都道府県内に新たに販売所を設ける場合，その販売所における高圧ガスの販売の事業開始後遅滞なく，その旨を都道府県知事等に届け出なければならない．

4）**【令和3年 問4ハ】** 高圧ガスの販売の事業を営もうとする者は，特に定められた場合を除き，販売所ごとに，事業開始の日の20日前までに，その旨を都道府県知事等に届け出なければならない．

5）**【令和2年 問1ハ】** 高圧ガスの販売の事業を営もうとする者は，販売所ごとに，事業の開始後，遅滞なく，その旨を都道府県知事等に届け出なければならない．

6）**【令和元年 問1ハ】** 高圧ガスの販売の事業を営もうとする者は，特に定められた場合を除き，販売所ごとに，事業開始の日の20日前までにその旨を都道府県知事等に届け出なければならない．

解説 1）正しい．「高圧ガス販売事業の届出」（販売所ごとに事業開始の日の20日前まで）に係るもので，高圧ガスの販売の事業を営もうとする者は，定められた場合を除き，販売所ごとに，事業開始の日の20日前までにその旨を都道府県知事等に届け出なければならない．法第20条の4（販売事業の届出）第1項本文参照．

2）誤り．「販売するガスの種類の変更と販売事業の廃止は届出必要」（販売方法の変更は届出不要）に係るもので，高圧ガスの販売業者は，その販売の方法を変更しても，その旨を都道府県知事等に届け出る必要はない．販売するガスの種類を変更したとき及びその販売の事業を廃止したときは，その旨を都道府県知事等に届け出なければならない．法第20条の6（販売方法），第20条の7（販売するガスの種類の変更）及び第21条（製造等の廃止等の届出）第5項参照．

3）誤り．「販売事業の届出」（事業開始の日の20日前まで）に係るもので，販売業者は，同一の都道府県内に新たに販売所を設ける場合，その販売所における高圧ガスの販売の事業開始の日の20日前までに，その旨を都道府県知事等に届け出なければならない．法第20条の4（販売事業の届出）本文参照．

4）正しい．「高圧ガス販売事業の届出」（販売所ごとに事業開始の日の20日前まで）に係るもので，高圧ガスの販売の事業を営もうとする者は，特に定められた場合を除き，販売所ごとに，事業開始の日の20日前までに，その旨を都道府県知事等に届け出なければならない．法第20条の4（販売事業の届出）第1項本文参照．

5）誤り．「高圧ガス販売事業の届出」（販売所ごとに事業開始の日の20日前まで）に係るもので，高圧ガスの販売の事業を営もうとする者は，販売所ごとに，事業の開始の日の20日前までに，その旨を都道府県知事等に届け出なければならない．法第20条の4（販売事業の届出）第1項本文参照．

6）正しい．「高圧ガス販売事業の届出」（販売所ごとに事業開始の日の20日前まで）に係るもので，高圧ガスの販売の事業を営もうとする者は，特に定められた場合を除き，販売所ごとに，事業開始の日の20日前までにその旨を都道府県知事等に届け出なければならない．法第20条の4（販売事業の届出）第1項本文参照．

1.8 輸入検査

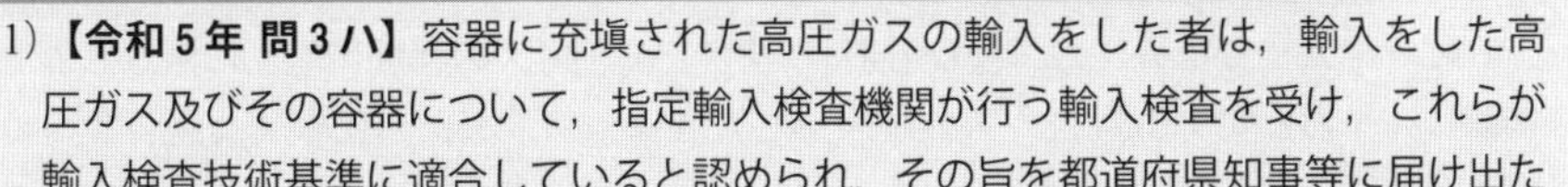

1)【令和5年 問3ハ】容器に充塡された高圧ガスの輸入をした者は，輸入をした高圧ガス及びその容器について，指定輸入検査機関が行う輸入検査を受け，これらが輸入検査技術基準に適合していると認められ，その旨を都道府県知事等に届け出た場合は，都道府県知事等が行う輸入検査を受けることなく，その高圧ガスを移動することができる．

2)【令和4年 問4ロ】容器に充塡された高圧ガスを輸入し陸揚地を管轄する都道府県知事等が行う輸入検査を受ける場合は，その検査対象は高圧ガスのみである．

3)【令和3年 問4ロ】容器に充塡された高圧ガスの輸入をした者は，輸入をした高圧ガス及びその容器について指定輸入検査機関が行う輸入検査を受け，これらが輸入検査技術基準に適合していると認められ，その旨を都道府県知事等に届け出た場合は，都道府県知事等が行う輸入検査を受けることなく，その高圧ガスを移動することができる．

4)【令和2年 問2ハ】容器に充塡してある高圧ガスの輸入をした者は，輸入した高圧ガスのみについて，都道府県知事等が行う輸入検査を受け，これが輸入検査技術基準に適合していると認められた場合には，その高圧ガスを移動することができる．

5)【令和元年 問2ハ】容器に充塡された高圧ガスの輸入をし，その高圧ガス及び容器について都道府県知事等が行う輸入検査を受けた者は，これらが輸入検査技術基準に適合していると認められた後，これを移動することができる．

解説 1) 正しい．「指定輸入検査機関合格」（都道府県知事等に届出後移動可能）に係るもので，容器に充てんされた高圧ガスの輸入をした者は，輸入した高圧ガス及びその容器について，指定輸入検査機関が行う輸入検査を受け，これらが輸入検査技術基準に適合していると認められ，その旨を都道府県知事等に届け出た場合，都道府県知事等が行う輸入検査を受けることなく，その高圧ガスを移動することができる．法第22条（輸入検査）第1項第一号及び第2項参照．

2) 誤り．「輸入検査は高圧ガス及び容器」（都道府県知事等が実施）に係るもので，容器に充てんされた高圧ガスを輸入し陸揚地を管轄する都道府県知事等が行う輸入検査を受ける場合は，その検査対象は高圧ガス及び容器である．法第22条（輸入検査）第1項本文参照．

3) 正しい．「指定輸入検査機関合格」（都道府県知事等に届出後移動可能）に係るもので，容器に充てんされた高圧ガスの輸入をした者は，輸入をした高圧ガス及びその容器について指定輸入検査機関が行う輸入検査を受け，これらが輸入検査技術基準に適合していると認められ，その旨を都道府県知事等に届け出た場合は，都道府県知事等が行う輸入検査を受けることなく，その高圧ガスを移動することができる．法第22条（輸入検査）第1項第一号及び第2項参照．

4）誤り．「輸入検査は高圧ガス及び容器」（適合で高圧ガスの移動可能）に係るもので，容器に充てんしてある高圧ガスの輸入をした者は，輸入した高圧ガス及び容器について，都道府県知事等が行う輸入検査を受け，これが輸入検査技術基準に適合していると認められた場合には，その高圧ガスを移動することができる．法第22条（輸入検査）第1項本文参照．

5）正しい．「輸入検査は高圧ガス及び容器」（適合で高圧ガスの移動可能）に係るもので，容器に充てんされた高圧ガスの輸入をし，その高圧ガス及び容器について都道府県知事等が行う輸入検査を受けた者は，これらが輸入検査技術基準に適合していると認められた後，これを移動することができる．法第22条（輸入検査）第1項本文参照．

1.9 火気等取扱制限

問題

1）**【令和4年 問1ハ】** 販売業者がその販売所（特に定められたものを除く．）において指定した場所では，その販売業者の従業者を除き，何人も火気を取り扱ってはならない．

2）**【令和3年 問1ロ】** 販売所（特に定められたものを除く．）においては，何人も，その販売業者が指定する場所で火気を取り扱ってはならない．

3）**【令和2年 問2ロ】** 販売業者がその販売所（特に定められたものを除く．）において指定した場所では，その販売業者の従業者を除き，何人も火気を取り扱ってはならない．

4）**【令和元年 問2イ】** 販売業者がその販売所において指定する場所では何人も火気を取り扱ってはならないが，その販売所に高圧ガスを納入する第一種製造者の場合は，その販売業者の承諾を得ないで発火しやすいものを携帯してその場所に立ち入ることができる．

5）**【平成30年 問2ロ】** 販売業者（特に定められた者を除く．）がその販売所において指定した場所では，何人も火気を取り扱ってはならない．

解説 1）誤り．「火気等の取扱い制限」（従業員も含む）に係るもので，販売業者がその販売所（特に定められたものを除く）において指定した場所では，その販売業者の従業者も含め，何人も火気を取り扱ってはならない．法第37条（火気等の制限）第1項参照．

2）正しい．「火気等の取扱い制限」（指定場所に限定）に係るもので，販売所（特に定められたものを除く）においては，何人も，その販売業者が指定する場所で火気を取り扱ってはならない．法第37条（火気等の制限）第1項参照．

3）誤り．「火気等の取扱い制限」（従業員も含む）に係るもので，販売業者がその販売所（特に定められたものを除く）において指定した場所では，その販売業者の従業者を含め，何人も火気を取り扱ってはならない．法第37条（火気等の制限）第1項参照．

4）誤り．「何人も火器等の取扱制限」（承諾なしの発火性物質の携帯禁止）に係るもので，販売業者がその販売所において指定する場所では何人も火気を取り扱ってはならない．その販売所に高圧ガスを納入する第一種製造者の場合であっても，その販売業者の承諾を得ないで発火しやすいものを携帯してその場所に立ち入ることができない．法第37条（火気等の制限）第1項及び第2項参照．

5）正しい．「何人も火気等の取扱い制限」（指定場所に限定）に係るもので，販売業者（特に定められた者を除く）がその販売所において指定した場所では，何人も火気を取り扱ってはならない．法第37条（火気等の制限）第1項参照．

1.10 容器の危険状態の対応措置

1）**【令和4年 問3ハ】** 充塡容器又は残ガス容器が火災を受けたとき，その充塡されている高圧ガスを容器とともに損害を他に及ぼすおそれのない水中に沈めることは，その容器の所有者又は占有者がとるべき応急の措置の一つである．

2）**【令和2年 問2イ】** 高圧ガスが充塡された容器が危険な状態となった事態を発見した者は，直ちに，その旨を都道府県知事等又は警察官，消防吏員若しくは消防団員若しくは海上保安官に届け出なければならない．

3）**【令和元年 問2ロ】** 高圧ガスを充塡した容器が危険な状態となったときは，その容器の所有者又は占有者は，直ちに，災害の発生の防止のための応急の措置を講じなければならない．

4）**【平成30年 問2イ】** 高圧ガスの貯蔵所が危険な状態となったときに，直ちに，災害の発生の防止のための応急の措置を講じなければならない者は，第一種貯蔵所又は第二種貯蔵所の所有者又は占有者に限られている．

解説 1）正しい．「容器等が火災を受けたときの応急措置」（水中沈下）に係るもので，充てん容器又は残ガス容器が火災を受けたとき，その充てんされている高圧ガスを容器とともに損害を他に及ぼすおそれのない水中に沈めることは，その容器の所有者又は占有者がとるべき応急の措置の一つである．一般則第84条（危険時の措置）第四号参照．

2）正しい．「充てん容器の危険状態の発見者」（直ちに都道府県知事等，警察官，消防吏員，消防団員又は海上保安官への届出）に係るもので，高圧ガスが充てんされた容器が危険な状態となった事態を発見した者は，直ちに，その旨を都道府県知事等又は警察官，消防吏員若しくは消防団員若しくは海上保安官に届け出なければならない．法第36条（危険時の措置及び届出）第1項及び第2項参照．

3）正しい．「充てん容器の危険状態」（災害発生防止の応急措置）に係るもので，高圧ガスを充てんした容器が危険な状態となったときは，その容器の所有者又は占有者は，直ちに，災害の発生の防止のための応急の措置を講じなければならない．法第36条（危険時の措置及び届出）第1項参照．

4）誤り．「災害発生防止のための応急措置を講じる者」（高圧ガス関係施設の所有者又は占有者）に係るもので，高圧ガスの貯蔵所が危険な状態となったときに，直ちに，災害の発生の防止のための応急の措置を講じなければならない者は，第一種貯蔵所，第二種貯蔵所又は充てん容器等の所有者又は占有者である．法第36条（危険時の措置及び届出）第1項参照．

1.11 保安教育

問題

1）**【令和4年 問2イ】** 販売業者は，その従業者に保安教育を施さなければならない．

2）**【平成30年 問3ロ】** 販売業者は，その販売所の従業者のうち，販売主任者免状の交付を受けている者に対しては保安教育を施す必要はない．

解説 1）正しい．「保安教育」（すべての従業員が対象）に係るもので，販売業者は，その従業者に保安教育を施さなければならない．法第27条（保安教育）第4項参照．

2）誤り．「保安教育」（すべての従業者が対象）に係るもので，販売業者は，販売主任者免状の交付を受けている者を含め，その販売所のすべての従業者に対して保安教育を施す必要がある．法第27条（保安教育）第4項参照．

1.12 第一種及び第二種貯蔵所，貯蔵能力及び高圧ガスの種類

問題

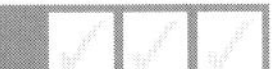

1)【令和5年 問3イ】第一種製造者は，高圧ガスの製造の許可を受けたところに従って貯蔵能力が3万キログラムの液化ガスを貯蔵するとき，都道府県知事等の許可を受けて設置する第一種貯蔵所において貯蔵する必要はない．

2)【令和4年 問5イ】容積700立方メートルの圧縮酸素及び容積600立方メートルの圧縮窒素は，第一種貯蔵所において貯蔵しなければならない．

3)【令和4年 問5ロ】容積3,000立方メートルの圧縮アルゴンは，第一種貯蔵所において貯蔵しなければならない．

4)【令和4年 問5ハ】質量1万キログラムの液化酸素は，第一種貯蔵所において貯蔵しなければならない．

5)【令和4年 問11ハ】車両に積載した容器（特に定めるものを除く．）により高圧ガスを貯蔵するときは，都道府県知事等の許可を受けて設置する第一種貯蔵所又は都道府県知事等に届出を行って設置する第二種貯蔵所において行わなければならない．

6)【令和2年 問5イ】容積1,200立方メートルの圧縮窒素及び容積600立方メートルの圧縮アセチレンの貯蔵は第一種貯蔵所において貯蔵しなければならない．

7)【令和2年 問5ロ】容積300立方メートルの圧縮酸素及び質量700キログラムの液化酸素の貯蔵は第一種貯蔵所において貯蔵しなければならない．

8)【令和2年 問5ハ】質量3,000キログラムの液化アンモニアの貯蔵は第一種貯蔵所において貯蔵しなければならない．

9)【令和元年 問3ロ】販売業者が高圧ガスの販売のため，質量3,000キログラム未満の液化酸素を貯蔵するときは，第二種貯蔵所において貯蔵する必要はない．

10)【令和元年 問4ロ】販売業者が高圧ガスの販売のため，容積900立方メートルの圧縮アセチレンガスを貯蔵するときは，第一種貯蔵所において貯蔵しなければならず，第二種貯蔵所において貯蔵することはできない．

11)【平成30年 問5イ】販売業者が，第一種貯蔵所において貯蔵しなければならない高圧ガスは，貯蔵しようとするガスの容積が2,800立方メートルの酸素である．

12)【平成30年 問5ロ】販売業者が，第一種貯蔵所において貯蔵しなければならない高圧ガスは，貯蔵しようとするガスの容積が800立方メートルの酸素及び貯蔵しようとするガスの容積が600立方メートルの窒素である．

13)【平成30年 問5ハ】販売業者が，第一種貯蔵所において貯蔵しなければならない高圧ガスは，貯蔵しようとするガスの容積が2,800立方メートルの窒素である．

解説 1）正しい.「高圧ガスを製造する許可を受けた第一種製造者」（そのガスを第一種貯蔵所で貯蔵するとき許可不要）に係るもので，第一種製造者は，高圧ガスの製造の許可を受けたところに従って貯蔵能力が 30,000 kg（容積 3,000 m^3）の液化ガスを貯蔵するとき，都道府県知事等の許可を受けて設置する第一種貯蔵所において貯蔵する必要はない. 法第 16 条（貯蔵所）第 1 項ただし書及び**表 1.1** 参照.

表 1.1　貯槽の場合の貯蔵所の区別

ガスの種類	貯蔵容量	貯蔵所の区別
第一種ガス	3,000 m^3 以上	第一種貯蔵所（許可）
	300 m^3 以上 3,000 m^3 未満	第二種貯蔵所（届出）
第二種ガス	1,000 m^3 以上	第一種貯蔵所（許可）
	300 m^3 以上 1,000 m^3 未満	第二種貯蔵所（届出）
第一種ガス＋第二種ガス	N m^3 以上	第一種貯蔵所（許可）
	N m^3 未満	第二種貯蔵所（届出）

ただし，$N = 1,000 + (2/3) \times M$　　M：第一種ガスの合計貯蔵容量〔m^3〕

2）誤り.「第一種ガスと第二種ガスの貯蔵所の能力」（算定式から算出）に係るもので，貯蔵しようとするガスの容積が 700 m^3 の圧縮酸素（第二種ガス）及び貯蔵しようとするガスの容積が 600 m^3 の圧縮窒素（第一種ガス）の場合，表 1.1 に示した $N = 1,000 + (2/3) \times M$ の式から，N（基準量）を算出すると，$N = 1,000 + 2/3 \times 600 = 1,400$ m^3 となる. 一方，圧縮酸素と圧縮窒素の合計貯蔵容量は 700 m^3 + 600 m^3 = 1,300 m^3 となり，N の値を下回っているから，第二種貯蔵所に貯蔵することになる. 法第 16 条（貯蔵所）第 1 項，令第 5 条表中第三号，一般則第 103 条（第一種貯蔵所に係る貯蔵容量の算定方式）及び表 1.1 参照.

3）正しい.「第一種ガスの貯蔵所」（3,000 m^3 以上で第一種貯蔵所）に係るもので，第一種ガス（本問では圧縮アルゴン）を容積 3,000 m^3 以上（本問では 3,000 m^3）貯蔵する場合は，都道府県知事等の許可を得て第一種貯蔵所に貯蔵しなければならない. 令第 5 条表中第一号及び表 1.1 参照.

4）正しい.「第二種ガスの貯蔵所」（1,000 m^3 以上で第一種貯蔵所）に係るもので，第二種ガス（本問では液化酸素）を容積 1,000 m^3 以上（本問では 1,000 m^3）貯蔵する場合は，都道府県知事等の許可を得て第一種貯蔵所に貯蔵しなければならない. なお，液化ガス 10 kg を容積 1 m^3 と算定するため，質量 10,000 kg の液化酸素の容積は 1,000 m^3 である. 法第 16 条（貯蔵所）第 3 項，令第 5 条表中第二号及び表 1.1 参照.

5）正しい.「容器による貯蔵」（第一種貯蔵所又は第二種貯蔵所）に係る技術上の基準で，車両に積載した容器（特に定めるものを除く）により高圧ガスを貯蔵するときは，都道府県知事等の許可を受けて設置する第一種貯蔵所又は都道府県知事等に届出を行って設置する第二種貯蔵所において行わなければならない．法第16条（貯蔵所）第1項，法第17条の2第1項，一般則第23条（容器により貯蔵する技術上の基準）及び一般則第26条（第二種貯蔵所に係る技術上の基準）参照．

6）正しい．「第一種ガスと第二種ガスの貯蔵所の能力」（算定式から算出）に係るもので，貯蔵しようとするガスの容積が1,200 m^3 の窒素（第一種ガス）及び貯蔵しようとするガスの容積が600 m^3 の圧縮アセチレン（第二種ガス）の場合，表1.1に示した $N = 1{,}000 + (2/3) \times M$ の式から，N を算出すると，$N = 1{,}000 + 2/3 \times 1{,}200 = 1{,}800\ m^3$ となる．一方，窒素と圧縮アセチレンの合計貯蔵量は $1{,}200\ m^3 + 600\ m^3 = 1{,}800\ m^3$ であるから，第一種貯蔵所に貯蔵することになる．法第16条（貯蔵所）第1項，法第17条の2，令第5条及び表1.1参照．

7）誤り．「第二種ガスの貯蔵所」（1,000 m^3 以上で第一種貯蔵所，300 m^3 以上1,000 m^3 未満で第二種貯蔵所）に係るもので，容積300 m^3 の圧縮酸素（第二種ガス）及び質量700 kg（容積70 m^3）の液化酸素（第二種ガス）は，合計370 m^3 であるから第二種貯蔵所となる．法第16条（貯蔵所）第1項，令第5条及び表1.1参照．

8）誤り．「第二種ガスの貯蔵所」（1,000 m^3 以上で第一種貯蔵所，300 m^3 以上1,000 m^3 未満で第二種貯蔵所）に係るもので，質量3,000 kg（容積300 m^3）の液化アンモニア（第二種ガス）は，第二種貯蔵所である．法第16条（貯蔵所）第1項，令第5条及び表1.1参照．

9）正しい．「液化酸素3,000 kg（300 m^3）未満の貯蔵」（第二種貯蔵所の貯蔵は不必要）に係るもので，販売業者が高圧ガスの販売のため，質量3,000 kg（容積300 m^3）未満の液化酸素（第二種ガス）を貯蔵するときは，第二種貯蔵所において貯蔵する必要はない．なお，300 m^3 以上1,000 m^3 未満が第二種貯蔵所で，1,000 m^3 以上が第一種貯蔵所に貯蔵しなければならない．法第16条（貯蔵所）第1項，令第5条及び表1.1参照．

10）誤り．「第二種ガスの第二種貯蔵所」（300 m^3 以上1,000 m^3 未満）に係るもので，販売業者が高圧ガスの販売のため，容積900 m^3 の圧縮アセチレンガス（第二種ガス）を貯蔵するときは，第二種貯蔵所において貯蔵することができる．法第16条（貯蔵所）第1項，令第5条及び表1.1参照．

11）正しい．「第二種ガスの第一種貯蔵所」（1,000 m^3 以上）に係るもので，酸素は第二種ガスで，貯蔵しようとするガスの容積が2,800 m^3 は1,000 m^3 以上であるから，第一種貯蔵所に貯蔵することになる．法第16条（貯蔵所）第1項，令第5条及び表1.1参照．

12）正しい．「第一種と第二種ガスの両ガス取扱の貯蔵所の算定式」（$N = 1{,}000 + (2/3) \times M$：$M$ は第一種ガス）に係るもので，両ガスの合計が N 以上であれば第一種貯蔵所，N 未満であれば，第二種貯蔵所となる．$N = 1{,}000 + (2/3) \times 600 = 1{,}400\ m^3$，窒素の第一種ガス 600 m^3 と酸素の第二種ガス 800 m^3 の合計は 1,400 m^3 であるから，第一種貯蔵所に貯蔵することとなる．法第 16 条（貯蔵所）第 1 項，令第 5 条，一般則第 103 条（第一種貯蔵所に係る貯蔵容積の算定方式）及び表 1.1 参照．

13）誤り．「第一種ガスの第一種貯蔵所」（3,000 m^3 以上）に係るもので，貯蔵しようとするガスの容積が 2,800 m^3 の窒素は第一種ガスで 3,000 m^3 未満であるため，第二種貯蔵所に貯蔵することとなる．法第 16 条（貯蔵所）第 1 項，令第 5 条及び表 1.1 参照．

1.13 高圧充てん容器（再充てん禁止容器を除く）及び附属品

■ 1.13.1 容器充てん条件及び充てん量（質量）

問題

1）**【令和 5 年 問 6 イ】** 容器に充塡する液化ガスは，刻印等又は自主検査刻印等において示された容器の内容積に応じて計算した質量以下のものでなければならない．

2）**【令和 5 年 問 7 ロ】** 液化ガスを充塡する容器に刻印すべき事項の一つに，その容器に充塡することができる液化ガスの最大充塡質量（記号 W，単位 キログラム）がある．

3）**【令和 4 年 問 6 イ】** 容器に充塡する液化ガスは，刻印等又は自主検査刻印等で示された種類の高圧ガスであり，かつ，容器に刻印等又は自主検査刻印等で示された最大充塡質量の数値以下のものでなければならない．

4）**【令和 4 年 問 7 ロ】** 液化炭酸ガスを充塡する容器（超低温容器を除く．）には，その容器に充塡することができる最高充塡圧力の刻印等がされていなければならない．

5）**【令和 3 年 問 6 イ】** 容器に高圧ガスを充塡することができる条件の一つに，その容器が容器検査に合格し，所定の刻印等がされた後，所定の期間を経過していないことがある．

6）**【令和元年 問 6 イ】** 容器に充塡する液化ガスは，刻印等又は自主検査刻印等で示された種類の高圧ガスであり，かつ，容器に刻印等又は自主検査刻印等で示された最大充塡質量以下のものでなければならない．

7）**【平成 30 年 問 6 イ】** 容器に所定の刻印等がされていることは，その容器に高圧ガスを充塡する場合の条件の一つであるが，その容器に所定の表示をしてあることは，その条件にはされていない．

解説 1）正しい．「液化ガス充てん質量」（容器の内容積から計算により算出）に係るもので，容器に充てんする液化ガスは，刻印等又は自主検査刻印等において示された容器の内容積に応じて計算した質量以下のものでなければならない．法第48条（充てん）第4項第一号及び容器則第22条（液化ガスの質量の計算の方法）参照．

2）誤り．「充てん容器の刻印」（内容積（記号V，単位リットル）に係るもので，液化ガスを充てんする容器には，内容積（記号V，単位リットル）が刻印されているが，その容器に充てんすることができる液化ガスの最大充てん質量（記号W，単位キログラム）の刻印はされていない．最大充てん質量は，容器の容積から与えられた数値を用いて算出して得られる．容器則第8条（刻印等の方式）第1項第六号参照．

3）誤り．「液化ガス充てん質量」（刻印等で表示されない）に係るもので，容器に充てんする液化ガスは，刻印等又は自主検査刻印等では容積のみが表示され，充てん質量は所定の計算によって算出される．法第48条（充てん）第4項第一号及び第二号，容器則第22条（液化ガスの質量の計算方法）参照．

4）誤り．「最高充てん圧力の刻印等が必要な容器」（圧縮ガス充てん容器，超低温容器及び液化天然ガス自動車燃料用容器に限定）に係るもので，最高充てん圧力の刻印等が必要な容器は，圧縮ガス充てん容器，超低温容器及び液化天然ガス自動車燃料用容器に限定しているため，液化炭酸ガスを充てんする容器（超低温容器を除く）には，その容器に充てんすることができる最高充てん圧力の刻印等をする必要はない．容器則第8条（刻印等の方式）第1項第十二号参照．

5）正しい．「高圧ガス容器充てん条件」（所定の刻印等がありかつ所定の期間内であること）に係るもので，容器に高圧ガスを充てんすることができる条件の一つに，その容器が容器検査に合格し，所定の刻印等がされた後，所定の期間を経過していないことがある．法第48条（充てん）第1項第一号及び第五号参照．

6）誤り．「液化ガス充てん質量」（刻印等で表示されない）に係るもので，容器に充てんする液化ガスは，刻印等又は自主検査刻印等では，容積のみが表示され充てん質量は所定の計算によって算出される．法第48条（充てん）第4項第一号及び第二号，容器則第22条（液化ガスの質量の計算方法）参照．

7）誤り．「高圧ガスの容器への充てん条件」（所定の表示も条件）に係るもので，容器に所定の刻印等がされていることは，その容器に高圧ガスを充てんする場合の条件の一つであり，その容器に所定の表示をしてあることも，その条件の一つである．法第48条（充てん）第1項第一号～第三号参照．

■ 1.13.2　容器の表示

1)【令和5年 問7ハ】液化アンモニアを充塡する容器の外面に表示すべき事項の一つに，アンモニアの性質を示す文字「燃」及び「毒」の明示がある．

2)【令和4年 問7ハ】液化アンモニアを充塡する容器に表示をすべき事項のうちには，その容器の外面の見やすい箇所に，その表面積の2分の1以上について行う黄色の塗色及びその高圧ガスの性質を示す文字「毒」の明示がある．

3)【令和3年 問7イ】可燃性ガスを充塡する容器には，その充塡すべき高圧ガスの名称が刻印等で示されているので，そのガスの名称を明示する必要はなく，その高圧ガスの性質を示す文字を明示することと定められている．

4)【令和2年 問6イ】可燃性ガスを充塡する容器に表示すべき事項の一つに，その高圧ガスの性質を示す文字「燃」の明示がある．

5)【令和2年 問6ロ】液化塩素を充塡する容器には，黄色の塗色がその容器の外面の見やすい箇所に，容器の表面積の2分の1以上について施されている．

6)【令和2年 問6ハ】圧縮窒素を充塡する容器の外面には，いかなる場合であっても，容器の所有者（容器の管理業務を委託している場合にあっては容器の所有者又はその管理業務受託者）の氏名又は名称，住所及び電話番号を明示することは定められていない．

7)【令和元年 問7ロ】液化酸素を充塡する容器に表示をすべき事項のうちには，その容器の表面積の2分の1以上について行う黒色の塗色及びその高圧ガスの名称の明示がある．

8)【平成30年 問6ロ】液化アンモニアを充塡する容器の外面には，その容器に充塡することができる液化アンモニアの最高充塡質量の数値を明示しなければならない．

解説　1）正しい．「液化アンモニア充てん容器の表示」（「燃」及び「毒」）に係るもので，液化アンモニア（可燃性ガスかつ毒性ガス）を充てんする容器の外面に表示すべき事項の一つに，アンモニアの性質を示す文字「燃」及び「毒」の明示がある．容器則第10条（表示の方法）第1項第二号ロ参照．

2）誤り．「液化アンモニア容器の表示」（容器表面積の1/2以上を白色，高圧ガスの名称，「毒」の明示）に係るもので，液化アンモニア（毒性ガス）を充てんする容器に表示をすべき事項のうちには，その容器の外面の見やすい箇所に，その表面積の2分の1以上について行う白色の塗色，高圧ガスの名称及びその高圧ガスの性質を示す文字「毒」の明示がある．容器則第10条（表示の方法）第1項第一号及び第二号イ並びにロ参照.

3) 誤り.「容器に高圧ガスの性質を示す文字の明示」(刻印等で示されても必要) に係るもので, 可燃性ガスを充てんする容器には, その充てんすべき高圧ガスの名称が刻印等で示されていても, その高圧ガスの名称及び性質を示す文字を明示することと定められている. 容器則第10条 (表示の方法) 第1項第二号イ及びロ参照.

4) 正しい.「容器外部の明示」(「燃」) に係るもので, 可燃性ガスを充てんする容器に表示すべき事項の一つに, その高圧ガスの性質を示す文字「燃」の明示がある. 容器則第10条 (表示の方法) 第1項第二号ロ参照.

5) 正しい.「液化塩素容器の塗色」(容器表面積の1/2以上を黄色) に係るもので, 液化塩素を充てんする容器には, 黄色の塗色がその容器の外面の見やすい箇所に, 容器の表面積の2分の1以上について施す. なお, 酸素ガス：黒色, 水素ガス：赤色, 液化炭酸ガス：緑色, 液化アンモニア：白色, アセチレンガス：褐色, その他の種類の高圧ガス：ねずみ色　容器則第10条 (表示の方式) 第1項第一号参照.

6) 誤り.「容器外面の明示事項」(氏名, 名称, 住所及び電話番号) に係るもので, 圧縮窒素を充てんする容器の外面には, いかなる場合であっても, 容器の所有者 (容器の管理業務を委託している場合にあっては容器の所有者又はその管理業務受託者) の氏名又は名称, 住所及び電話番号を明示することが定められている. 容器則第10条 (表示の方式) 第1項第三号参照.

7) 誤り.「酸素の充てん容器」(容器表面積の1/2以上を黒色, 高圧ガスの名称) に係るもので, 酸素を充てんする容器に表示をすべき事項のうちには, その容器の表面積の2分の1以上について行う黒色の塗色及びその高圧ガスの名称の明示がある.「液化酸素」が誤り. 容器則第10条 (表示の方式) 第1項第一号及び第二号イ参照.

8) 誤り.「容器充てん量」(内容積から算出される質量以下) に係るもので, 容器の外面に最高充てん質量は明示する定めはなく, 刻印された内容積から計算式により最高充てん質量を算出する. 容器則第8条 (刻印等の方式) 第1項第六号及び第22条 (液化ガスの質量の計算の方法) 参照.

■ 1.13.3　容器及び附属品のくず化

問題

1)【令和5年 問6ロ】容器の所有者は, その容器が容器再検査に合格しなかった場合であって, 所定の期間内に高圧ガスの種類又は圧力の変更に伴う刻印等がされなかった場合には, 遅滞なく, その容器をくず化し, その他容器として使用することができないように処分しなければならない.

2) **【令和4年 問6ハ】** 容器又は附属品の廃棄をする者は，その容器又は附属品をくず化し，その他容器又は附属品として使用することができないように処分しなければならない．

3) **【令和3年 問6ハ】** 容器の廃棄をする者は，その容器をくず化し，その他容器として使用することができないように処分しなければならないが，容器の附属品の廃棄をする者については，同様の定めはない．

4) **【令和元年 問6ハ】** 容器の所有者は，その容器が容器再検査に合格しなかった場合であって，所定の期間内に高圧ガスの種類又は圧力の変更に伴う刻印等がされなかった場合には，遅滞なく，その容器をくず化し，その他容器として使用することができないように処分しなければならない．

5) **【平成30年 問6ハ】** 容器の附属品の廃棄をする者は，その附属品をくず化し，その他附属品として使用することができないように処分しなければならない．

解説 1) 正しい．「刻印等がなされなかった容器」（3か月以内にくず化）に係るもので，容器の所有者は，その容器が容器再検査に合格しなかった場合であって，所定の期間内（3か月以内）に高圧ガスの種類又は圧力の変更に伴う刻印等がされなかった場合には，遅滞なく，その容器をくず化し，その他容器として使用することができないように処分しなければならない．法第56条（くず化その他の処分）第3項参照．

2) 正しい．「容器又は附属品の廃棄」（使用不可）に係るもので，容器又は附属品の廃棄をする者は，その容器又は附属品をくず化し，その他容器又は附属品として使用することができないように処分しなければならない．法第56条（くず化その他の処分）第6項参照．

3) 誤り．「容器のくず化」（附属品も同様）に係るもので，容器の廃棄をする者は，その容器をくず化し，その他容器として使用することができないように処分しなければならない．容器の附属品の廃棄をする者についても同様の定めがある．法第56条（くず化その他の処分）第6項参照．

4) 正しい．「刻印等がされなかった容器」（3か月以内にくず化）に係るもので，容器の所有者は，その容器が容器再検査に合格しなかった場合であって，所定の期間内（3か月以内）に高圧ガスの種類又は圧力の変更に伴う刻印等がされなかった場合には，遅滞なく，その容器をくず化し，その他容器として使用することができないように処分しなければならない．法第56条（くず化その他の処分）第3項参照．

5) 正しい．「容器のくず化」（使用不可）に係るもので，容器又は附属品の廃棄をする者は，その容器又は附属品をくず化し，その他容器又は附属品として使用することができないように処分しなければならない．法第56条（くず化その他の処分）第6項参照．

■ 1.13.4　刻印の事項等

1)【令和5年 問7イ】容器に装置されるバルブには，そのバルブが装置されるべき容器の種類の刻印はされていない．

2)【令和3年 問7ハ】附属品には，特に定める場合を除き，その附属品が装置される容器の種類ごとに定められた刻印がされている．

3)【令和2年 問7イ】容器の附属品であるバルブに刻印すべき事項の一つに，耐圧試験における圧力（記号　TP，単位　メガパスカル）及びMがある．

4)【令和2年 問7ロ】液化ガスを充塡する容器には，その容器の内容積（記号　V，単位　リットル）のほか，その容器に充塡することができる最大充塡質量（記号 W，単位　キログラム）の刻印がされている．

5)【令和元年 問7イ】容器検査に合格した容器であって圧縮ガスを充塡するものには，その容器の気密試験圧力（記号　TP，単位　メガパスカル）及びMが刻印されていなければならない．

6)【平成30年 問7イ】圧縮ガスを充塡する容器にあっては，最高充塡圧力（記号 FP，単位　メガパスカル）及びMは，容器検査に合格した容器に刻印をすべき事項の一つである．

7)【平成30年 問7ロ】バルブには，特に定めるものを除き，そのバルブが装置されるべき容器の種類ごとに定められた刻印がされていなければならない．

解説　1）誤り．「バルブの刻印事項」（装着される容器の種類）に係るもので，容器に装置されるバルブには，そのバルブが装置されるべき容器の種類の刻印がされている．容器則第18条（附属品検査の刻印）第1項第七号参照．

2）正しい．「附属品の刻印の内容」（その附属品が装置される容器の種類）に係るもので，附属品には，特に定める場合を除き，その附属品が装置される容器の種類ごとに定められた刻印がされている．容器則第18条（附属品検査の刻印）第1項第七号参照．

3）正しい．「容器の附属品であるバルブに圧力試験の刻印」（圧力（記号TP，単位メガパスカル）及びM）に係るもので，容器の附属品であるバルブに刻印すべき事項の一つに，耐圧試験における圧力（記号TP，単位メガパスカル）及びMがある．容器則第8条（刻印等の方式）第1項第十一号参照．

4）誤り．「充てん容器の刻印」（内容積（記号V，単位リットル））に係るもので，液化ガスを充てんする容器には，その容器の内容積（記号V，単位リットル）の刻印がされているが，その容器に充てんすることができる最大充てん質量（記号W，単位キログラム）の刻印はされていない．容器則第8条（刻印等の方式）第1項第六号参照．

5）誤り．「圧縮ガス充てん容器の刻印の事項」（最高充てん圧力（記号FP，単位メガパスカル），及びM）に係るもので，容器検査に合格した容器であって圧縮ガスを充てんするものには，その容器の最高充てん圧力（記号FP，単位メガパスカル）及びMが刻印されていなければならない．容器則第8条（刻印等の方式）第1項第十二号参照．

6）正しい．「圧縮ガス充てん容器の刻印の事項」（最高充てん圧力（記号FP，単位メガパスカル）及びM）に係るもので，圧縮ガスを充てんする容器にあっては，最高充てん圧力（記号FP，単位メガパスカル）及びMは，容器検査に合格した容器に刻印をすべき事項の一つである．容器則第8条（刻印等の方式）第1項第十二号参照．

7）正しい．「バルブの刻印事項」（装着される容器の種類）に係るもので，バルブには，特に定めるものを除き，そのバルブが装着されるべき容器の種類ごとに定められた刻印がされていなければならない．法第48条（充てん）第1項第三号参照．

1.13.5　容器再検査期間

問題

1）**【令和4年 問7イ】**液化アンモニアを充塡するための溶接容器の容器再検査の期間は，容器の製造後の経過年数に応じて定められている．

2）**【令和3年 問7ロ】**溶接容器，超低温容器及びろう付け容器の容器再検査の期間は，容器の製造後の経過年数にかかわらず，5年である．

3）**【令和2年 問7ハ】**一般継目なし容器の容器再検査の期間は，その容器の製造後の経過年数に関係なく一律に定められている．

4）**【平成30年 問7ハ】**溶接容器，超低温容器及びろう付け容器の容器再検査の期間は，容器の製造後の経過年数にかかわらず，5年である．

解説 1）正しい．「溶接容器，超低温容器及びろう付け容器の容器再検査期間」（製造後20年未満では5年，20年以上では2年）に係るもので，液化アンモニアを充てんするための溶接容器の容器再検査の期間は，容器の製造後の経過年数に応じて定められている．溶接容器，超低温容器及びろう付け容器の容器再検査期間は，その容器の製造後20年未満では5年，20年以上では2年である．容器則第24条（容器再検査の期間）第1項第一号参照．

2）誤り．「溶接容器，超低温容器及びろう付け容器の容器再検査期間」（製造後20年未満では5年，20年以後では2年）に係るもので，溶接容器，超低温容器及びろう付け容器の容器再検査の期間は，容器の製造後20年未満では5年，20年以上では2年であ

る．容器則第 24 条（容器再検査の期間）第 1 項第一号参照．

3) 正しい．「一般継目なし容器の容器再検査期間」（5 年）に係るもので，一般継目なし容器の容器再検査の期間は，その容器の製造後の経過年数に関係なく一律 5 年に定められている．容器則第 24 条（容器再検査の期間）第 1 項第三号参照．

4) 誤り．「溶接容器，超低温容器及びろう付け容器の容器再検査期間」（製造後 20 年未満では 5 年，20 年以上では 2 年）に係るもので，溶接容器，超低温容器及びろう付け容器の容器再検査期間は，その容器の製造後 20 年未満では 5 年，製造後 20 年以上では 2 年である．容器則第 24 条（容器再検査の期間）第 1 項第一号参照．

■ 1.13.6　バルブの附属品再検査期間

問題

1) **【令和元年 問7ハ】**液化アンモニアを充塡するための溶接容器に装置されているバルブの附属品再検査の期間は，そのバルブが装置されている容器の容器再検査の期間に応じて定められている．

解説　1) 正しい．「バルブ附属品再検査期間」（容器再検査期間と関係あり）に係るもので，液化アンモニアを充てんするための溶接容器に装置されているバルブの附属品再検査の期間は，そのバルブが装置されている容器の容器再検査の期間に応じて定められている．容器則第 27 条（附属品再検査の期間）第 1 項第一号参照．

■ 1.13.7　容器の譲渡・引渡しと刻印

問題

1) **【令和 5 年 問 6 ハ】**容器の製造をした者は，その容器に自主検査刻印等をしたもの又はその容器が所定の容器検査を受け，これに合格し所定の刻印等がされているものでなければ，特に定められたものを除き，その容器を譲渡し，又は引き渡してはならない．

2) **【令和 4 年 問 6 ロ】**容器の製造又は輸入をした者は，容器検査を受け，これに合格したものとして所定の刻印又は標章の掲示がされているものでなければ，特に定められた容器を除き，容器を譲渡し，又は引き渡してはならない．

3) **【令和 3 年 問 6 ロ】**容器の製造をした者は，その容器に自主検査刻印等をしたもの又はその容器が所定の容器検査を受け，これに合格し所定の刻印等がされているものでなければ，特に定められたものを除き，その容器を譲渡してはならない．

4)【令和元年 問6ロ】容器の製造をした者は，その容器に自主検査刻印等をしたもの又はその容器が所定の容器検査を受け，これに合格し所定の刻印等がされているものでなければ，特に定められたものを除き，その容器を譲渡してはならない.

解説 1）正しい.「容器の譲渡・引渡」(自主検査刻印等又は所定の刻印等で可能）に係るもので，容器の製造をした者は，その容器に自主検査刻印等をしたもの又はその容器が所定の容器検査を受け，これに合格し所定の刻印等がされているものでなければ，特に定められたものを除き，その容器を譲渡し，又は引き渡してはならない．法第44条（容器検査）第1項本文及び第一号参照.

2）正しい.「容器製造者又は輸入者」(所定の刻印・標章の掲示で譲渡又は引渡し可能）に係るもので，容器の製造又は輸入をした者は，容器検査を受け，これに合格したものとして所定の刻印又は標章の掲示がされているものでなければ，特に定められた容器を除き，容器を譲渡し，又は引き渡してはならない．法第44条（容器検査）第1項本文参照.

3）正しい.「容器の譲渡」(自主検査刻印等又は所定の刻印等で可能）に係るもので，容器の製造をした者は，その容器に自主検査刻印等をしたもの又はその容器が所定の容器検査を受け，これに合格し所定の刻印等がされているものでなければ，特に定められたものを除き，その容器を譲渡してはならない．法第44条（容器検査）第1項本文参照.

4）正しい.「容器の譲渡」(自主検査刻印等又は所定の刻印等で可能）に係るもので，容器の製造をした者は，その容器に自主検査刻印等をしたもの又はその容器が所定の容器検査を受け，これに合格し所定の刻印等がされているものでなければ，特に定められたものを除き，その容器を譲渡してはならない．法第44条（容器検査）第1項本文及び第一号参照.

1.14 特定高圧ガス消費者及び技術上の基準（一般則）

■ 1.14.1 消火設備

問題

1)【令和4年 問8ロ】消費施設（液化塩素に係るものを除く.）には，その規模に応じて，適切な防消火設備を適切な箇所に設けなければならない.

2)【令和元年 問8ロ】消費施設（液化塩素に係るものを除く.）には，その規模に応じて，適切な防消火設備を適切な箇所に設けなければならない.

解説 1) 正しい.「消費施設に係る技術基準」(規模に応じた適切な防消火設備) に係る技術上の基準で, 消費施設 (液化塩素に係るものを除く) には, その規模に応じて, 適切な防消火設備を適切な箇所に設けなければならない. 一般則第55条 (特定高圧ガスの消費者に係る技術上の基準) 第1項第二十七号参照.

2) 正しい.「消費施設に係る技術基準」(規模に応じた適切な防消火施設) に係るもので, 消費施設 (液化塩素に係るものを除く) には, その規模に応じて, 適切な防消火設備を適切な箇所に設けなければならない. 一般則第55条 (特定高圧ガスの消費者に係る技術上の基準) 第1項第二十七号参照.

■ 1.14.2 ガス漏えい時の検知及び除害設備又は警報設備の措置

問題

1) **【令和5年 問8ロ】** 特殊高圧ガス, 液化アンモニア又は液化塩素の消費設備に係る減圧設備とこれらのガスの反応 (燃焼を含む.) のための設備との間の配管には, 逆流防止装置を設けなければならない.

2) **【令和2年 問8イ】** 特殊高圧ガスの貯蔵設備に取り付けた配管には, そのガスが漏えいしたときに安全に, かつ, 速やかに遮断するための措置を講じなければならない.

3) **【平成30年 問8イ】** 液化塩素の消費施設には, その施設から漏えいするガスが滞留するおそれのある場所に, そのガスの漏えいを検知し, かつ, 警報するための設備を設けなければならない.

4) **【平成30年 問8ハ】** 特殊高圧ガス, 液化アンモニア又は液化塩素の消費設備には, そのガスが漏えいしたときに安全に, かつ, 速やかに除害するための措置を講じなければならない.

解説 1) 正しい.「逆流防止装置の設置場所」(特殊高圧ガス, 液化アンモニア及び液化塩素の減圧設備とこれらのガスの反応設備の間の配管) に係る技術上の基準で, 特殊高圧ガス, 液化アンモニア又は液化塩素の消費設備に係る減圧設備とこれらのガスの反応 (燃焼を含む) のための設備との間の配管には, 逆流防止装置を設けなければならない. 一般則第55条 (特定高圧ガスの消費者に係る技術上の基準) 第1項第十五号参照.

2) 正しい.「特殊高圧ガスの漏えい」(安全, かつ, 速やかに遮断措置) に係る技術上の基準で, 特殊高圧ガスの貯蔵設備に取り付けた配管には, そのガスが漏えいしたときに安全に, かつ, 速やかに遮断するための措置を講じなければならない. 一般則第55条 (特定高圧ガスの消費者に係る技術上の基準) 第1項第十八号参照.

3）正しい．「漏えいガスの滞留するおそれのある場所」（検知かつ警報設備の設置）に係る技術上の基準で，特定高圧ガス消費者は，液化塩素の消費施設には，その施設から漏えいするガスが滞留するおそれのある場所に，そのガスの漏えいを検知し，かつ，警報するための設備を設けなければならない．一般則第55条（特定高圧ガスの消費者に係る技術上の基準）第1項第二十六号参照．

4）正しい．「特殊高圧ガス，液化アンモニア及び液化塩素の漏えい」（安全，かつ，速やかな除害の実施）に係る技術上の基準で，特殊高圧ガス，液化アンモニア又は液化塩素の消費施設には，そのガスが漏えいしたときに安全，かつ，速やかに除害するための措置を講じなければならない．一般則第55条（特定高圧ガスの消費者に係る技術上の基準）第1項第二十二号参照．

■ 1.14.3　消費設備の使用開始・終了・点検・危険防止措置等

題

1）**【令和5年 問8ハ】**消費設備の使用開始時及び使用終了時にその設備の属する消費施設の異常の有無を点検するほか，1日に1回以上消費をする特定高圧ガスの種類及び消費設備の態様に応じ頻繁に消費設備の作動状況について点検し，異常があるときは，その設備の補修その他の危険を防止する措置を講じて消費しなければならない．

2）**【令和4年 問8ハ】**消費設備の使用開始時及び使用終了時に，その設備の属する消費施設の異常の有無を点検し，かつ，1日に1回以上消費をする特定高圧ガスの種類及び消費の態様に応じ，頻繁に消費設備の作動状況について点検しなければならない．

解説　1）正しい．「特定高圧ガス消費設備」（使用開始・終了時の異常の有無及び1日1回以上の点検）に係る技術上の基準で，消費設備の使用開始時及び使用終了時にその設備の属する消費施設の異常の有無を点検するほか，1日に1回以上消費をする特定高圧ガスの種類及び消費設備の態様に応じ頻繁に消費設備の作動状況について点検し，異常があるときは，その設備の補修その他の危険を防止する措置を講じて消費しなければならない．一般則第55条（特定高圧ガスの消費者に係る技術上の基準）第2項第三号参照．

2）正しい．「特定高圧ガス消費設備」（使用開始・終了時の異常の有無及び1日1回以上の点検）に係る技術上の基準で，消費設備の使用開始時及び使用終了時に，その設備の属する消費施設の異常の有無を点検し，かつ，1日に1回以上消費をする特定高圧ガスの種類及び消費の態様に応じ，頻繁に消費設備の作動状況について点検しなければならない．一般則第55条（特定高圧ガスの消費者に係る技術上の基準）第2項第三号参照．

■ 1.14.4　消費設備の材料

題

1)【**令和3年 問8イ**】消費設備に使用する材料は，ガスの種類，性状，温度，圧力等に応じ，その設備の材料に及ぼす化学的影響及び物理的影響に対し，安全な化学的成分，機械的性質を有するものでなければならない．

解説　1）正しい．「消費設備材料」（安全な化学的機械的性質を有するものを使用）に係る技術上の基準で，消費設備に使用する材料は，ガスの種類，性状，温度，圧力等に応じ，その設備の材料に及ぼす化学的影響及び物理的影響に対し，安全な化学的成分，機械的性質を有するものでなければならない．一般則第55条（特定高圧ガスの消費者に係る技術上の基準）第1項第五号参照．

■ 1.14.5　消費施設と保安物件の距離

題

1)【**令和5年 問8イ**】貯蔵能力が1,000キログラム以上3,000キログラム未満の液化塩素の消費施設であっても，その貯蔵設備及び減圧設備の外面から，第一種保安物件に対し第一種設備距離以上，第二種保安物件に対し第二種設備距離以上の距離を有しなければならない．

2)【**令和4年 問8イ**】貯蔵能力が質量2,000キログラムの液化塩素の消費施設は，その貯蔵設備の外面から第一種保安物件及び第二種保安物件に対し，それぞれ所定の距離を有しなければならないが，その減圧設備については，その必要はない．

3)【**令和3年 問8ロ**】特殊高圧ガスの消費施設は，その貯蔵設備の貯蔵能力が3,000キログラム未満の場合であっても，その貯蔵設備及び減圧設備の外面から第一種保安物件に対し第一種設備距離以上，第二種保安物件に対し第二種設備距離以上の距離を有しなければならない．

4)【**令和2年 問8ロ**】液化アンモニアの消費施設は，その貯蔵設備の外面から第一種保安物件及び第二種保安物件に対し，それぞれ所定の距離以上の距離を有しなければならないが，減圧設備については，その定めはない．

5)【**令和元年 問8イ**】特殊高圧ガスの消費施設は，その貯蔵設備の貯蔵能力が3,000キログラム未満の場合であっても，その貯蔵設備及び減圧設備の外面から第一種保

安物件に対し第一種設備距離以上，第二種保安物件に対し第二種設備距離以上の距離を有しなければならない．

6）**【平成30年 問8ロ】**液化アンモニアの消費施設の減圧設備は，その外面から第一種保安物件及び第二種保安物件に対し，それぞれ所定の距離以上の距離を有しなければならない．

解説 1）正しい．「貯蔵能力1,000 kg以上3,000 kg未満の液化塩素の消費施設」（第一種及び第二種の各保安物件までそれぞれ所定の設備距離以上）に係る技術上の基準で，貯蔵能力が1,000 kg（容積100 m^3）以上3,000 kg（容積300 m^3）未満の液化塩素の消費施設であっても，その貯蔵設備及び減圧設備の外面から，第一種保安物件に対し第一種設備距離以上，第二種保安物件に対し第二種設備距離以上の距離を有しなければならない．一般則第55条（特定高圧ガスの消費者に係る技術上の基準）第1項第二号参照．

2）誤り．「貯蔵能力1,000 kg以上3,000 kg未満の液化塩素の消費施設」（第一種及び第二種の各保安物件までそれぞれ所定の設備距離以上）に係る技術上の基準で，貯蔵能力が質量2,000 kg（容積200 m^3）の液化塩素の消費施設は，その貯蔵設備の外面から第一種保安物件及び第二種保安物件に対し，それぞれ所定の距離を有しなければならない．同様に，その減圧設備についても，その必要がある．一般則第55条（特定高圧ガスの消費者に係る技術上の基準）第1項第二号参照．

3）正しい．「特殊高圧ガスの消費施設」（貯蔵能力が3,000 kg（300 m^3）未満であっても保安距離が必要）に係る技術上の基準で，特殊高圧ガスの消費施設は，その貯蔵設備の貯蔵能力が3,000 kg（300 m^3）未満の場合であっても，その貯蔵設備及び減圧設備の外面から第一種保安物件に対し第一種設備距離以上，第二種保安物件に対し第二種設備距離以上の距離を有しなければならない．一般則第55条（特定高圧ガスの消費に係る技術上の基準）第1項第二号参照．

4）誤り．「液化アンモニアの消費施設の減圧設備」（第一種及び第二種の各保安物件までそれぞれ所定の設備距離以上）に係る技術上の基準で，液化アンモニアの消費施設は，その貯蔵設備の外面から第一種保安物件及び第二種保安物件に対し，それぞれ所定の距離以上の距離を有しなければならない．同様に，減圧設備についてもその定めがある．一般則第55条（特定高圧ガスの消費者に係る技術上の基準）第1項第二号参照．

5）正しい．「貯蔵能力が3,000 kg（300 m^3）未満の特殊高圧ガスの消費施設の減圧設備」（第一種及び第二種の各保安物件までそれぞれ所定の設備距離以上）に係る技術上の基準で，特殊高圧ガスの消費施設は，その貯蔵設備の貯蔵能力が3,000 kg（容積300 m^3）未満の場合であっても，その貯蔵設備及び減圧設備の外面から第一種保安物件に対し第一種設備距離以上，第二種保安物件に対し第二種設備距離以上の距離を有しなければならない．一般則第55条（特定高圧ガスの消費者に係る技術上の基準）第1項第二号参照．

6）正しい．「液化アンモニアの消費施設の減圧設備」（第一種及び第二種の各保安物件までそれぞれ所定の設備距離以上）に係る技術上の基準で，液化アンモニアの消費施設の減圧設備は，その外面から第一種保安物件及び第二種保安物件に対し，それぞれ所定の距離以上の距離を有しなければならない．一般則第55条（特定高圧ガスの消費者に係る技術上の基準）第1項第二号参照．

■ 1.14.6　配管等の接合

1）**【令和3年 問8ハ】** 特殊高圧ガス，液化アンモニア又は液化塩素の消費設備に係る配管，管継手及びバルブの接合は，特に定める場合を除き，溶接により行わなければならない．

2）**【令和2年 問8ハ】** 液化塩素の消費設備に係る配管，管継手又はバルブの接合は，特に定める場合を除き，溶接により行わなければならないが，特殊高圧ガス又は液化アンモニアについては，その定めはない．

3）**【令和元年 問8ハ】** 特殊高圧ガス，液化アンモニア又は液化塩素の消費設備に係る配管，管継手又はバルブの接合は，特に定める場合を除き，溶接により行わなければならない．

解説　1）正しい．「配管等の溶接接合の定めのある高圧ガス」（特殊高圧ガス，液化アンモニア及び液化塩素）に係る技術上の基準で，特殊高圧ガス，液化アンモニア又は液化塩素の消費設備に係る配管，管継手及びバルブの接合は，特に定める場合を除き，溶接により行わなければならない．一般則第55条（特定高圧ガスの消費に係る技術上の基準）第1項第二十三号参照．

2）誤り．「配管等の溶接接合の定めのある高圧ガス」（特殊高圧ガス，液化アンモニア及び液化塩素）に係る技術上の基準で，液化塩素の消費設備に係る配管，管継手又はバルブの接合は，特に定める場合を除き，溶接により行わなければならない．同様に，特殊高圧ガス又は液化アンモニアについてもその定めがある．一般則第55条（特定高圧ガスの消費者に係る技術上の基準）第1項第二十三号参照．

3）正しい．「配管等の溶接接合の定めのある高圧ガス」（特殊高圧ガス，液化アンモニア及び液化塩素）に係る技術上の基準で，特殊高圧ガス，液化アンモニア又は液化塩素の消費設備に係る配管，管継手又はバルブの接合は，特に定める場合を除き，溶接により行わなければならない．一般則第55条（特定高圧ガスの消費者に係る技術上の基準）

第1項第二十三号参照.

■ 1.14.7　取扱主任者の選任

1)【令和元年 問5ハ】液化アンモニアの特定高圧ガス消費者は，第一種販売主任者免状の交付を受けているがアンモニアの製造又は消費に関する経験を有しない者を，取扱主任者に選任することができる.

解説　1) 正しい.「アンモニア取扱主任者の選任資格」(第一種販売主任者免状交付者) に係るもので，液化アンモニアの特定高圧ガス消費者は，第一種販売主任者免状の交付を受けている者であれば，アンモニアの製造又は消費に関する経験を有しなくても，取扱主任者に選任することができる．法第28条（販売主任者及び取扱主任者）第2項及び一般則第73条（取扱主任者の選任）第三号参照.

1.15 特定高圧ガス以外の高圧ガス消費に係る技術上の基準

■ 1.15.1　複合容器の使用

1)【令和3年 問10ロ】一般複合容器は，水中で使用してはならない.

2)【令和元年 問10イ】一般複合容器は，水中で使用することができる.

解説　1) 正しい.「一般複合容器」(水中使用禁止) に係る技術上の基準で，一般複合容器は，水中で使用してはならない．なお，一般複合容器とは，肉厚の薄い金属容器に繊維を巻き付けて樹脂で繊維を固定平滑仕上げした構造の容器を指す．一般則第60条（その他消費に係る技術上の基準）第1項第十九号参照.

2) 誤り.「一般複合容器」(水中使用禁止) に係る技術上の基準で，一般複合容器は，水中で使用することができない．なお，一般複合容器とは，肉厚の薄い金属容器に繊維を巻き付けて樹脂で繊維を固定平滑仕上げした構造の容器を指す．一般則第60条（その他消費に係る技術上の基準）第1項第十九号参照.

■ 1.15.2　充てん容器等，バルブ，配管等の加熱温度

1)【令和4年 問10ハ】アンモニアの充塡容器及び残ガス容器を加熱するときは，熱湿布を使用することができる．

解説　1) 正しい．「容器等の加熱」(熱湿布は使用可能) に係る技術上の基準で，アンモニアに限らず，充てん容器及び残ガス容器を加熱するときは，熱湿布を使用することができる．一般則第60条 (その他消費者に係る技術上の基準) 第1項第三号イ参照．

■ 1.15.3　規模に応じて適切な消火設備

1)【令和3年 問9ロ】可燃性ガス，酸素及び三フッ化窒素の消費施設 (在宅酸素療法用のもの及び家庭用設備に係るものを除く.) には，その規模に応じて，適切な消火設備を適切な箇所に設けなければならない．

2)【令和2年 問9ロ】可燃性ガス及び酸素の消費施設 (在宅酸素療法用のもの及び家庭用設備に係るものを除く.) には，その規模に応じて，適切な消火設備を適切な箇所に設けなければならないが，三フッ化窒素についてはその定めはない．

解説　1) 正しい．「可燃性ガス，酸素及び三フッ化窒素の消費施設」(規模に応じた適切な消火設備) に係る技術上の基準で，可燃性ガス，酸素及び三フッ化窒素の消費施設 (在宅酸素療法用のもの及び家庭用設備に係るものを除く) には，その規模に応じて，適切な消火設備を適切な箇所に設けなければならない．一般則第60条 (その他消費に係る技術上の基準) 第1項第十二号参照．

2) 誤り．「可燃性ガス，酸素及び三フッ化窒素の消費設備」(規模に応じた適切な消火設備) に係る技術上の基準で，可燃性ガス及び酸素の消費施設 (在宅酸素療法用のもの及び家庭用設備に係るものを除く) には，その規模に応じて，適切な消火設備を適切な箇所に設けなければならない．同様に，三フッ化窒素についてもその定めがある．一般則第60条 (その他消費に係る技術上の基準) 第1項第十二号参照．

■ 1.15.4　火気等使用禁止

題

1)【令和4年 問9ロ】アセチレンの消費に使用する設備は，所定の措置を講じない場合，その設備の周囲5メートル以内においては，喫煙及び火気（その設備内のものを除く.）の使用を禁じ，かつ，引火性又は発火性の物を置いてはならない.

2)【令和3年 問9ハ】可燃性ガス又は酸素の消費に使用する設備（家庭用設備を除く.）から5メートル以内においては，特に定める措置を講じた場合を除き，喫煙及び火気（その設備内のものを除く.）の使用を禁じ，かつ，引火性又は発火性の物を置いてはならないが，三フッ化窒素の消費に使用する設備についてはその定めはない.

解説　1）正しい.「可燃性ガス，酸素及び三フッ化窒素の消費設備」（5m以内での火気使用及び引火性・発火性物の設置禁止）に係る技術上の基準で，アセチレン（可燃性ガス）の消費に使用する設備は，所定の措置を講じない場合，その設備の周囲5m以内においては，喫煙及び火気（その設備内のものを除く）の使用を禁じ，かつ，引火性又は発火性の物を置いてはならない．一般則第60条（その他消費者に係る技術上の基準）第1項第十号参照.

2）誤り.「可燃性ガス，酸素及び三フッ化窒素の消費設備」（5m以内での火気使用及び引火性・発火性物の設置禁止）に係る技術上の基準で，可燃性ガス，酸素及び三フッ化窒素の消費に使用する設備（家庭用設備を除く）から5m以内においては，特に定める措置を講じた場合を除き，喫煙及び火気（その設備内のものを除く）の使用を禁じ，かつ，引火性又は発火性の物を置いてはならない．三フッ化窒素の消費に使用する設備についてもその定めがある．一般則第60条（その他消費に係る技術上の基準）第1項第十号参照.

■ 1.15.5　バルブ・コックの操作

問題

1)【令和5年 問9ロ】充塡容器及び残ガス容器のバルブは，静かに開閉しなければならない.

2)【令和5年 問9ハ】消費設備に設けたバルブを操作する場合にバルブの材質，構造及び状態を勘案して過大な力を加えないよう必要な措置を講じなければならない.

3)【令和4年 問10イ】酸素の消費設備に設けたバルブのうち，保安上重大な影響を与えるバルブには，作業員が適切に操作することができるような措置を講じなければならないが，それ以外のバルブにはその措置を講じる必要はない．

4) **【平成30年 問10イ】** 充塡容器及び残ガス容器のバルブは，静かに開閉しなければならない．

解説 1）正しい．「充てん容器等のバルブの取扱」（静かな開閉）に係る技術上の基準で，充てん容器及び残ガス容器のバルブは，静かに開閉しなければならない．一般則第60条（その他消費に係る技術上の基準）第1項第一号参照．

2）正しい．「消費設備のバルブ・コック」（過大な力の防止措置）に係る技術上の基準で，消費設備に設けたバルブを操作する場合にバルブの材質，構造及び状態を勘案して過大な力を加えないよう必要な措置を講じなければならない．一般則第60条（その他消費に係る技術上の基準）第1項第六号参照．

3）誤り．「消費設備のバルブ又はコック」（すべて適切に操作可能な措置が必要）に係る技術上の基準で，酸素の消費設備に設けたバルブのうち，保安上重大な影響を与えるバルブには，作業員が適切に操作することができるような措置を講じなければならない．同様に，それ以外のバルブにもその措置を講じる必要がある．一般則第60条（その他消費者に係る技術上の基準）第1項第五号参照．

4）正しい．「充てん容器等のバルブの取扱」（静かな開閉）に係る技術上の基準で，充てん容器及び残ガス容器（充てん容器等という）のバルブは，静かに開閉しなければならない．一般則第60条（その他消費に係る技術上の基準）第1項第一号参照．

■ 1.15.6　溶接又は熱切断用ガスの漏えい措置

問題

1) **【令和3年 問10イ】** 溶接又は熱切断用のアセチレンガスの消費は，アセチレンガスの逆火，漏えい，爆発等による災害を防止するための措置を講じて行わなければならないが，溶接又は熱切断用の天然ガスの消費については，漏えい，爆発等による災害を防止するための措置を講じて行わなければならない旨の定めはない．

2) **【令和2年 問9ハ】** 溶接又は熱切断用のアセチレンガスの消費は，消費する場所の付近にガスの漏えいを検知する設備及び消火設備を備えた場合であっても，アセチレンガスの逆火，漏えい，爆発等による災害を防止するための措置を講じなければならない．

3) **【令和元年 問9ハ】** 溶接又は熱切断用の天然ガスの消費は，そのガスの漏えい，爆発等による災害を防止するための措置を講じて行うべき定めはない．

4)**【平成30年 問9ハ】** 溶接又は熱切断用のアセチレンガスの消費は，消費する場所の付近にガスの漏えいを検知する設備及び消火設備を備えた場合であっても，アセチレンガスの逆火，漏えい，爆発等による災害を防止するための措置を講じなければならない．

解説 1）誤り．「溶接等のアセチレンガス及び天然ガスの消費」（逆火，漏えい，爆発等の災害防止措置が必要）に係る技術上の基準で，溶接又は熱切断用のアセチレンガスの消費は，アセチレンガスの逆火，漏えい，爆発等による災害を防止するための措置を講じて行わなければならない．溶接又は熱切断用の天然ガスの消費についても，漏えい，爆発等による災害を防止するための措置を講じて行わなければならない旨の定めがある．一般則第60条（その他消費に係る技術上の基準）第1項第十三号及び第十四号参照．

2）正しい．「溶接等のアセチレンガスの消費」（逆火，漏えい，爆発等の災害防止措置が必要）に係る技術上の基準で，溶接又は熱切断用のアセチレンガスの消費は，消費する場所の付近にガスの漏えいを検知する設備及び消火設備を備えた場合であっても，アセチレンガスの逆火，漏えい，爆発等による災害を防止するための措置を講じなければならない．一般則第60条（その他消費に係る技術上の基準）第1項第十三号参照．

3）誤り．「溶接等の天然ガスの消費」（漏えい，爆発等の災害防止措置が必要）に係る技術上の基準で，溶接又は熱切断用の天然ガスの消費は，そのガスの漏えい，爆発等による災害を防止するための措置を講じて行うべき定めがある．一般則第60条（その他消費に係る技術上の基準）第1項第十四号参照．

4）正しい．「溶接等のアセチレンガスの消費」（逆火，漏えい，爆発等の災害防止措置が必要）に係る技術上の基準で，溶接又は熱切断用のアセチレンガスの消費は，消費する場所の付近にガスの漏えいを検知する設備及び消火設備を備えた場合であっても，アセチレンガスの逆火，漏えい，爆発等による災害を防止するための措置を講じなければならない．一般則第60条（その他消費に係る技術上の基準）第1項第十三号参照．

■ 1.15.7　消費設備の使用開始・終了・点検・危険防止措置等

問題

1)**【令和5年 問10イ】** 酸素の消費は，バルブ及び消費に使用する器具の石油類，油脂類その他可燃性の物を除去した後に行わなければならない．

2)**【令和5年 問10ハ】** 酸素の消費は，消費設備の使用開始時又は使用終了時のいずれかに，消費施設の異常の有無を点検しなければならないと定められている．

3)**【令和4年 問9イ】**アンモニアの消費は，漏えいしたガスが拡散しないように，気密な構造の室でしなければならない．

4)**【令和4年 問9ハ】**酸素又は三フッ化窒素の消費は，バルブ及び消費に使用する器具の石油類，油脂類その他可燃性の物を除去した後に行わなければならない．

5)**【令和3年 問10ハ】**酸素の消費は，消費設備の使用開始時及び使用終了時に消費施設の異常の有無を点検するほか，1日に1回以上消費設備の作動状況について点検し，異常があるときは，その設備の補修その他の危険を防止する措置を講じて消費しなければならない．

6)**【令和2年 問10イ】**可燃性ガスの消費は，その消費設備（家庭用設備を除く．）の使用開始時及び使用終了時に消費施設の異常の有無を点検するほか，1日に1回以上消費設備の作動状況について点検し，異常のあるときは，その設備の補修その他の危険を防止する措置を講じて行わなければならない．

7)**【令和2年 問10ハ】**消費設備に設けたバルブ及び消費に使用する器具の石油類，油脂類その他可燃性の物を除去した後に消費しなければならない高圧ガスは，酸素に限られている．

8)**【令和元年 問9ロ】**酸素を消費した後は，バルブを閉じ，容器の転倒及びバルブの損傷を防止する措置を講じなければならない．

9)**【令和元年 問10ハ】**酸素の消費は，消費設備の使用開始時及び使用終了時に消費施設の異常の有無を点検するほか，1日に1回以上消費設備の作動状況について点検し，異常があるときは，その設備の補修その他の危険を防止する措置を講じて消費しなければならない．

10)**【平成30年 問9ロ】**アセチレンガスを消費した後は，容器の転倒及びバルブの損傷を防止する措置を講じ，かつ，他の充填容器と区別するためにその容器のバルブは全開しておかなければならない．

11)**【平成30年 問10ハ】**酸素又は三フッ化窒素の消費は，バルブ及び消費に使用する器具の石油類，油脂類その他可燃性の物を除去した後に行わなければならない．

解説 1）正しい．「酸素又は三フッ化窒素の消費」（石油類等可燃性物を除去した後に行う）に係る技術上の基準で，酸素の消費は，バルブ及び消費に使用する器具の石油類，油脂類その他可燃性の物を除去した後に行わなければならない．一般則第60条（その他消費に係る技術上の基準）第1項第十五号参照．

2）誤り．「高圧ガス（酸素）の消費施設の点検」（使用開始・終了時異常の有無の点検及び1日1回以上の作動状況）に係る技術上の基準で，高圧ガス（本問では酸素）の消費は，消費設備の使用開始時又は使用終了時のいずれにも，消費施設の異常の有無を点検しなければならないと定められている．また，1日1回以上消費設備の作動状況について点検し，異常があるときは当該設備の補修その他の危険を防止する措置を講じてすることと定めている．一般則第60条（その他消費に係る技術上の基準）第1項第十八号参照．

3）誤り．「アンモニアの消費の室」（気密な構造の定めなし）に係る技術上の基準で，アンモニアの消費は，気密な構造の室でしなければならない定めはない．一般則第60条（その他消費者に係る技術上の基準）第2項で準用する第55条（特定高圧ガスの消費者に係る技術上の基準）第1項第四号及び第二十二号参照．

4）正しい．「酸素又は三フッ化窒素の消費」（石油類等可燃性物を除去した後に行う）に係る技術上の基準で，酸素又は三フッ化窒素の消費は，バルブ及び消費に使用する器具の石油類，油脂類その他可燃性の物を除去した後に行わなければならない．一般則第60条（その他消費者に係る技術上の基準）第1項第十五号参照．

5）正しい．「高圧ガス（酸素）の消費設備の点検」（使用開始・終了時異常の有無の点検及び1日1回以上）に係る技術上の基準で，酸素（可燃性ガス，毒性ガス及び空気も同様）の消費は，消費設備の使用開始時及び使用終了時に消費施設の異常の有無を点検するほか，1日に1回以上消費設備の作動状況について点検し，異常があるときは，その設備の補修その他の危険を防止する措置を講じて消費しなければならない．一般則第60条（その他消費に係る技術上の基準）第1項第十八号参照．

6）正しい．「高圧ガス（可燃性ガス）の消費設備の点検」（使用開始・終了時異常の有無の点検及び1日1回以上）に係る技術上の基準で，高圧ガス（本問では可燃性ガス）の消費は，その消費設備（家庭用設備を除く）の使用開始時及び使用終了時に消費施設の異常の有無を点検するほか，1日に1回以上消費設備の作動状況について点検し，異常のあるときは，その設備の補修その他の危険を防止する措置を講じて行わなければならない．一般則第60条（その他消費に係る技術上の基準）第1項第十八号参照．

7）誤り．「酸素又は三フッ化窒素の消費」（石油類等可燃性物を除去した後に行う）に係る技術上の基準で，消費設備に設けたバルブ及び消費に使用する器具の石油類，油脂類その他可燃性の物を除去した後に消費しなければならない高圧ガスは，酸素又は三フッ化窒素に限られている．一般則第60条（その他消費に係る技術上の基準）第1項第十五号参照．

8）正しい．「消費した後の措置」（閉じて容器転倒及びバルブ損傷防止）に係る技術上の基準で，酸素を消費した後は，バルブを閉じ，容器の転倒及びバルブの損傷を防止する措置を講じなければならない．一般則第60条（その他消費に係る技術上の基準）第1項第十六号参照．

9）正しい．「高圧ガス（酸素）の消費設備の点検」（使用開始・終了時異常の有無の点検及び1日1回以上）に係る技術上の基準で，酸素（可燃性ガス，毒性ガス及び空気も同様）の消費は，消費設備の使用開始時及び使用終了時に消費施設の異常の有無を点検するほか，1日に1回以上消費設備の作動状況について点検し，異常があるときは，その設備の補修その他の危険を防止する措置を講じて消費しなければならない．一般則第60条（その他消費に係る技術上の基準）第1項第十八号参照．

10）誤り．「消費した後の措置」（閉じて容器転倒及びバルブ損傷防止）に係る技術上の基準で，アセチレンガスを消費した後は，容器の転倒及びバルブの損傷を防止する措置を講じ，かつ，その容器のバルブは閉じておかなければならない．一般則第60条（その他消費に係る技術上の基準）第1項第十六号参照．

11）正しい．「酸素又は三フッ化窒素の消費」（石油類等可燃性物の除去した後に行う）に係る技術上の基準で，酸素又は三フッ化窒素の消費は，バルブ及び消費に使用する器具の石油類，油脂類その他可燃性の物を除去した後に行われなければならない．一般則第60条（その他消費に係る技術上の基準）第1項第十五号参照．

■ 1.15.8　技術上の基準に従うべきガスの指定（修理・清掃時の危険防止も含む）

問題

1）**【令和5年 問9イ】** 消費に係る技術上の基準に従うべき高圧ガスは，可燃性ガス（高圧ガスを燃料として使用する車両において，その車両の燃料の用のみに消費される高圧ガスを除く．），毒性ガス及び酸素に限られる．

2）**【令和5年 問10ロ】** 溶接又は熱切断用のアセチレンガスの消費は，アセチレンガスの逆火，漏えい，爆発等による災害を防止するための措置を講じて行わなければならないが，溶接又は熱切断用の天然ガスの消費については，漏えい，爆発等による災害を防止するための措置を講じて行うべき旨の定めはない．

3）**【令和4年 問10ロ】** 消費設備（家庭用設備を除く．）の修理又は清掃及びその後の消費を，保安上支障のない状態で行わなければならないのは，毒性ガスを消費する場合に限られている．

4）**【令和3年 問9イ】** 技術上の基準に従うべき高圧ガスは，可燃性ガス，毒性ガス及び酸素の3種類に限られている．

5）**【令和2年 問4ハ】** 特定高圧ガス消費者が消費する特定高圧ガス以外の高圧ガスであって，その消費に係る技術上の基準に従うべき高圧ガスとして一般高圧ガス保安規則で定められているものは，可燃性ガス（高圧ガスを燃料として使用する車両において，その車両の燃料の用のみに消費される高圧ガスを除く．），毒性ガス，酸素及び空気である．

6) **【令和2年 問9イ】** アセチレンガスの消費は，通風の良い場所で行い，かつ，その容器を温度40度以下に保たなければならない．

7) **【令和2年 問10ロ】** 消費設備（家庭用設備を除く．）の修理又は清掃及びその後の消費を，保安上支障のない状態で行わなければならないのは，可燃性ガス又は毒性ガスを消費する場合に限られている．

8) **【令和元年 問9イ】** 高圧ガスの消費に係る技術上の基準に従うべき高圧ガスは，可燃性ガス（高圧ガスを燃料として使用する車両において，当該車両の燃料の用のみに消費される高圧ガスを除く．），毒性ガス，酸素及び空気である．

9) **【令和元年 問10ロ】** 消費設備（家庭用設備に係るものを除く．）を開放して修理又は清掃をするときは，その消費設備のうち開放する部分に他の部分からガスが漏えいすることを防止するための措置を講じなければならない．

10) **【平成30年 問9イ】** 消費に係る技術上の基準に従うべき高圧ガスは，可燃性ガス（高圧ガスを燃料として使用する車両において，その車両の燃料の用のみに消費される高圧ガスを除く．），毒性ガス及び酸素に限られている．

11) **【平成30年 問10ロ】** アセチレンガスの消費設備を開放して修理又は清掃をするときは，その消費設備のうち開放する部分に他の部分からガスが漏えいすることを防止するための措置を講じなければならないが，酸素の消費設備については，その定めはない．

解説 1）誤り．「特定高圧ガス以外の高圧ガスで技術上の基準に従うべき高圧ガス」（可燃性ガス，毒性ガス，酸素及び空気）に係る技術上の基準で，消費に係る技術上の基準に従うべき高圧ガスは，可燃性ガス（高圧ガスを燃料として使用する車両において，その車両の燃料の用のみに消費される高圧ガスを除く），毒性ガス，酸素及び空気に限られる．一般則第59条（その他消費に係る技術上の基準に従うべき高圧ガスの指定）参照．

2）誤り．「溶接等の消費での災害防止措置」（アセチレンガス及び天然ガスのいずれも適用）に係る技術上の基準で，溶接又は熱切断用のアセチレンガスの消費は，アセチレンガスの逆火，漏えい，爆発等による災害を防止するための措置を講じて行わなければならない．同様に，溶接又は熱切断用の天然ガスの消費についても，漏えい，爆発等による災害を防止するための措置を講じて行うべき旨の定めがある．一般則第60条（その他消費に係る技術上の基準）第1項第十三号及び第十四号参照．

3）誤り．「消費設備の修理・清掃・消費の技術上の基準対象ガス」（可燃性ガス，毒性ガス及び酸素）に係る技術上の基準で，消費設備（家庭用設備を除く）の修理又は清掃及びその後の消費を，保安上支障のない状態で行わなければならないのは，毒性ガスを消費する場合のほか，可燃性ガス及び酸素も含まれる．一般則第60条（その他消費者に係る技術上の基準）第十七号ロ参照．

4) 誤り．「特定高圧ガス以外の高圧ガスで技術上の基準に従うべき高圧ガス」（可燃性ガス，毒性ガス，酸素及び空気）に係る技術上の基準で，特定高圧ガス以外の高圧ガスの消費で技術上の基準に従うべき高圧ガスは，可燃性ガス，毒性ガス，酸素及び空気の4種類に限られている．一般則第59条（その他消費に係る技術上の基準に従うべき高圧ガスの指定）参照．

5) 正しい．「特定高圧ガス以外の高圧ガスで技術上の基準に従うべき高圧ガス」（可燃性ガス，毒性ガス，酸素及び空気）に係る技術上の基準で，特定高圧ガス消費者が消費する特定高圧ガス以外の高圧ガスであって，その消費に係る技術上の基準に従うべき高圧ガスとして一般高圧ガス保安規則で定められているものは，可燃性ガス（高圧ガスを燃料として使用する車両において，その車両の燃料の用のみに消費される高圧ガスを除く），毒性ガス，酸素及び空気である．一般則第59条（その他消費に係る技術上の基準に従うべき高圧ガスの指定）参照．

6) 正しい．「可燃性ガス又は毒性ガスの消費場所」（良好な通風と容器温度40℃以下）に係る技術上の基準で，可燃性ガス（本問ではアセチレンガス）又は毒性ガスの消費は，通風の良い場所で行い，かつ，その容器を温度40℃以下に保たなければならない．一般則第60条（その他消費に係る技術上の基準）第1項第七号参照．

7) 誤り．「消費設備の修理・清掃・消費の技術上の基準対象ガス」（可燃性ガス，毒性ガス及び酸素）に係る技術上の基準で，消費設備（家庭用設備を除く）の修理又は清掃及びその後の消費を，危険を防止するための措置を講じて保安上支障のない状態で行わなければならないのは，可燃性ガス，毒性ガス又は酸素を消費する場合である．一般則第60条（その他消費に係る技術上の基準）第1項第十七号ロ参照．

8) 正しい．「特定高圧ガス以外の高圧ガスで技術上の基準に従うべき高圧ガス」（可燃性ガス，毒ガス，酸素及び空気）に係る技術上の基準で，高圧ガスの消費に係る技術上の基準に従うべき高圧ガスは，可燃性ガス（高圧ガスを燃料として使用する車両において，当該車両の燃料の用のみに消費される高圧ガスを除く），毒性ガス，酸素及び空気である．一般則第59条（その他消費に係る技術上の基準に従うべき高圧ガスの指定）参照．

9) 正しい．「消費設備の修理・清掃時の措置」（他の部分からのガスの漏えい防止）に係る技術上の基準で，消費設備（家庭用設備に係るものを除く）を開放して修理又は清掃をするときは，その消費設備のうち開放する部分に他の部分からガスが漏えいすることを防止するための措置を講じなければならない．一般則第60条（その他消費に係る技術上の基準）第1項第十七号ニ参照．

10）誤り．「特定高圧ガス以外の高圧ガスで技術上の基準に従うべき高圧ガス」（可燃性ガス，毒性ガス，酸素及び空気）に係る技術上の基準で，消費に係る技術上の基準に従うべき高圧ガスは，可燃性ガス（高圧ガスを燃料として使用する車両において，その車両の燃料の用のみに消費される高圧ガスを除く），毒性ガス，酸素及び空気に限られている．一般則第59条（その他消費に係る技術上の基準に従うべき高圧ガスの指定）参照．

11）誤り．「消費設備の修理・清掃・消費の技術上の基準対象ガス」（可燃性ガス，毒性ガス及び酸素）に係る技術上の基準で，アセチレンガスの消費設備を開放して修理又は清掃をするときは，その消費設備のうち開放する部分に他の部分からガスが漏えいすることを防止するための措置を講じなければならない．同様に，酸素の消費設備についても，その定めがある．一般則第60条（その他消費に係る技術上の基準）第1項第十七号ロ参照．

1.16 容器の貯蔵に係る技術上の基準（0.15 m³を超える高圧ガス容器）（車両固定の燃料装置用容器は除外）

■ 1.16.1 高圧ガスの種類及び容器の区分

問題

1）**【令和5年 問11ロ】** 空気は，一般高圧ガス保安規則に定められている貯蔵の方法に係る技術上の基準に従って貯蔵すべき高圧ガスである．

2）**【令和5年 問12ロ】** アルゴンは，充塡容器及び残ガス容器にそれぞれ区分して容器置場に置くべき高圧ガスである．

3）**【令和5年 問12ハ】** 液化アンモニアと液化塩素の残ガス容器は，それぞれ区分して容器置場に置かなければならない．

4）**【令和4年 問11イ】** 貯蔵の方法に係る技術上の基準に従うべき高圧ガスの種類は，可燃性ガス，毒性ガス及び酸素に限られている．

5）**【令和4年 問11ロ】** 貯蔵の方法に係る技術上の基準に従って貯蔵しなければならない液化塩素は，その質量が1.5キログラムを超えるものに限られている．

6）**【令和4年 問12イ】** 高圧ガスを充塡してある容器は，充塡容器及び残ガス容器にそれぞれ区分して容器置場に置かなければならない．

7）**【令和3年 問11イ】** 窒素の容器のみを容器置場に置くときは，充塡容器及び残ガス容器にそれぞれ区分して置くべき定めはない．

8)**【令和2年 問11イ】**液化アンモニアの充塡容器と圧縮酸素の充塡容器は，それぞれ区分して容器置場に置かなければならない.

9)**【令和元年 問11ロ】**圧縮空気は，充塡容器及び残ガス容器にそれぞれ区分して容器置場に置くべき高圧ガスとして定められていない.

10)**【令和元年 問11ハ】**酸素の充塡容器と毒性ガスの充塡容器は，それぞれ区分して容器置場に置かなければならない.

11)**【平成30年 問11ロ】**液化アンモニアの充塡容器と液化塩素の充塡容器は，それぞれ区分して容器置場に置くべき定めはない.

解説 1）正しい.「高圧ガス貯蔵の空気」（技術上の基準に従うべき高圧ガス）に係る技術上の基準で，空気は，一般高圧ガス保安規則に定められている貯蔵の方法に係る技術上の基準に従って貯蔵すべき高圧ガスである．一般則第59条（その他消費に係る技術上の基準に従うべき高圧ガスの指定）参照.

2）正しい.「充てん容器等の置き方」（充てん容器と残ガス容器を区別すること）に係る技術上の基準で，アルゴンは，充てん容器及び残ガス容器にそれぞれ区分して容器置場に置くべき高圧ガスである．なお，アルゴンに限らずすべての容器に適用される．一般則第18条（貯蔵の方法に係る技術上の基準）第二号ロで準用する第6条（定置式製造設備に係る技術上の基準）第2項第八号イ参照.

3）正しい.「可燃性ガス，毒性ガス，特定不活性ガス及び酸素の充てん容器等の置き方」（区別すること）に係る技術上の基準で，液化アンモニア（可燃性ガスかつ毒性ガス）と液化塩素（毒性ガス）の残ガス容器は，それぞれ区分して容器置場に置かなければならない．なお，その他，特定不活性ガスと酸素の充てん容器等も同様である．一般則第18条（貯蔵の方法に係る技術上の基準）第二号ロで準用する第6条（定置式製造設備に係る技術上の基準）第2項第八号ロ参照.

4）誤り.「貯蔵方法の技術上の基準に従うべき高圧ガス」（可燃性ガス，毒性ガス，特定不活性ガス及び酸素）に係る技術上の基準で，貯蔵の方法に係る技術上の基準に従うべき高圧ガスの種類は，可燃性ガス，毒性ガス，特定不活性ガス及び酸素に限られている．なお，特定不活性ガスには一部適用除外が定められている．一般則第18条（貯蔵の方法に係る技術上の基準）第二号ロで準用する第6条（定置式製造設備に係る技術上の基準）第2項第八号参照.

5）正しい.「貯蔵の規制を受けない容積」（0.15 m^3 又は1.5 kg以下）に係る技術上の基準で，貯蔵の方法に係る技術上の基準に従って貯蔵しなければならない液化ガス（本問では液化塩素）は，その容積が0.15 m^3 を超えるもの（その質量が1.5 kgを超えるもの）に限られている．一般則第19条（貯蔵の規制を受けない容積）第1項及び第2項参照.

6) 正しい.「充てん容器等の置き方」(充てん容器と残ガス容器を区分すること) に係る技術上の基準で, 高圧ガスを充てんしてある容器は, 充てん容器及び残ガス容器にそれぞれ区分して容器置場に置かなければならない. 一般則第18条 (貯蔵の方法に係る技術上の基準) 第二号ロで準用する第6条 (定置式製造設備に係る技術上の基準) 第2項第八号イ参照.

7) 誤り.「充てん容器等の置き方」(充てん容器と残ガス容器を区分すること) に係る技術上の基準で, 窒素の容器のみであっても, 容器置場に置くときは, 充てん容器及び残ガス容器にそれぞれ区分して置くべき定めがある. 一般則第18条 (貯蔵の方法に係る技術上の基準) 第二号ロで準用する第6条 (定置式製造設備に係る技術上の基準) 第2項第八号イ参照.

8) 正しい.「可燃性ガス, 毒性ガス, 特定不活性ガス及び酸素の充てん容器等の置き方」(区別すること) に係るもので, 液化アンモニア (可燃性ガスかつ毒性ガス) の充てん容器と圧縮酸素の充てん容器は, それぞれ区分して容器置場に置かなければならない. 一般則第18条 (貯蔵の方法に係る技術上の基準) 第二号ロで準用する第6条 (定置式製造設備に係る技術上の基準) 第2項第八号ロ参照.

9) 誤り.「充てん容器等の置き方」(充てん容器と残ガス容器を区分すること) に係る技術上の基準で, 充てん容器等は, 充てん容器と残ガス容器をいうが, 圧縮空気であっても, 充てん容器及び残ガス容器にそれぞれ区分して容器置場に置くべき高圧ガスとして定められている. 一般則第18条 (貯蔵の方法に係る技術上の基準) 第二号ロで準用する第6条 (定置式製造設備に係る技術上の基準) 第2項第八号イ参照.

10) 正しい.「可燃性ガス, 毒性ガス, 特定不活性ガス及び酸素の充てん容器等の置き方」(区分すること) に係る技術上の基準で, 酸素の充てん容器と毒性ガスの充てん容器は, それぞれ区分して容器置場に置かなければならない. 一般則第18条 (貯蔵の方法に係る技術上の基準) 第二号ロで準用する第6条 (定置式製造設備に係る技術上の基準) 第2項第八号ロ参照.

11) 誤り.「可燃性ガス, 毒性ガス, 特定不活性ガス及び酸素の充てん容器等の置き方」(区分すること) に係る技術上の基準で, 可燃性ガス (本問ではアンモニア) の充てん容器と, 毒性ガス (本問では液化塩素) 及び酸素の充てん容器等は, それぞれ区分して容器置場に置かなければならない. 一般則第18条 (貯蔵の方法に係る技術上の基準) 第二号ロで準用する第6条 (定置式製造設備に係る技術上の基準) 第2項第八号ロ参照.

■ 1.16.2　車両の積載容器による貯蔵

問題

1) **【令和 5 年 問 11 イ】** 充塡容器及び残ガス容器を車両に積載して貯蔵することは，特に定められた場合を除き，禁じられている．

2) **【令和 3 年 問 12 ハ】** 車両に積載した容器により高圧ガスを貯蔵することは，特に定められた場合を除き，禁じられている．

3) **【令和 2 年 問 12 ハ】** 不活性ガスの残ガス容器により高圧ガスを車両に積載して貯蔵することは，いかなる場合であっても禁じられていない．

4) **【令和元年 問 12 ハ】** 窒素を車両に積載した容器により貯蔵することは禁じられているが，車両に固定した容器により貯蔵することは，いかなる場合でも禁じられていない．

5) **【平成 30 年 問 11 イ】** 不活性ガスであっても充塡容器及び残ガス容器を車両に積載して貯蔵することは，特に定められた場合を除き禁じられている．

解説　1) 正しい．「充てん容器等の車両積載貯蔵」（原則禁止であるが消防自動車等の例外あり）に係る技術上の基準で，充てん容器及び残ガス容器を車両に積載して貯蔵することは，特に定められた場合を除き，禁じられている．一般則第 18 条（貯蔵の方法に係る技術上の基準）第二号ホ参照．

2) 正しい．「車両に容器を積載する貯蔵は禁止」（消防自動車等の例外あり）に係る技術上の基準で，車両に積載した容器により高圧ガスを貯蔵することは，特に定められた場合を除き，禁じられている．一般則第 18 条（貯蔵の方法に係る技術上の基準）第二号ホ参照．

3) 誤り．「車両に容器を積載する貯蔵は禁止」（消防自動車等の例外あり）に係る技術上の基準で，不活性ガスの残ガス容器により高圧ガスを車両に積載して貯蔵することは禁じられているが，消防自動車等の例外がある．一般則第 18 条（貯蔵の方法に係る技術上の基準）第二号ホ参照．

4) 誤り．「車両に容器を固定又は積載する貯蔵は禁止」（消防自動車等の例外あり）に係る技術上の基準で，窒素を車両に積載した容器，又は車両に固定した容器により貯蔵することは禁じられているが，消防自動車等の例外がある．一般則第 18 条（貯蔵の方法に係る技術上の基準）第二号ホ参照．

5) 正しい．「充てん容器等の車両積載貯蔵」（原則禁止であるが消防自動車等の例外あり）に係る技術上の基準で，不活性ガスであっても充てん容器及び残ガス容器を車両に積載して貯蔵することは，特に定められた場合を除き禁じられている．一般則第 18 条（貯蔵の方法に係る技術上の基準）第二号ホ参照.

■ 1.16.3　一般複合容器の使用期間

問題

1）**【令和2年 問12ロ】** 圧縮空気を充塡する一般複合容器は，その容器の刻印等で示された年月から15年を経過していない場合，その容器による貯蔵に使用することができる.

2）**【令和元年 問12イ】** 圧縮空気を充塡した一般複合容器は，その容器の刻印等において示された年月から15年を経過したものを高圧ガスの貯蔵に使用してはならない.

解説　1）正しい.「一般複合容器での貯蔵」（刻印等の年月から15年経過で使用不可）に係る技術上の基準で，圧縮空気を充てんする一般複合容器は，その容器の刻印等で示された年月から15年を経過していない場合，その容器による貯蔵に使用することができる．一般則第18条（貯蔵の方法に係る技術上の基準）第二号ヘ参照.

2）正しい.「一般複合容器での貯蔵」（刻印等の年月から15年経過で使用不可）に係る技術上の基準で，圧縮空気を充てんした一般複合容器は，その容器の刻印等において示された年月から15年を経過したものを高圧ガスの貯蔵に使用してはならない．一般則第18条（貯蔵の方法に係る技術上の基準）第二号ヘ参照.

■ 1.16.4　バルブ損傷防止措置と衝撃防止措置及び粗暴な取扱い禁止

問題

1）**【令和3年 問11ハ】** 充塡容器及び残ガス容器であって，それぞれ内容積が5リットルを超えるものには，転落，転倒等による衝撃及びバルブの損傷を防止する措置を講じ，かつ，粗暴な取扱いをしてはならない.

解説　1）正しい.「充てん容器等の取扱い」（衝撃・バルブ損傷防止かつ粗暴な取扱い禁止）に係る技術上の基準で，充てん容器及び残ガス容器であって，それぞれ内容積が5Lを超えるものには，転落，転倒等による衝撃及びバルブの損傷を防止する措置を講じ，かつ，粗暴な取扱いをしてはならない．一般則第18条（貯蔵の方法に係る技術上の基準）第二号ロで準用する第6条（定置式製造設備に係る技術上の基準）第2項第八号ト参照.

■ 1.16.5　シアン化水素充てん容器等の1日1回以上の漏えい点検

題

1)【令和3年 問12ロ】シアン化水素を貯蔵するときは，充塡容器及び残ガス容器について1日1回以上シアン化水素の漏えいのないことを確認しなければならない.

2)【令和2年 問12イ】シアン化水素を貯蔵するときは，充塡容器については1日1回以上そのガスの漏えいがないことを確認しなければならないが，残ガス容器については，その定めはない.

解説 1) 正しい.「シアン化水素の充てん容器等の貯蔵」(1日1回以上の漏えい点検)に係る技術上の基準で，シアン化水素を貯蔵するときは，充てん容器及び残ガス容器について1日1回以上シアン化水素の漏えいのないことを確認しなければならない. 一般則第18条(貯蔵の方法に係る技術上の基準)第二号ハ参照.

2) 誤り.「シアン化水素の充てん容器等の貯蔵」(1日1回以上の漏えい点検)に係る技術上の基準で，シアン化水素を貯蔵するときは，充てん容器については1日1回以上そのガスの漏えいがないことを確認しなければならない. 同様に，残ガス容器についても，その定めがある(充てん容器等(充てん容器と残ガス容器)について，その定めがある). 一般則第18条(貯蔵の方法に係る技術上の基準)第二号ハ参照.

■ 1.16.6　可燃性ガス及び毒性ガスの貯蔵の場所

問題

1)【令和5年 問11ハ】毒性ガスの貯蔵は，漏えいしたガスが周囲に拡散しないような密閉構造の場所で行わなければならない.

2)【令和3年 問12イ】毒性ガスであって可燃性ガスではない高圧ガスの充塡容器及び残ガス容器は，漏えいしたとき拡散しないように，通風の良い場所で貯蔵してはならない.

3)【令和元年 問12ロ】液化塩素を貯蔵する場合は，漏えいしたとき拡散しないように密閉構造の場所で行わなければならない.

4)【平成30年 問12ハ】通風の良い場所で貯蔵しなければならないのは，可燃性ガスの充塡容器及び残ガス容器に限られている.

解説 1）誤り．「可燃性ガス及び毒性ガスの充てん容器等の貯蔵」（通風の良い場所）に係る技術上の基準で，毒性ガスの貯蔵は，通風の良い場所で行わなければならない．なお，可燃性ガスも同様である．一般則第18条（貯蔵の方法に係る技術上の基準）第二号イ参照．

2）誤り．「可燃性ガス及び毒性ガスの充てん容器等の貯蔵」（通風の良い場所）に係る技術上の基準で，毒性ガスであれば可燃性ガスでなくても高圧ガスの充てん容器及び残ガス容器は，漏えいしたとき滞留しないように，通風の良い場所で貯蔵しなければならない．一般則第18条（貯蔵の方法に係る技術上の基準）第二号イ参照．

3）誤り．「可燃性ガス及び毒性ガスの充てん容器等の貯蔵」（通風の良い場所）に係るもので，毒性ガスである液化塩素を貯蔵する場合は，通風の良い場所で行わなければならない．一般則第18条（貯蔵の方法に係る技術上の基準）第二号イ参照．

4）誤り．「可燃性ガス及び毒性ガスの充てん容器等の貯蔵」（通風の良い場所）に係る技術上の基準で，通風の良い場所で貯蔵しなければならないのは，可燃性ガスと毒性ガスの充てん容器及び残ガス容器（充てん容器等という）に限られている．一般則第18条（貯蔵の方法に係る技術上の基準）第二号イ参照．

■ 1.16.7　携帯燈火のみの携帯・火気等の使用制限

問題

1）**【令和5年 問12イ】** 液化アンモニアの容器置場には，携帯電燈以外の燈火を携えて立ち入ってはならない．

2）**【令和4年 問12ハ】** 液化アンモニアの容器置場には，携帯電燈以外の燈火を携えて立ち入ってはならない．

3）**【令和2年 問11ロ】** 可燃性ガスの容器置場には，携帯電燈以外の燈火を携えて立ち入ってはならない．

4）**【平成30年 問11ハ】** 可燃性ガスの容器置場は，特に定められた措置を講じた場合を除き，その周囲2メートル以内においては，火気の使用を禁じ，かつ，引火性又は発火性の物を置いてはならないが，毒性ガスの容器置場についてはその定めはない．

5）**【平成30年 問12イ】** 可燃性ガスの容器置場には，作業に必要な計量器を置くことができるが，携帯電燈以外の燈火は持ち込んではならない．

解説 1）正しい．「可燃性ガスの容器置場への持ち込み」（携帯電燈のみ可能）に係る技術上の基準で，可燃性ガス（本問では液化アンモニア）の容器置場には，携帯電燈以外の燈火を携えて立ち入ってはならない．一般則第18条（貯蔵の方法に係る技術上の基準）第二号ロで準用する第6条（定置式製造設備に係る技術上の基準）第2項第八号チ参照.

2）正しい.「可燃性ガスの容器置場への持ち込み」（携帯電燈のみ可能）に係る技術上の基準で，可燃性ガス（本問では液化アンモニア）の容器置場には，携帯電燈以外の燈火を携えて立ち入ってはならない．一般則第18条（貯蔵の方法に係る技術上の基準）第二号ロで準用する第6条（定置式製造設備に係る技術上の基準）第2項第八号チ参照.

3）正しい.「可燃性ガスの容器置場への持ち込み」（携帯電燈のみ可能）に係る技術上の基準で，可燃性ガスの容器置場には，携帯電燈以外の燈火を携えて立ち入ってはならない．一般則第18条（貯蔵の方法に係る技術上の基準）第二号ロで準用する第6条（定置式製造設備に係る技術上の基準）第2項第八号チ参照.

4）誤り.「可燃性ガス，毒性ガスの容器置場」（周囲2m以内火気使用禁止かつ引火性・発火性の物の設置禁止）に係る技術上の基準で，可燃性ガスの容器置場は，特に定められた措置を講じた場合を除き，その周囲2m以内においては，火気の使用を禁じ，かつ，引火性又は発火性の物を置いてはならない．同様に，毒性ガスの容器置場についてもその定めがある．一般則第18条（貯蔵の方法に係る技術上の基準）第一号ロ及び第二号ロで準用する第6条（定置式製造設備に係る技術上の基準）第2項第八号ニ参照.

5）正しい.「可燃性ガスの容器置場への持ち込み」（携帯電燈のみ可能）に係る技術上の基準で，可燃性ガスの容器置場には，作業に必要な計量器を置くことができるが，携帯電燈以外の燈火は持ち込んではならない．一般則第18条（貯蔵の方法に係る技術上の基準）第二号ロで準用する第6条（定置式製造設備に係る技術上の基準）第2項第八号チ参照.

■ 1.16.8　容器置場の物の取扱

問題

1）**【令和2年 問11ハ】**「容器置場には，計量器等作業に必要な物以外の物を置かないこと.」の定めは，不活性ガスのみを貯蔵する容器置場には適用されない.

2）**【令和元年 問11イ】**「容器置場には，計量器等作業に必要な物以外の物を置いてはならない.」旨の定めは，圧縮窒素の容器置場にも適用される.

解説　1）誤り.「容器置場に置ける物」（計量器等作業に必要な物以外禁止）に係る技術上の基準で，「容器置場には，計量器等作業に必要な物以外の物を置かないこと」の定めは，不活性ガスのみを貯蔵する容器置場にも適用される．一般則第18条（貯蔵の方法に係る技術上の基準）第二号ロで準用する第6条（定置式製造設備に係る技術上の基準）第2項第八号チ参照.

基準）第2項第八号ハ参照.

2）正しい.「容器置場に置ける物」（計量器等作業に必要な物以外禁止）に係る技術上の基準で,「容器置場には, 計量器等作業に必要な物以外の物を置いてはならない」旨の定めは, 圧縮窒素の容器置場にも適用される. 一般則第18条（貯蔵の方法に係る技術上の基準）第二号ロで準用する第6条（定置式製造設備に係る技術上の基準）第2項第八号ハ参照.

■ 1.16.9 充てん容器等の適正温度（40°C以下）管理

問題

1）**【令和4年 問12ロ】** 充塡容器については, その温度を常に所定の温度以下に保つべき定めがあるが, 残ガス容器についてはその定めはない.

2）**【令和3年 問11ロ】** 圧縮酸素の充塡容器については, その温度を常に40度以下に保つべき定めがあるが, その残ガス容器についてはその定めはない.

3）**【平成30年 問12ロ】** 圧縮窒素の残ガス容器を容器置場に置く場合, 常に温度40度以下に保つべき定めはない.

解説 1）誤り.「充てん容器等の温度」（常に40°C以下）に係るもので, 充てん容器について, その温度を常に所定の温度以下に保つべき定めがあり, 残ガス容器についてもその定めがある. 一般則第18条（貯蔵の方法に係る技術上の基準）第二号ロで準用する第6条（定置式製造設備に係る技術上の基準）第2項第八号ホ参照.

2）誤り.「充てん容器等の温度」（常に40°C以下）に係るもので, 圧縮酸素の充てん容器については, その温度を常に40°C以下に保つべき定めがある. 同様に, その残ガス容器についてもその定めがある. 一般則第18条（貯蔵の方法に係る技術上の基準）第二号ロで準用する第6条（定置式製造設備に係る技術上の基準）第2項第八号ホ参照.

3）誤り.「充てん容器等の温度」（常に40°C以下）に係るもので, 圧縮窒素の残ガス容器を容器置場に置く場合, 高圧ガスの種類に関係なく常に温度40°C以下に保つ定めがある. 一般則第18条（貯蔵の方法に係る技術上の基準）第二号ロで準用する第6条（定置式製造設備に係る技術上の基準）第2項第八号ホ参照.

1.17 容器の貯蔵に係る第二種貯蔵所（配管により接続されていないものに限る）

■ 1.17.1 滞留しない構造と除害措置等

問題

1)【**令和5年 問13イ**】圧縮アセチレンガスの容器置場は，そのガスが漏えいしたとき滞留しないような構造としなければならない．

2)【**令和3年 問13ロ**】アンモニアの容器置場は，そのガスが漏えいしたとき滞留しないような構造としなければならない．

3)【**令和2年 問13イ**】特殊高圧ガスの容器置場のうち，そのガスが漏えいし自然発火したとき安全なものとしなければならない容器置場は，モノシラン及びジシランに係るものに限られている．

4)【**令和元年 問13ハ**】酸化エチレンの容器置場には，そのガスが漏えいしたときに安全に，かつ，速やかに除害するための措置を講じなければならない．

5)【**平成30年 問13ハ**】アンモニアの容器置場は，そのアンモニアが漏えいしたとき滞留しないような通風の良い構造であれば，漏えいしたガスを安全に，かつ，速やかに除害するための措置を講じる必要はない．

解説 1）正しい．「可燃性ガス及び特定不活性ガスの容器置場」（漏えい時滞留しない構造）に係る技術上の基準で，可燃性ガス（本問では圧縮アセチレン）及び特定不活性ガスの容器置場は，そのガスが漏えいしたとき滞留しないような構造としなければならない．一般則第26条（第二種貯蔵所に係る技術上の基準）第二号で準用する第23条（容器により貯蔵する場合の技術上の基準）第1項第三号でさらに準用する一般則第6条（定置式製造設備に係る技術上の基準）第1項第四十二号へ参照．なお，下線部分は本節（1.17）においてすべて共通であるため，以降省略する．

2）正しい．「アンモニアの容器置場」（通風の良い構造及び速やかに除害するための措置）に係る技術上の基準で，アンモニア（可燃性かつ毒性ガス）の容器置場は，そのガスが漏えいしたとき滞留しないような構造としなければならない．一般則第6条（定置式製造設備に係る技術上の基準）第1項第四十二号へ及びチ参照．

3）誤り．「モノシラン，ジシラン及びホスフィンの容器置場」（自然発火したときの安全措置）に係る技術上の基準で，特殊高圧ガスの容器置場のうち，そのガスが漏えいし自然発火したとき安全なものとしなければならない容器置場は，モノシラン，ジシラン及びホスフィンに係るものに限られている．一般則第6条（定置式製造設備に係る技術上の基準）第1項第四十二号ト参照．

4）正しい．「酸化エチレンの容器置場」（安全かつ速やかに除害するための措置）に係る技術上の基準で，酸化エチレンの容器置場には，そのガスが漏えいしたときに安全に，かつ，速やかに除害するための措置を講じなければならない．一般則第6条（定置式製造設備に係る技術上の基準）第1項第四十二号チ参照．

5）誤り．「アンモニアの容器置場」（通風の良い構造及び速やかに除害するための措置）に係る技術上の基準で，アンモニアの容器置場は，そのアンモニアが漏えいしたとき滞留しないような通風の良い構造であっても，漏えいしたガスを安全に，かつ，速やかに除害するための措置も講じる必要がある．一般則第6条（定置式製造設備に係る技術上の基準）第1項第四十二号ヘ及びチ参照．

■ 1.17.2　日光遮断措置・爆風の解放

題

1）**【令和5年 問13ロ】** 圧縮アセチレンガスの容器置場には，直射日光を遮るための所定の措置を講じなければならないが，その措置は，その圧縮アセチレンガスが漏えいし爆発したときに発生する爆風を封じ込めるため，爆風が上方向に解放されないようなものでなければならない．

2）**【令和4年 問13ハ】** 可燃性ガスの容器置場及び酸素の容器置場に直射日光を遮るための措置を講じる場合は，そのガスが漏えいし，爆発したときに発生する爆風が上方向に解放されることを妨げないものとしなければならない．

3）**【令和2年 問13ハ】** 可燃性ガスの容器置場及び酸素の容器置場に直射日光を遮るための措置を講じる場合は，そのガスが漏えいし，爆発したときに発生する爆風が上方向に解放されることを妨げないものとしなければならない．

4）**【令和元年 問13イ】** 圧縮酸素の容器置場には，直射日光を遮るための所定の措置を講じなければならない．

解説　1）誤り．「可燃性ガス及び酸素の容器置場の直射日光遮断措置」（爆風の上方向解放構造）に係る技術上の基準で，可燃性ガス（本問では圧縮アセチレンガス）の容器置場には，直射日光を遮るための所定の措置を講じなければならないが，その措置は，その可燃性ガスが漏えいし爆発したときに，爆風が上方向に解放されるようなものでなければならない．一般則第6条（定置式製造設備に係る技術上の基準）第1項第四十二号ホ参照．

2）正しい．「可燃性ガス及び酸素の容器置場の直射日光遮断措置」（爆風の上方向解放構造）に係る技術上の基準で，可燃性ガスの容器置場及び酸素の容器置場に直射日光を遮

るための措置を講じる場合は，そのガスが漏えいし，爆発したときに発生する爆風が上方向に解放されることを妨げないものとしなければならない．一般則第6条（定置式製造設備に係る技術上の基準）第1項第四十二号ホ参照．

3）正しい．「可燃性ガス及び酸素の容器置場の直射日光遮断措置」（爆風の上方向解放構造）に係る技術上の基準で，可燃性ガスの容器置場及び酸素の容器置場に直射日光を遮るための措置を講じる場合は，そのガスが漏えいし，爆発したときに発生する爆風が上方向に解放されることを妨げないものとしなければならない．一般則第6条（定置式製造設備に係る技術上の基準）第1項第四十二号ホ参照．

4）正しい．「可燃性ガス及び酸素の容器置場」（直射日光遮断措置）に係る技術上の基準で，可燃性ガス及び圧縮酸素充てん容器等置場には，直射日光を遮るための所定の措置を講じなければならない．一般則第6条（定置式製造設備に係る技術上の基準）第1項第四十二号ホ参照．

■ 1.17.3 可燃性ガス及び酸素の容器置場では規模に応じた消火設備

題

1）**【令和3年 問13ハ】**容器置場において，その規模に応じ，適切な消火設備を適切な箇所に設けなければならないと定められている高圧ガスは，可燃性ガス及び酸素に限られている．

2）**【令和2年 問13ロ】**「容器置場には，その規模に応じ，適切な消火設備を適切な箇所に設けなければならない．」旨の定めがある高圧ガスの種類の一つに，特定不活性ガスがある．

3）**【令和元年 問13ロ】**三フッ化窒素の容器置場には，その規模に応じ，適切な消火設備を適切な箇所に設けなければならない．

4）**【平成30年 問13ロ】**アンモニアの容器置場には，その規模に応じ，適切な消火設備を適切な箇所に設けなければならない．

解説 1）誤り．「可燃性ガス，特定不活性ガス，酸素及び三フッ化窒素の容器置場」（規模に応じた消火設備の設置）に係る技術上の基準で，容器置場において，その規模に応じ，適切な消火設備を適切な箇所に設けなければならないと定められている高圧ガスは，可燃性ガス及び酸素に限られておらず，特定不活性ガスや三フッ化窒素も同様である．一般則第6条（定置式製造設備に係る技術上の基準）第1項第四十二号ヌ参照．

2）正しい．「可燃性ガス，特定不活性ガス，酸素及び三フッ化窒素の容器置場」（規模に

応じた消火設備の設置）に係る技術上の基準で，「容器置場には，その規模に応じ，適切な消火設備を適切な箇所に設けなければならない」旨の定めがある高圧ガスの種類の一つに，特定不活性ガスがある．一般則第6条（定置式製造設備に係る技術上の基準）第1項第四十二号ヌ参照．

3）正しい．「可燃性ガス，特定不活性ガス，酸素及び三フッ化窒素の容器置場」（規模に応じた消火設備の設置）に係る技術上の基準で，可燃性ガス，特定不活性ガス，酸素及び三フッ化窒素の容器置場には，その規模に応じ，適切な消火設備を適切な箇所に設けなければならない．一般則第6条（定置式製造設備に係る技術上の基準）第1項第四十二号ヌ参照．

4）正しい．「可燃性ガス，特定不活性ガス，酸素及び三フッ化窒素の容器置場」（規模に応じた消火設備の設置）に係る技術上の基準で，アンモニア（可燃性ガスかつ毒性ガス）の容器置場には，その規模に応じ，適切な消火設備を適切な箇所に設けなければならない．一般則第6条（定置式製造設備に係る技術上の基準）第1項第四十二号ヌ参照．

■ 1.17.4　容器置場の1階建又は2階建

題 

1）**【令和5年 問13ハ】** 可燃性ガス及び酸素の容器置場は，特に定められた場合を除き，1階建としなければならないが，酸素及び窒素を貯蔵する容器置場は2階建とすることができる．

2）**【令和4年 問13ロ】** 容器置場は，特に定められた場合を除き，1階建としなければならないが，酸素のみを貯蔵する容器置場は2階建とすることができる．

3）**【令和3年 問13イ】** 可燃性ガス及び酸素の容器置場は，特に定められた場合を除き，1階建としなければならない．

4）**【平成30年 問13イ】** 容器置場は，特に定められた場合を除き，1階建としなければならないが，酸素のみを貯蔵する容器置場は2階建とすることができる．

解説　1）正しい．「可燃性ガス及び酸素の容器置場」（1階建であるが，圧縮水素（20 MPa以下）のみ又は酸素のみでは2階建以下）に係る技術上の基準で，可燃性ガス及び酸素の容器置場は，特に定められた場合を除き，1階建としなければならないが，酸素及び窒素（不活性ガス）を貯蔵する容器置場（不活性ガスを同時に貯蔵するものを含む）は2階建とすることができる．一般則第6条（定置式製造設備に係る技術上の基準）第1項第四十二号ロ参照．

2）正しい．「可燃性ガス及び酸素の容器置場」（1階建であるが，圧縮水素（20 MPa以下）のみ又は酸素のみでは2階建以下）に係る技術上の基準で，容器置場は，特に定められた場合を除き，1階建としなければならないが，酸素のみを貯蔵する容器置場（不活性ガスを同時に貯蔵するものを含む）は2階建とすることができる．一般則第6条（定置式製造設備に係る技術上の基準）第1項第四十二号ロ参照．

3）正しい．「可燃性ガス及び酸素の容器置場」（1階建であるが，圧縮水素（20 MPa以下）のみ又は酸素のみでは2階建以下）に係る技術上の基準で，可燃性ガス及び酸素の容器置場は，特に定められた場合を除き，1階建としなければならない．一般則第6条（定置式製造設備に係る技術上の基準）第1項第四十二号ロ参照．

4）正しい．「可燃性ガス及び酸素の容器置場」（1階建であるが，圧縮水素（20 MPa以下）のみ又は酸素のみでは2階建以下）に係る技術上の基準で，容器置場は，特に定められた場合を除き，1階建としなければならないが，酸素又は水素（20 MPa以下）のみを貯蔵する容器置場（不活性ガスを同時に貯蔵するものを含む）は2階建とすることができる．一般則第6条（定置式製造設備に係る技術上の基準）第1項第四十二号ロ参照．

■ 1.17.5　警戒標の掲示

題

1）**【令和4年 問13イ】** 不活性ガスのみの容器置場であっても，容器置場を明示し，かつ，その外部から見やすいように警戒標を掲げなければならない．

解説　1）正しい．「容器置場」（警戒標の掲示）に係る技術上の基準で，不活性ガスのみの容器置場であっても，容器置場を明示し，かつ，その外部から見やすいように警戒標を掲げなければならない．一般則第6条（定置式製造設備に係る技術上の基準）第1項第四十二号イ参照．

1.18　車両固定容器の移動の技術上の基準（燃料装置用容器を除く）

■ 1.18.1　移動の技術上の基準に従うべき高圧ガス

問題

1）**【令和5年 問4ロ】** 車両により高圧ガスを移動するときは，その積載方法及び移動方法について所定の技術上の基準に従って行わなければならない．

2）**【令和2年 問4ロ】** 一般高圧ガス保安規則に定められている高圧ガスの移動に係

る技術上の基準等に従うべき高圧ガスは，可燃性ガス，毒性ガス及び酸素の3種類のみである．

解説 1）正しい．「車両による高圧ガスの移動」（所定の技術上の基準が適用）に係るもので，車両により高圧ガスを移動するときは，その積載方法及び移動方法について所定の技術上の基準に従って行わなければならない．法第23条（移動）第2項参照．

2）誤り．「移動の技術上に基準」（すべての高圧ガスに適用）に係る技術上の基準で，一般高圧ガス保安規則に定められている高圧ガスの移動に係る技術上の基準等に従うべき高圧ガスは，可燃性ガス，毒性ガス及び酸素の3種類のみではなく，フロン類の特定不活性ガスや窒素などの不活性ガスなども含む．一般則第48条（移動に係る保安上の措置及び技術上の基準），第49条（車両に固定した容器による移動に係る技術上の基準等）及び第50条（その他の場合における移動に係る技術上の基準等）参照．

1.18.2 消火設備及び災害防止応急措置用の資材及び工具等の携帯

問題

1）**【令和5年 問14ロ】** 三フッ化窒素を移動するときは，消火設備並びに災害発生防止のための応急措置に必要な資材及び工具等を携行するほかに，防毒マスク，手袋その他の保護具並びに災害発生防止のための応急措置に必要な資材，薬剤及び工具等も携行しなければならない．

2）**【令和3年 問14イ】** 液化酸素を移動するときは，消火設備も携行しなければならない．

3）**【令和2年 問14ハ】** 三フッ化窒素を移動するときは，消火設備並びに災害発生防止のための応急措置に必要な資材及び工具等を携行するほかに，防毒マスク，手袋その他の保護具並びに災害発生防止のための応急措置に必要な資材，薬剤及び工具等も携行しなければならない．

解説 1）正しい．「毒性ガスの移動」（防毒マスク，手袋，資材，薬剤，工具等の携行）に係る技術上の基準で，三フッ化窒素を移動するときは，消火設備並びに災害発生防止のための応急措置に必要な資材及び工具等を携行するほかに，防毒マスク，手袋その他の保護具並びに災害発生防止のための応急措置に必要な資材，薬剤及び工具等も携行しなければならない．一般則第49条（車両に固定した容器による移動に係る技術上の基準等）第1項第十五号参照．

2）正しい．「可燃性ガス，特定不活性ガス，酸素又は三フッ化窒素の移動」（消火設備・

応急措置用の資材及び工具等の携行）に係る技術上の基準で，液化酸素（可燃性ガス，特定不活性ガス，三フッ化窒素も同様）を移動するときは，消火設備並びに災害発生防止のための応急措置に必要な資材及び工具等を携行しなければならない．一般則第49条（車両に固定した容器による移動に係る技術上の基準等）第1項第十四号参照．

3）正しい．「毒性ガスの移動」（防毒マスク，手袋，資材，薬剤，工具等の携行）に係る技術上の基準で，三フッ化窒素（毒性ガス）を移動するときは，消火設備並びに災害発生防止のための応急措置に必要な資材及び工具等を携行するほかに，防毒マスク，手袋その他の保護具並びに災害発生防止のための応急措置に必要な資材，薬剤及び工具等も携行しなければならない．一般則第49条（車両に固定した容器による移動に係る技術上の基準等）第1項第十五号参照．

■ 1.18.3 注意事項記載書面の運転手交付と携帯，荷送人への連絡等

問題

1）**【令和5年 問14ハ】** 特定不活性ガス以外の不活性ガスは，高圧ガスの名称，性状及び移動中の災害防止のために必要な注意事項を記載した書面を運転者に交付し，移動中携行させ，これを遵守させるべき高圧ガスとして定められていない．

2）**【令和2年 問14イ】** 高圧ガスの名称，性状及び移動中の災害防止のために必要な注意事項を記載した書面を運転者に交付し，移動中携行させ，これを遵守させなければならない高圧ガスの一つに，液化窒素が定められている．

3）**【令和元年 問14ハ】** 容積300立方メートル以上の圧縮水素を移動するとき，あらかじめ講じるべき措置の一つに，移動時にその容器が危険な状態になった場合又は容器に係る事故が発生した場合における荷送人へ確実に連絡するための措置がある．

解説 1）正しい．「可燃性ガス，毒性ガス，特定不活性ガス及び酸素の高圧ガス移動」（注意事項を記載した書面を運転手に交付し，これを携帯させ遵守させること）に係る技術上の基準で，特定不活性ガス以外の不活性ガス（窒素，アルゴンなど）は，高圧ガスの名称，性状及び移動中の災害防止のために必要な注意事項を記載した書面を運転者に交付し，移動中携行させ，これを遵守させるべき高圧ガスとして定められていない．一般則第49条（車両に固定した容器による移動に係る技術上の基準等）第1項第二十一号参照．

2）誤り．「可燃性ガス，毒性ガス，特定不活性ガス及び酸素の高圧ガス移動」（注意事項を記載した書面を運転手に交付し，これを携帯させ遵守させること）に係る技術上の基

準で，高圧ガスの名称，性状及び移動中の災害防止のために必要な注意事項を記載した書面を運転者に交付し，移動中携行させ，これを遵守させなければならない高圧ガスは，可燃性ガス，毒性ガス，特定不活性ガス及び酸素で，液化窒素は定められていない．一般則第49条（車両に固定した容器による移動に係る技術上の基準等）第1項第二十一号参照．

3）正しい．「高圧ガス移動であらかじめ講じるべき事故発生対応事項」（荷送人への連絡措置）に係る技術上の基準で，容積300 m^3以上の圧縮水素を移動するとき，あらかじめ講じるべき措置の一つに，移動時にその容器が危険な状態になった場合又は容器に係る事故が発生した場合における荷送人へ確実に連絡するための措置がある．一般則第49条（車両に固定した容器による移動に係る技術上の基準等）第1項第十九号イ参照．

■ 1.18.4　移動開始・終了時の漏えい等の異常の有無の点検

題

1）**【令和4年 問14イ】** 移動を開始するときは，その移動する高圧ガスの漏えい等の異常の有無を点検し，異常のあるときは，補修その他の危険を防止するための措置を講じなければならないが，移動を終了したときは，その定めはない．

2）**【令和3年 問14ロ】** 液化アンモニアの移動を終了したときは，漏えい等の異常の有無を点検しなければならないが，液化窒素の移動を終了したときは，その必要はない．

3）**【平成30年 問14イ】** 液化窒素の移動を終了したとき，漏えい等の異常の有無を点検し，異常がなかった場合には，次回の移動開始時の点検は行う必要はない．

解説　1）誤り．「車両固定した容器の移動」（開始前後の異常の有無の点検と補修）に係る技術上の基準で，移動を開始するときは，その移動する高圧ガスの漏えい等の異常の有無を点検し，異常のあるときは，補修その他の危険を防止するための措置を講じなければならない．同様に，移動を終了したときもその定めがある．一般則第49条（車両に固定した容器による移動に係る技術上の基準等）第1項第十三号参照．

2）誤り．「移動の開始・終了時の点検」（ガスの種類に関係なく漏えい等の異常の有無及び危険防止措置）に係る技術上の基準で，液化アンモニアの移動を終了したときは，漏えい等の異常の有無を点検しなければならない．同様に，液化窒素の移動を終了したときもその必要がある．一般則第49条（車両に固定した容器による移動に係る技術上の基準等）第1項第十三号参照．

3）誤り．「移動の開始・終了時の点検」（漏えい等の異常の有無）に係る技術上の基準で，液化窒素の移動を終了したとき，漏えい等の異常の有無を点検し，異常がなかった場合でも，次回の移動開始時には点検を行う必要がある．一般則第49条（車両に固定した容器による移動に係る技術上の基準等）第1項第十三号参照．

■ 1.18.5　移動監視者・運転者数

題

1)【**令和5年 問14イ**】駐車中は，特に定められた場合を除き，移動監視者又は運転者はその車両を離れてはならない．

2)【**令和4年 問14ロ**】質量3,000キログラム以上の液化酸素を移動するときは，運搬の経路，交通事情，自然条件その他の条件から判断して，1人の運転者による連続運転時間が所定の時間を超える場合は，交替して運転させるため，車両1台について運転者2人を充てなければならない．

3)【**令和4年 問14ハ**】質量3,000キログラム以上の液化アンモニアを移動するときは，所定の製造保安責任者免状の交付を受けている者又は高圧ガス保安協会が行う移動に関する講習を受け，その講習の検定に合格した者に，その移動について監視させなければならない．

4)【**令和3年 問14ハ**】定められた運転時間を超えて移動する場合，その車両1台につき運転者2人を充てなければならないと定められている高圧ガスは，特殊高圧ガスのみである．

5)【**令和元年 問14イ**】質量1,000キログラム以上の液化塩素を移動するときは，移動監視者にその移動について監視させているので，移動開始時に漏えい等の異常の有無を点検すれば，移動終了時の点検は行う必要はない．

6)【**令和元年 問14ロ**】質量3,000キログラム以上の液化酸素を移動するときは，高圧ガス保安協会が行う移動に関する講習を受けていないが，乙種機械責任者免状の交付を受けている者を，移動監視者として充てることができる．

7)【**平成30年 問14ロ**】質量3,000キログラム以上の液化アンモニアを移動するときは，高圧ガス保安協会が行う移動に関する講習を受け，その講習の検定に合格した者又は所定の製造保安責任者免状の交付を受けている者に，その移動について監視させなければならない．

8)【**平成30年 問14ハ**】質量1,000キログラム以上の液化塩素を移動するときは，運搬の経路，交通事情，自然条件その他の条件から判断して，一の運転者による連続運転時間が所定の時間を超える場合は，交替して運転させるため，車両1台について運転者2人を充てなければならない．

解説 1）正しい.「駐車中の移動監視者又は運転者」（車両を離れないこと）に係る技術上の基準で，駐車中は，特に定められた場合を除き，移動監視者又は運転者はその車両を離れてはならない．一般則第49条（車両に固定した容器による移動に係る技術上の基準等）第1項第十六号参照.

2）正しい.「液化酸素3,000 kg（容積300 m^3）以上の車両移動の運転手の数」（連続運転時間により車両1台に2人）に係る技術上の基準で，質量3,000 kg（容積300 m^3）以上の液化酸素を移動するときは，運搬の経路，交通事情，自然条件その他の条件から判断して，1人の運転者による連続運転時間が所定の時間を超える場合は，交替して運転させるため，車両1台について運転者2人を充てなければならない．一般則第49条（車両に固定した容器による移動に係る技術上の基準等）第1項第二十号本文及びロ参照.

3）正しい.「移動監視者の資格者」（所定の製造保安責任者免状の交付を受けている者又は講習の受講者）に係る技術上の基準で，質量3,000 kg（容積300 m^3）以上の液化アンモニアを移動するときは，所定の製造保安責任者免状（甲・乙・丙の化学責任者免状又は甲・乙の機械責任者免状）の交付を受けている者又は高圧ガス保安協会が行う移動に関する講習を受け，その講習の検定に合格した者に，その移動について監視させなければならない．一般則第49条（車両に固定した容器による移動に係る技術上の基準等）第1項第十七号本文及びロ（イ）参照.

4）誤り.「一定運転時間超の移動で運転者2人必要な高圧ガス」（特殊高圧ガス，液化水素，一定量以上の可燃性ガス，酸素及び毒性ガス）に係るもので，定められた運転時間を超えて移動する場合，その車両1台につき運転者2人を充てなければならないと定められている高圧ガスは，特殊高圧ガスだけではなく，液化水素，一定量以上の可燃性ガス，酸素及び毒性ガスなどである．一般則第49条（車両に固定した容器による移動に係る技術上の基準等）第1項第二十号本文及びロ並びに準用する第十七号参照.

5）誤り.「移動の開始・終了時の点検」（漏えい等の異常有無）に係る技術上の基準で，質量1,000 kg以上の液化塩素を移動するときは，移動監視者にその移動について監視させ，移動開始時に漏えい等の異常の有無を点検し，移動終了時にも同様の点検を行う必要がある．一般則第49条（車両に固定した容器による移動に係る技術上の基準等）第1項第十三号参照.

6）正しい.「液化酸素3,000 kg（300 m^3）以上の移動」（資格のある移動監視者による監視）に係る技術上の基準で，質量3,000 kg以上の液化酸素を移動するときは，高圧ガス保安協会が行う移動に関する講習を受けていないが，乙種機械責任者免状の交付を受けている者を，移動監視者として充てることができる．一般則第49条（車両に固定した容器による移動に係る技術上の基準等）第1項第十七号本文及びロ（イ）参照.

7）正しい.「液化アンモニア3,000 kg以上の移動」（資格のある移動監視者による監視）

に係る技術上の基準で，質量3,000 kg以上の液化アンモニア（可燃性ガスかつ毒性ガス）を移動するときは，高圧ガス保安協会が行う移動に関する講習を受け，その講習の検定に合格した者又は所定の製造保安責任者免状の交付を受けている者に，その移動について監視させなければならない．一般則第49条（車両に固定した容器による移動に係る技術上の基準等）第1項第十七号本文及びロ（イ）参照．

8）正しい．「質量1,000 kg以上の液化塩素の車両移動の運転手の数」（連続運転時間により車両1台に2人）に係る技術上の基準で，質量1,000 kg以上の液化塩素を移動するときは，運搬の経路，交通事情，自然条件その他の条件から判断して，一の運転者による連続運転時間が所定の時間を超える場合は，交替して運転させるため，車両1台について運転者2人を充てなければならない．一般則第49条（車両に固定した容器による移動に係る技術上の基準等）第1項第二十号本文及びロ参照．

■ 1.18.6　充てん容器等の液面計

問題

1）**【令和2年 問14ロ】** 液化酸素の充填容器及び残ガス容器には，ガラス等損傷しやすい材料を用いた液面計を使用してはならない．

解説 1）正しい．「ガラス等の液面計使用禁止」（可燃性ガス，毒性ガス，特定不活性ガス及び酸素の充てん等容器）に係る技術上の基準で，液化酸素の充てん容器及び残ガス容器には，ガラス等損傷しやすい材料を用いた液面計を使用してはならない．一般則第49条（車両に固定した容器による移動に係る技術上の基準等）第1項第十一号参照．

1.19 車両の積載容器の移動に係る技術上の基準（内容積47Lのもの）

■ 1.19.1　基準適用量及び同一積載可能高圧ガス容器等

問題

1）**【令和5年 問15ロ】** 酸素の残ガス容器とメタンの残ガス容器を同一の車両に積載して移動するときは，これらの容器のバルブが相互に向き合わないようにする必要はない．

2）**【令和4年 問15ロ】** 高圧ガスの移動に係る技術上の基準等に従うべき高圧ガスは，液化ガスにあっては質量1.5キログラム以上のものに限られている．

3)**【令和3年 問15ロ】**塩素の充塡容器とアンモニアの充塡容器とを同一の車両に積載して移動してはならない.

4)**【令和2年 問15ハ】**塩素の充塡容器及び残ガス容器と同一車両に積載してはならない高圧ガスの充塡容器及び残ガス容器は，アセチレン又は水素に係るものに限られている.

5)**【令和元年 問15ロ】**塩素の残ガス容器とアセチレンの残ガス容器は，同一の車両に積載して移動してはならない.

6)**【令和元年 問15ハ】**酸素の残ガス容器とメタンの残ガス容器を同一の車両に積載して移動するときは，これらの容器のバルブが相互に向き合わないようにする必要はない.

解説 1）誤り.「同一車両積載バルブ向き合い禁止容器等」（可燃性ガスと酸素の容器等）に係る技術上の基準で，酸素の残ガス容器とメタン（可燃性ガス）の残ガス容器を同一の車両に積載して移動するときは，これらの容器のバルブが相互に向き合わないようにする必要がある．一般則第50条（その他の場合における移動に係る技術上の基準等）第七号参照.

2）誤り.「高圧ガスの移動に係る技術上の基準等に従うべき高圧ガス」（1.5kg以下でも経済産業大臣が定めるもの以外は適用あり）に係る技術上の基準で，高圧ガスの移動に係る技術上の基準等に従うべき高圧ガスは，液化ガスにあっては質量1.5kg以下でも経済産業大臣が定めるもの以外は該当する．令第2条（適用除外）第3項第九号参照.

3）正しい.「同一車両積載禁止ガス容器等」（塩素充てん容器等とアセチレン，アンモニア又は水素の充てん容器等）に係る技術上の基準で，塩素の充てん容器等とアンモニア（その他アセチレン及び水素）の充てん容器等とを同一の車両に積載して移動してはならない．一般則第50条（その他の場合における移動に係る技術上の基準等）第六号本文及びロ参照.

4）誤り.「同一車両積載禁止ガス容器等」（塩素充てん容器等とアセチレン，アンモニア又は水素の充てん容器等）に係る技術上の基準で，塩素の充てん容器及び残ガス容器（容器等）と同一車両に積載してはならない高圧ガスの充てん容器及び残ガス容器（容器等）は，アセチレン，アンモニア又は水素に係るものに限られている．一般則第50条（その他の場合における移動に係る技術上の基準等）第六号本文及びロ参照.

5）正しい.「同一車両積載禁止ガス容器等」（塩素充てん容器等とアセチレン，アンモニア又は水素の充てん容器等）に係る技術上の基準で，塩素の残ガス容器とアセチレンの残ガス容器は，同一の車両に積載して移動してはならない．一般則第50条（その他の場合における移動に係る技術上の基準等）第六号本文及びロ参照.

6）誤り．「酸素と可燃性ガスの充てん容器等の同一車両積載移動」（容器等のバルブが相互に向き合わないこと）に係る技術上の基準で，酸素の残ガス容器とメタンの残ガス容器を同一の車両に積載して移動するときは，これらの容器のバルブが相互に向き合わないようにする必要がある．一般則第50条（その他の場合における移動に係る技術上の基準等）第七号参照．

■ 1.19.2　警戒標の掲示

題

1）**【令和5年 問15ハ】** 高圧ガスを移動するとき，その車両の見やすい箇所に警戒標を掲げるべき高圧ガスは，可燃性ガス，毒性ガス，酸素及び三フッ化窒素に限られる．

2）**【令和3年 問15イ】** 販売業者が販売のための二酸化炭素を移動するときは，その車両に警戒標を掲げる必要はない．

3）**【令和元年 問15イ】** 販売業者が販売のための二酸化炭素を移動するときは，その車両に警戒標を掲げる必要はない．

4）**【平成30年 問15イ】** 高圧ガスを移動するとき，その車両の見やすい箇所に警戒標を掲げなければならないのは，可燃性ガス，毒性ガス，酸素及び三フッ化窒素に限られている．

解説　1）誤り．「充てん容器等の車両積載移動」（高圧ガスの種類に関係なく警戒標の掲示）に係る技術上の基準で，高圧ガスを移動するとき，その車両の見やすい箇所に警戒標を掲げるべき高圧ガスは，可燃性ガス，毒性ガス，酸素及び三フッ化窒素に限らない．すべての高圧ガスの充てん容器及び残ガス容器（充てん容器等）の移動の際に警戒標を掲げる必要がある．一般則第50条（その他の場合における移動に係る技術上の基準等）第一号本文参照．

2）誤り．「充てん容器等の車両積載移動」（高圧ガスの種類に関係なく警戒標の掲示）に係る技術上の基準で，販売業者が販売のための高圧ガスを移動するときは，高圧ガスの種類に無関係に，その車両に警戒標を掲げる必要がある．したがって，二酸化炭素ガスを移動するときもその車両に警戒標を掲げる必要がある．一般則第50条（その他の場合における移動に係る技術上の基準等）第一号本文参照．

3）誤り．「充てん容器等の車両積載移動」（高圧ガスの種類に関係なく警戒標の掲示）に係る技術上の基準で，販売業者が販売のための二酸化炭素を移動するときは，その車両に警戒標を掲げる必要がある．一般則第50条（その他の場合における移動に係る技術基準等）第一号本文参照．

4）誤り．「充てん容器等の車両積載移動」（高圧ガスの種類に関係なく警戒標の掲示）に係る技術上の基準で，高圧ガス容器を移動するときは，その車両の見やすい箇所に警戒標を掲げなければならない．高圧ガスの種類に無関係に警戒標を掲げなければならない．一般則第50条（その他の場合における移動に係る技術基準等）第一号本文参照．

■ 1.19.3　注意事項記載書面の交付と携帯及び遵守

問題

1）**【平成30年 問15ハ】** 水素を移動するときは，その高圧ガスの名称，性状及び移動中の災害防止のために必要な注意事項を記載した書面を運転者に交付し，移動中携帯させ，これを遵守させなければならない．

解説 1）正しい．「可燃性ガス，毒性ガス及び酸素の高圧ガス移動」（注意事項を記載した書面を運転手に交付し，これを携帯させ遵守させること）に係る技術上の基準で，水素（可燃性ガス）を移動するときは，その高圧ガスの名称，性状及び移動中の災害防止のために必要な注意事項を記載した書面を運転手に交付し，移動中携帯させ，これを遵守させなければならない．一般則第50条（その他の場合における移動に係る技術基準等）第十三号で準用する第49条（車両に固定した容器による移動に係る技術上の基準等）第1項第二十一号参照．

■ 1.19.4　事故又は災害発生防止の応急措置・荷送人への連絡及び資材・工具等の携行

問題

1）**【令和5年 問15イ】** 特殊高圧ガスを車両により移動するときは，あらかじめ，そのガスの移動中，充填容器及び残ガス容器に係る事故が発生した場合における荷送人へ確実に連絡するための措置を講じて行わなければならない．

2）**【令和4年 問15イ】** 酸素を移動するときは，消火設備並びに災害発生防止のための応急措置に必要な資材及び工具等を携行しなければならない．

3）**【令和3年 問15ハ】** 特殊高圧ガスを移動するときは，あらかじめ，そのガスの移動中，充填容器又は残ガス容器に係る事故が発生した場合における荷送人へ確実に連絡するための措置を講じて行わなければならない．

4）**【令和2年 問15ロ】** 特殊高圧ガスを移動するとき，その車両に当該ガスが漏えいしたときの除害の措置を講じなければならない特殊高圧ガスは，アルシンに限られている.

5)【平成30年 問15ロ】酸素を移動するときは，消火設備並びに災害発生防止のための応急措置に必要な資材及び工具等を携行しなければならない.

解説 1）正しい.「特殊高圧ガスの車両移動」（事故時における荷送人への連絡措置）に係る技術上の基準で，特殊高圧ガスを車両により移動するときは，あらかじめ，そのガスの移動中，充てん容器及び残ガス容器に係る事故が発生した場合における荷送人へ確実に連絡するための措置を講じて行わなければならない．一般則第50条（その他の場合における移動に係る技術上の基準等）第十三号で準用する第49条（車両に固定した容器による移動に係る技術上の基準等）第1項第十七号ハ及び第十九号イ参照.

2）正しい.「酸素等の移動」（消火設備並びに応急措置に必要な資材及び工具等の携行）に係る技術上の基準で，酸素（可燃性ガス，特定不活性ガス，三フッ化窒素も同様）を移動するときは，消火設備並びに災害発生防止のための応急措置に必要な資材及び工具等を携行しなければならない．一般則第50条（その他の場合における移動に係る技術上の基準等）第九号参照.

3）正しい.「特殊高圧ガスの移動」（事故時における荷送人への連絡措置）に係る技術上の基準で，特殊高圧ガスを移動するときは，あらかじめ，そのガスの移動中，充てん容器又は残ガス容器に係る事故が発生した場合における荷送人へ確実に連絡するための措置を講じて行わなければならない．一般則第50条（その他の場合における移動に係る技術上の基準等）第十三号で準用する第49条（車両に固定した容器による移動に係る技術上の基準等）第1項第十七号ハ及び第十九号イ参照.

4）誤り.「アルシン又はセレン化水素の移動」（漏えい時の除害措置）に係る技術上の基準で，特殊高圧ガスを移動するとき，その車両に当該ガスが漏えいしたときの除害の措置を講じなければならない特殊高圧ガスは，アルシン又はセレン化水素に限られている．一般則第50条（その他の場合における移動に係る技術上の基準等）第十一号参照.

5）正しい.「可燃性ガス，酸素及び三フッ化窒素の充てん容器等の車両移動」（消火設備並びに応急措置に必要な資材・工具の携行）に係る技術上の基準で，酸素を移動するときは，消火設備並びに災害発生防止のための応急措置に必要な資材及び工具等を携行しなければならない．一般則第50条（その他の場合における移動に係る技術上の基準等）第九号参照.

■ 1.19.5　充てん容器等に木枠又はパッキン使用

題

1）【令和 4 年 問 15 ハ】液化アンモニアを移動するときは，その充塡容器及び残ガス容器には木枠又はパッキンを施さなければならない．

2）【令和 2 年 問 15 イ】毒性ガスを移動するときは，その充塡容器及び残ガス容器には，木枠又はパッキンを施さなければならない．

解説　1）正しい．「毒性ガスの充てん容器等の移動」（木枠又はパッキンの施し）に係る技術上の基準で，液化アンモニアを移動するときは，その充てん容器及び残ガス容器には木枠又はパッキンを施さなければならない．一般則第 50 条（その他の場合における移動に係る技術上の基準等）第八号参照．

2）正しい．「毒性ガスの充てん容器等の移動」（木枠又はパッキンの施し）に係る技術上の基準で，毒性ガスを移動するときは，その充てん容器及び残ガス容器には，木枠又はパッキンを施さなければならない．一般則第 50 条（その他の場合における移動に係る技術上の基準等）第八号参照．

1.20　廃棄に係る技術上の基準

■ 1.20.1　廃棄する技術上の基準に従うべき高圧ガス

問題

1）【令和 5 年 問 16 イ】ヘリウムは，一般高圧ガス保安規則に定められている廃棄に係る技術上の基準に従うべき高圧ガスの種類に該当する．

2）【令和 4 年 問 16 イ】高圧ガスであるアルゴンを廃棄する場合の廃棄の場所，数量，廃棄の方法についての技術上の基準は，定められていない．

3）【令和 3 年 問 16 イ】技術上の基準に従うべき高圧ガスは，可燃性ガス，毒性ガス及び特定不活性ガスに限られている．

4）【令和 2 年 問 16 イ】アルゴンは，廃棄に係る技術上の基準に従うべき高圧ガスである．

5）【令和元年 問 4 ハ】酸素は，一般高圧ガス保安規則で定められている廃棄に係る技術上の基準に従うべき高圧ガスである．

6）【令和元年 問 16 ハ】特定不活性ガスは，廃棄に係る技術上の基準に従うべき高圧ガスである．

解説 1）誤り．「廃棄の技術上の基準に従うべき高圧ガス」（可燃性ガス，毒性ガス，特定不活性ガス及び酸素に限定）に係るもので，廃棄の技術上の基準に従うべき高圧ガスは，可燃性ガス，毒性ガス，特定不活性ガス及び酸素であるため，ヘリウムは，一般高圧ガス保安規則に定められている廃棄に係る技術上の基準に従うべき高圧ガスの種類に該当しない．一般則第61条（廃棄に係る技術上の基準に従うべき高圧ガスの指定）参照．

2）正しい．「廃棄の技術上の基準に従うべき高圧ガスの種類」（可燃性ガス，毒性ガス，特定不活性ガス及び酸素に限定）に係るもので，廃棄に係る技術上の基準に従うべき高圧ガスの種類は，可燃性ガス，毒性ガス，特定不活性ガス及び酸素であるから高圧ガスであるアルゴンを廃棄する場合の廃棄の場所，数量，廃棄の方法についての技術上の基準は，定められていない．一般則第61条（廃棄に係る技術上の基準に従うべき高圧ガスの指定）参照．

3）誤り．「廃棄の技術上の基準に従うべき高圧ガス」（可燃性ガス，毒性ガス，特定不活性ガス及び酸素に限定）に係るもので，技術上の基準に従うべき高圧ガスは，可燃性ガス，毒性ガス，特定不活性ガス及び酸素に限られている．一般則第61条（廃棄に係る技術上の基準に従うべき高圧ガスの指定）参照．

4）誤り．「廃棄の技術上の基準に従うべき高圧ガス」（可燃性ガス，毒性ガス，特定不活性ガス及び酸素に限定）に係るもので，毒性のないアルゴンは，廃棄に係る技術上の基準に従うべき高圧ガスではない．一般則第61条（廃棄に係る技術上の基準に従うべき高圧ガスの指定）参照．

5）正しい．「廃棄の技術上の基準に従うべき高圧ガス」（可燃性ガス，毒性ガス，特定不活性ガス及び酸素に限定）に係るもので，酸素は，一般高圧ガス保安規則で定められている廃棄に係る技術上の基準に従うべき高圧ガスである．一般則第61条（廃棄に係る技術上の基準に従うべき高圧ガスの指定）参照．

6）正しい．「廃棄の技術上の基準に従うべき高圧ガス」（可燃性ガス，毒性ガス，特定不活性ガス及び酸素に限定）に係るもので，特定不活性ガスは，廃棄に係る技術上の基準に従うべき高圧ガスである．一般則第61条（廃棄に係る技術上の基準に従うべき高圧ガスの指定）参照．

■ 1.20.2　廃棄の方法（ガスと容器，土中や水中）

問題

1）**【令和4年 問16ロ】** 毒性ガスを大気中に放出して廃棄するときは，危険又は損害を他に及ぼすおそれのない場所で少量ずつ行わなければならない．

2）**【令和2年 問16ロ】** 可燃性ガスの廃棄は，火気を取り扱う場所又は引火性若しくは発火性の物をたい積した場所及びその付近を避け，かつ，大気中に放出して廃棄するときは，通風の良い場所で少量ずつ行わなければならない．

3）**【令和元年 問16ロ】**水素ガスの残ガス容器は，そのまま土中に埋めて廃棄してよい．

4）**【平成30年 問16イ】**酸素を廃棄した後は，容器の転倒及びバルブの損傷を防止する措置を講じ，バルブは開けたままにしておかなければならない．

解説 1）正しい．「毒性ガスの廃棄」（危険・損害のない場所で少量ずつ）に係る技術上の基準で，毒性ガスを大気中に放出して廃棄するときは，危険又は損害を他に及ぼすおそれのない場所で少量ずつ行わなければならない．一般則第62条（廃棄に係る技術上の基準）第三号参照．

2）正しい．「可燃性ガスの廃棄」（火気取扱い場所等を避け，通風の良い場所で少量ずつ）に係る技術上の基準で，可燃性ガスの廃棄は，火気を取り扱う場所又は引火性若しくは発火性の物をたい積した場所及びその付近を避け，かつ，大気中に放出して廃棄するときは，通風の良い場所で少量ずつ行わなければならない．一般則第62条（廃棄に係る技術上の基準）第二号参照．

3）誤り．「残ガス容器の土中埋立て廃棄」（ガスが容器に入ったままでは不可）に係る技術上の基準で，水素ガスの残ガス容器は，水素ガスが容器に存在したままでは容器を土中に埋めて廃棄してはならない．一般則第62条（廃棄に係る技術上の基準）第一号参照．

4）誤り．「廃棄した後の容器」（バルブは閉じる）に係る技術上の基準で，高圧ガス（酸素）を廃棄した後は，バルブを閉じ，容器の転倒及びバルブの損傷を防止する措置を講じなければならない．一般則第62条（廃棄に係る技術上の基準）第六号参照．

■ 1.20.3　酸素及び三フッ化窒素の廃棄（石油類等除去後）

問題

1）**【令和5年 問16ハ】**バルブ及び廃棄に使用する器具の石油類，油脂類その他の可燃性の物を除去した後に廃棄すべき高圧ガスは，酸素に限られる．

2）**【令和3年 問16ハ】**三フッ化窒素を廃棄するときは，バルブ及び廃棄に使用する器具の石油類，油脂類その他の可燃性の物を除去した後に廃棄しなければならない．

3）**【令和2年 問16ハ】**酸素の廃棄は，バルブ及び廃棄に使用する器具の石油類，油脂類その他の可燃性の物を除去した後にしなければならない．

解説 1）誤り．「酸素及び三フッ化窒素の廃棄」（器具の可燃物除去後実施可能）に係る技術上の基準で，バルブ及び廃棄に使用する器具の石油類，油脂類その他の可燃性の物を除去した後に廃棄すべき高圧ガスは，酸素及び三フッ化窒素に限られる．一般則第62条（廃棄に係る技術上の基準）第五号参照．

2）正しい．「酸素及び三フッ化窒素の廃棄」（器具の可燃物除去後実施可能）に係る技術上の基準で，三フッ化窒素（酸素も同様）を廃棄するときは，バルブ及び廃棄に使用する器具の石油類，油脂類その他の可燃性の物を除去した後に廃棄しなければならない．一般則第62条（廃棄に係る技術上の基準）第五号参照．

3）正しい．「酸素及び三フッ化窒素の廃棄」（器具の可燃物除去後実施可能）に係る技術上の基準で，酸素の廃棄は，バルブ及び廃棄に使用する器具の石油類，油脂類その他の可燃性の物を除去した後にしなければならない．一般則第62条（廃棄に係る技術上の基準）第五号参照．

■ 1.20.4　充てん容器等の加熱（熱湿布の使用）

題

1）**【令和5年 問16ロ】** 塩素を廃棄するため，充塡容器又は残ガス容器を加熱するときは，熱湿布を使用することができる．

2）**【令和4年 問16ハ】** 液化アンモニアを廃棄するため，充塡容器又は残ガス容器を加熱するときは，温度40度以下の温湯を使用することができる．

3）**【令和元年 問16イ】** 可燃性ガスの廃棄に際して，その充塡容器又は残ガス容器を加熱するときは，熱湿布を使用してよい．

4）**【平成30年 問16ハ】** 廃棄のため充塡容器又は残ガス容器を加熱するときは，空気の温度を40度以下に調節する自動制御装置を設けた所定の空気調和設備を使用することができる．

解説　1）正しい．「充てん容器等の加熱方法」（熱湿布使用可能）に係る技術上の基準で，塩素を廃棄するため，充てん容器又は残ガス容器を加熱するときは，熱湿布を使用することができる．一般則第62条（廃棄に係る技術上の基準）第八号イ参照．

2）正しい．「充てん容器等，バルブ又は配管の加熱」（温度40°C以下の温湯使用可能）に係る技術上の基準で，液化アンモニアを廃棄するため，充てん容器又は残ガス容器を加熱するときは，温度40°C以下の温湯を使用することができる．一般則第62条（廃棄に係る技術上の基準）第八号ロ参照．

3）正しい．「充てん容器等の加熱方法」（熱湿布使用可能）に係る技術上の基準で，可燃性ガスの廃棄に際して，その充てん容器又は残ガス容器を加熱するときは，熱湿布を使用してよい．一般則第62条（廃棄に係る技術上の基準）第八号イ参照．

4）正しい．「廃棄のため充てん容器等の加熱」（40°C 以下となる自動制御装置付き空気調和設備の使用可能）に係る技術上の基準で，廃棄のため充てん容器又は残ガス容器を加熱するときは，空気の温度を 40°C 以下に調節する自動制御装置を設けた所定の空気調和設備を使用することができる．一般則第 62 条（廃棄に係る技術上の基準）第八号ハ参照．

■ 1.20.5　継続かつ反復する廃棄（ガス滞留検知措置）

問題

1）**【令和 3 年 問 16 ロ】** 高圧ガスを継続かつ反復して廃棄するとき，ガスの滞留を検知する措置を講じなければならない高圧ガスは，可燃性ガス，毒性ガス及び特定不活性ガスに限られている．

2）**【平成 30 年 問 16 ロ】** 可燃性ガスを継続かつ反復して廃棄するとき，通風の良い場所で行えば，そのガスの滞留を検知するための措置を講じる必要はない．

解説 1）正しい．「可燃性ガス，毒性ガス及び特定不活性ガスを継続かつ反復して廃棄する場合」（ガス滞留検知措置）に係る技術上の基準で，高圧ガスを継続かつ反復して廃棄するとき，ガスの滞留を検知する措置を講じなければならない高圧ガスは，可燃性ガス，毒性ガス及び特定不活性ガスに限られている．一般則第 62 条（廃棄に係る技術上の基準）第四号参照．

2）誤り．「可燃性ガス，毒性ガスまたは特定不活性ガスを継続かつ反復して廃棄する場合」（通風の良い場所及びガス滞留検知措置）に係る技術上の基準で，可燃性ガスを継続かつ反復して廃棄するとき，通風の良い場所で行うとともに，そのガスの滞留を検知するための措置を講じる必要がある．一般則第 62 条（廃棄に係る技術上の基準）第二号及び第四号参照．

1.21　販売方法に係る技術上の基準

■ 1.21.1　引渡し先の保安状況記載の台帳

問題

1）**【令和 5 年 問 17 イ】** 販売業者は，他の高圧ガスの販売業者にヘリウムを販売する場合，その引渡し先の保安状況を明記した台帳を備える必要はない．

2）**【令和 4 年 問 17 イ】** 販売業者は，その販売する液化アンモニアを購入する者が他の販売業者である場合であっても，その高圧ガスの引渡し先の保安状況を明記した台帳を備えなければならない．

3)【**令和3年 問17ロ**】販売業者は，他の高圧ガスの販売業者にヘリウムを販売する場合，その引渡し先の保安状況を明記した台帳を備える必要はない．

4)【**令和2年 問17ロ**】販売所に高圧ガスの引渡し先の保安状況を明記した台帳を備えなければならない販売業者は，可燃性ガス，毒性ガス及び酸素を販売する販売業者に限られている．

5)【**令和元年 問17イ**】不活性ガスのみを販売する販売業者であっても，そのガスの引渡し先の保安状況を明記した台帳を備えなければならない．

6)【**平成30年 問17イ**】販売所に高圧ガスの引渡し先の保安状況を明記した台帳を備えなければならない販売業者は，可燃性ガス，毒性ガス又は酸素の高圧ガスを販売する者に限られている．

解説 1) 誤り．「販売業者による台帳の備え」(特別な水素ガスを除いた高圧ガス) に係る技術上の基準で，販売業者は，圧縮水素を燃料として使用する車両に固定した燃料装置用容器に充てんする圧縮水素を販売する場合を除き，他の高圧ガスの販売業者にヘリウムを含めて高圧ガスを販売する場合，その引渡し先の保安状況を明記した台帳を備える必要がある．一般則第40条 (販売業者等に係る技術上の基準) 第一号参照．

2) 正しい．「販売業者による台帳の備え」(引渡し先の保安状況の明記) に係る技術上の基準で，販売業者は，その販売する液化アンモニアを購入する者が他の販売業者である場合であっても，その高圧ガスの引渡し先の保安状況を明記した台帳を備えなければならない．一般則第40条 (販売業者等に係る技術上の基準) 第一号参照．

3) 誤り．「販売業者による台帳の備え」(引渡し先の保安状況の明記) に係る技術上の基準で，販売業者は，他の高圧ガスの販売業者に高圧ガス (本文ではヘリウムだが種類に無関係) を販売する場合，その引渡し先の保安状況を明記した台帳を備える必要がある．一般則第40条 (販売業者等に係る技術上の基準) 第一号参照．

4) 誤り．「販売業者による台帳の備え」(高圧ガスの種類に無関係) に係る技術上の基準で，販売所に高圧ガスの引渡し先の保安状況を明記した台帳を備えなければならない販売業者は，高圧ガスの種類に無関係で，すべての高圧ガスの販売業者である．一般則第40条 (販売業者等に係る技術上の基準) 第一号参照．

5) 正しい．「販売業者による台帳の備え」(引渡し先の保安状況の明記) に係る技術上の基準で，不活性ガスのみを販売する販売業者であっても，そのガスの引渡し先の保安状況を明記した台帳を備えなければならない．一般則第40条 (販売業者等に係る技術上の基準) 第一号参照．

6）誤り．「販売業者による台帳の備え」（高圧ガスの種類に無関係）に係る技術上の基準で，販売所に高圧ガスの引渡し先の保安状況を明記した台帳を備えなければならない販売業者は，高圧ガスの種類に無関係で，すべての高圧ガスの販売業者である．一般則第40条（販売業者等に係る技術上の基準）第一号参照．

■ 1.21.2　引渡し容器の状態

1）**【令和4年 問17ロ】** 販売業者は，残ガス容器の引渡しであれば，外面に容器の使用上支障のある腐食，割れ，すじ，しわ等があるものを引き渡してよい．

2）**【令和2年 問17ハ】** 充塡容器又は残ガス容器の引渡しは，そのガスが漏えいしていないものであれば，外面に容器の使用上支障のある腐食があるものを引き渡してよい．

3）**【令和元年 問17ロ】** 残ガス容器の引渡しであれば，外面に容器の使用上支障のある腐食，割れ，すじ，しわ等があるものを引き渡してもよい．

解説 1）誤り．「充てん容器等の引渡し」（ガス漏えいのないもので外面に腐食等容器の使用上支障のないもの）に係る技術上の基準で，販売業者は，残ガス容器の引渡しであっても，外面に容器の使用上支障のある腐食，割れ，すじ，しわ等があるものを引き渡してはならない．一般則第40条（販売業者等に係る技術上の基準）第二号参照．

2）誤り．「充てん容器等の引渡し」（ガス漏えいのないもので外面に腐食等容器の使用上支障のないもの）に係る技術上の基準で，充てん容器又は残ガス容器の引渡しは，そのガスが漏えいしていないものであっても，外面に容器の使用上支障のある腐食があるものを引き渡してはならない．一般則第40条（販売業者等に係る技術上の基準）第二号参照．

3）誤り．「充てん容器等の引渡し」（ガス漏えいのないもので外面に腐食等容器の使用上支障のないもの）に係る技術上の基準で，残ガス容器の引渡しであっても，外面に容器の使用上支障のある腐食，割れ，すじ，しわ等があるものを引き渡してはならない．一般則第40条（販売業者等に係る技術上の基準）第二号参照．

■ 1.21.3　天然圧縮ガス充てん容器等の販売及び引渡し条件

問題

1）**【令和5年 問17ロ】** 圧縮天然ガスの充塡容器又は残ガス容器の引渡しは，その容器の容器再検査の期間を6か月以上経過していないものであり，かつ，その旨を明示したものをもって行わなければならない．

2) **【令和5年 問17ハ】** 圧縮天然ガスを燃料の用に供する一般消費者に圧縮天然ガスを販売するときは，消費のための設備について，硬質管以外の管と硬質管又は調整器とを接続する場合にその部分がホースバンドで締め付けられていることを確認した後にしなければならない．

3) **【令和4年 問17ハ】** 販売業者は，圧縮天然ガスの充填容器及び残ガス容器の引渡しをするときは，その容器の容器再検査の期間を6か月以上経過したものをもって行ってはならない．

4) **【令和3年 問17イ】** 販売業者は，圧縮天然ガスを燃料の用に供する一般消費者に圧縮天然ガスを販売するとき，配管の気密試験のための設備を備えなければならない．

5) **【令和3年 問17ハ】** 圧縮天然ガスの充填容器の引渡しは，容器再検査の期間を6か月以上経過していないものであり，かつ，その旨を明示したものでなければならないが，残ガス容器の引渡しの場合はこの限りでない．

6) **【令和2年 問17イ】** 圧縮天然ガスの充填容器又は残ガス容器の引渡しは，その容器の容器再検査の期間を6か月以上経過していないものであり，かつ，その旨を明示したものをもって行わなければならない．

7) **【令和元年 問17ハ】** 圧縮天然ガスの充填容器及び残ガス容器は，その容器の容器再検査の期間を6か月以上経過したものを引き渡してはならない．

8) **【平成30年 問17ロ】** 販売業者は，圧縮天然ガスを燃料の用に供する一般消費者に圧縮天然ガスを販売するとき，配管の気密試験のための設備を備えなければならない．

9) **【平成30年 問17ハ】** 圧縮天然ガスを充填した容器であって，そのガスが漏えいしていないものであれば，容器が容器再検査の期間を6か月以上経過したものをもって，そのガスを引き渡すことができる．

解説 1) 正しい．「圧縮天然ガスの充てん容器等の引渡し」（容器再検査期間を6か月以上経過していないものかつその旨の明示があるもの）に係る技術上の基準で，圧縮天然ガスの充てん容器又は残ガス容器の引渡しは，その容器の容器再検査の期間を6か月以上経過していないものであり，かつ，その旨を明示したものをもって行わなければならない．一般則第40条（販売業者等に係る技術上の基準）第三号参照．

2) 正しい．「圧縮天然ガスの販売」（ホースバンドで接続部分を締め付けていること）に係る技術上の基準で，圧縮天然ガスを燃料の用に供する一般消費者に圧縮天然ガスを販売するときは，消費のための設備について，硬質管以外の管と硬質管又は調整器とを接続する場合にその部分がホースバンドで締め付けられていることを確認した後にしなければならない．一般則第40条（販売業者等に係る技術上の基準）第四号ト参照．

3）正しい．「圧縮天然ガスの充てん容器等の引渡し」（容器再検査期間を6か月以上経過していないものかつその旨の明示のあるもの）に係る技術上の基準で，販売業者は，圧縮天然ガスの充てん容器及び残ガス容器の引渡しをするときは，その容器の容器再検査の期間を6か月以上経過したものをもって行ってはならない．一般則第40条（販売業者等に係る技術上の基準）第三号参照．

4）正しい．「圧縮天然ガスの一般消費者販売」（配管の気密試験設備の備え必要）に係る技術上の基準で，販売業者は，圧縮天然ガスを燃料の用に供する一般消費者に圧縮天然ガスを販売するとき，配管の気密試験のための設備を備えなければならない．一般則第40条（販売業者等に係る技術上の基準）第五号参照．

5）誤り．「圧縮天然ガスの充てん容器等の引渡し」（容器再検査期間を6か月以上経過していないものかつその旨の明示のあるもの）に係る技術上の基準で，圧縮天然ガスの充てん容器の引渡しは，容器再検査の期間を6か月以上経過していないものであり，かつ，その旨を明示したものでなければならない．残ガス容器の引渡しの場合も同様である．一般則第40条（販売業者等に係る技術上の基準）第三号参照．

6）正しい．「圧縮天然ガスの充てん容器等の引渡し」（容器再検査期間を6か月以上経過していないものかつその旨の明示のあるもの）に係る技術上の基準で，圧縮天然ガスの充てん容器又は残ガス容器の引渡しは，その容器の容器再検査の期間を6か月以上経過していないものであり，かつ，その旨を明示したものをもって行わなければならない．一般則第40条（販売業者等に係る技術上の基準）第三号参照．

7）正しい．「圧縮天然ガスの充てん容器等の引渡し」（容器再検査期間を6か月以上経過していないものかつその旨の明示のあるもの）に係る技術上の基準で，圧縮天然ガスの充てん容器及び残ガス容器は，その容器の容器再検査の期間を6か月以上経過していないものであり，かつ，その旨を明示したものをもってしなければならない．一般則第40条（販売業者等に係る技術上の基準）第三号参照．

8）正しい．「圧縮天然ガスの一般消費者販売」（配管の気密試験設備の備えが必要）に係る技術上の基準で，販売業者は，圧縮天然ガスを燃料の用に供する一般消費者に圧縮天然ガスを販売するとき，配管の気密試験のための設備を備えなければならない．一般則第40条（販売業者等に係る技術上の基準）第五号参照．

9）誤り．「圧縮天然ガスの充てん容器等の引渡し」（容器再検査期間を6か月以上経過していないものかつその旨の明示のあるもの）に係る技術上の基準で，圧縮天然ガスを充てんした容器であって，そのガスが漏えいしていないものであっても，容器が容器再検査の期間を6か月以上経過していないものであって，かつ，その旨を明示したものでなければ，そのガスを引き渡してはならない．一般則第40条（販売業者等に係る技術上の基準）第三号参照．

1.22 販売業者に係る問題

■ 1.22.1 販売主任者の選任資格

問題

1)【令和5年 問18ロ】塩素を販売する販売所の販売主任者には，第一種販売主任者免状の交付を受け，かつ，アンモニアの販売に関する6か月以上の経験を有する者を選任することができる．

2)【令和4年 問18ハ】アンモニアの販売所の販売主任者には，第一種販売主任者免状の交付を受け，かつ，アセチレン及び塩素の販売に関する6か月の経験を有する者を選任することができる．

3)【令和3年 問18ロ】販売業者は，アセチレンの販売所の販売主任者に，乙種機械責任者免状の交付を受け，かつ，アンモニアの製造に関する1年の経験を有する者を選任することができる．

4)【令和元年 問18イ】メタンを販売する販売所には，第一種販売主任者免状の交付を受け，かつ，アンモニアの販売に関する6か月以上の経験を有する者を販売主任者に選任することができる．

5)【平成30年 問18ハ】塩素を販売する販売所には，第一種販売主任者免状の交付を受け，かつ，アンモニアの販売に関する6か月以上の経験を有する者を販売主任者に選任することができる．

解説 1) 正しい．「塩素販売所の販売主任者の選任資格」（甲・乙種化学責任者免状，甲・乙種機械責任者免状又は第一種販売主任者免状の交付と6か月以上の規定ガスの製造又は販売経験）に係るもので，塩素の販売所の販売主任者には，甲・乙種化学責任者免状，甲・乙種機械責任者免状又は第一種販売主任者免状の交付を受け，かつ，アンモニア等の販売に関する6か月以上の経験を有する者を選任することができる．一般則第72条（販売主任者の選任等）第2項本文及び表参照．

2) 誤り．「アンモニア販売所の販売主任者の資格」（甲・乙種化学責任者免状，甲・乙種機械責任者免状又は第一種販売主任者免状の交付と6か月以上の規定ガス（アセチレン・塩素は除外）の製造又は販売経験）に係るもので，アンモニアの販売所の販売主任者には，第一種販売主任者免状の交付を受け，アセチレン及び塩素の販売に関する6か月以上の経験を有している者であっても，選任することができない．アセチレン及び塩素は規定ガスに該当しない．一般則第72条（販売主任者の選任等）第2項本文及び表参照．

3）正しい．「アセチレン販売所の販売主任者の選任資格」（甲・乙種化学責任者免状，甲・乙種機械責任者免状又は第一種販売主任者免状の交付と6か月以上の規定ガスの製造又は販売経験）に係るもので，販売業者は，アセチレンの販売所の販売主任者に，乙種機械責任者免状（又は甲種機械責任者免状，甲種化学責任者免状，乙種化学責任者及び第一種販売主任者免状）の交付を受け，かつ，アンモニアの製造に関する6か月以上（本文では1年）の経験を有する者を選任することができる．一般則第72条（販売主任者の選任等）第2項本文及び表参照．

4）正しい．「メタン販売所の販売主任者の選任資格」（甲・乙種化学責任者免状，甲・乙種機械責任者免状又は第一種販売主任者免状の交付と6か月以上の規定ガスの製造又は販売経験）に係るもので，メタンを販売する販売所には，第一種販売主任者免状の交付を受け，かつ，アンモニアの販売に関する6か月以上の経験を有する者を販売主任者に選任することができる．一般則第72条（販売主任者の選任等）第2項本文及び表参照．

5）正しい．「塩素販売所の販売主任者の選任資格」（甲・乙種化学責任者免状，甲・乙種機械責任者免状又は第一種販売主任者免状の交付と6か月以上の規定ガスの製造又は販売経験）に係るもので，塩素の販売所には，甲・乙種化学責任者免状，甲・乙種機械責任者免状又は第一種販売主任者免状の交付を受け，かつ，アンモニア等の販売に関する6か月以上の経験を有する者を販売主任者に選任することができる．一般則第72条（販売主任者の選任等）第2項本文及び表参照．

■ 1.22.2　販売主任者の選任・解任及び届出

問題

1）**【令和5年 問18ハ】** 選任していた販売主任者を解任し，新たに販売主任者を選任した場合には，その新たに選任した販売主任者についてのみ，その旨を都道府県知事等に届け出なければならない．

2）**【令和4年 問18イ】** 同一の都道府県内に複数の販売所を有する販売業者は，主たる販売所においてのみ販売主任者を選任すればよい．

3）**【令和4年 問18ロ】** 選任していた販売主任者を解任し，新たに販売主任者を選任した場合は，その解任及び選任について，遅滞なく，都道府県知事等に届け出なければならない．

4）**【令和3年 問18ハ】** 販売業者が販売所に販売主任者を選任しなければならないと定められている高圧ガスの一つに，窒素がある．

5) **【令和2年 問18ロ】** 販売する高圧ガスの種類に関わらず，販売所ごとに販売主任者を選任しなければならない．

6) **【令和2年 問18ハ】** 選任している販売主任者を解任し，新たな者を選任した場合は，遅滞なく，その旨を都道府県知事等に届け出なければならない．

7) **【令和元年 問18ハ】** 選任していた販売主任者を解任し，新たに販売主任者を選任した場合には，その新たに選任した販売主任者についてのみ，その旨を都道府県知事等に届け出なければならない．

8) **【平成30年 問18イ】** 販売業者は，高圧ガスの貯蔵を伴わない販売所の販売主任者を選任又は解任したときは，その旨を都道府県知事等に届け出る必要はない．

解説 1) 誤り．「販売主任者の選任・解任」（遅滞なく都道府県知事等に届出）に係るもので，選任していた販売主任者を解任し，新たに販売主任者を選任した場合は，遅滞なく，その旨を都道府県知事等に届け出なければならない．法第28条（販売主任者及び取扱主任者）第3項で準用する第27条の2（保安統括者，保安技術管理者及び保安係員）第5項参照．

2) 誤り．「販売主任者の選任」（販売所ごと）に係るもので，同一の都道府県内に複数の販売所を有する販売業者は，販売所ごとに販売主任者を選任しなければならない．法第28条（販売主任者及び取扱主任者）第1項参照．

3) 正しい．「販売主任者の選任・解任」（遅滞なく都道府県知事等に届出）に係るもので，選任していた販売主任者を解任し，新たに販売主任者を選任した場合は，その解任及び選任について，遅滞なく，都道府県知事等に届け出なければならない．法第28条（販売主任者及び取扱主任者）第3項で準用する第27条の2（保安統括者，保安技術管理者及び保安係員）第5項参照．

4) 誤り．「販売主任者を選任する必要のある高圧ガス」（窒素は含まれず）に係るもので，販売業者が販売所に販売主任者を選任しなければならないと定められている高圧ガスに窒素は含まれていない．一般則第72条（販売主任者の選任等）第1項参照．

5) 誤り．「販売主任者を選任する必要のある高圧ガス」（高圧ガスの種類に制限あり）に係るもので，販売する高圧ガスの種類によって，販売所ごとに販売主任者を選任しなければならない．法第28条（販売主任者及び取扱主任者）第1項及び一般則第72条（販売主任者の選任等）第1項参照．

6) 正しい．「販売主任者の選任・解任」（遅滞なく都道府県知事等に届出）に係るもので，選任している販売主任者を解任し，新たな者を選任した場合は，遅滞なく，その旨を都道府県知事等に届け出なければならない．法第28条（販売主任者及び取扱主任者）第3項で準用する第27条の2（保安統括者，保安技術管理者及び保安係員）第5項参照．

7) 誤り.「販売主任者の選任・解任」(遅滞なく都道府県知事等に届出)に係るもので,選任していた販売主任者を解任し,新たに販売主任者を選任した場合には,その新たに選任した販売主任者だけではなく,解任についてもその旨を都道府県知事等に届け出なければならない.法第28条(販売主任者及び取扱主任者)第3項で準用する第27条の2(保安統括者,保安技術管理者及び保安係員)第5項参照.

8) 誤り.「販売主任者の選任・解任」(遅滞なく都道府県知事等に届出)に係るもので,販売業者は,高圧ガスの貯蔵を伴わない販売所の販売主任者を選任又は解任したときは,その旨を都道府県知事に届け出る必要がある.法第28条(販売主任者及び取扱主任者)第3項で準用する第27条の2(保安統括者,保安技術管理者及び保安係員)第5項参照.

■ 1.22.3 高圧ガスの種類や販売方法変更・事業廃止等の届出

題

1) **【令和5年 問18イ】** アセチレン及び酸素の販売をする販売業者が新たに販売する高圧ガスにメタンを追加したときは,遅滞なく,その旨を都道府県知事等に届け出なければならない.

2) **【令和3年 問18イ】** 販売業者は,水素及び酸素の高圧ガスを販売している販売所において,新たに販売する高圧ガスとしてメタンを追加したときは,遅滞なく,その旨を都道府県知事等に届け出なければならない.

3) **【令和2年 問18イ】** アセチレンと酸素を販売している販売所において,新たに販売する高圧ガスとして窒素を追加したときは,遅滞なく,その旨を都道府県知事等に届け出なければならない.

4) **【令和元年 問18ロ】** 酸素とアセチレンガスを販売している販売所において,その販売する高圧ガスの種類の変更として二酸化炭素を追加したときは,その旨を遅滞なく,都道府県知事等に届け出なければならない.

5) **【平成30年 問18ロ】** アセチレンと酸素を販売している販売所において,新たに窒素を追加して,販売する高圧ガスの種類の変更をしたときは,遅滞なく,その旨を都道府県知事等に届け出なければならない.

解説 1) 正しい.「販売ガスの種類変更(追加も含む)」(遅滞なく都道府県知事等に届出)に係るもので,アセチレン及び酸素の販売をする販売業者が新たに販売する高圧ガスにメタンを追加したときは,遅滞なく,その旨を都道府県知事等に届け出なければならない.法第20条の7(販売するガスの種類の変更)参照.

2）正しい．「販売ガスの種類変更（追加も含む）」（遅滞なく都道府県知事等に届出）に係るもので，販売業者は，水素及び酸素の高圧ガスを販売している販売所において，新たに販売する高圧ガスとしてメタンを追加したときは，遅滞なく，その旨を都道府県知事等に届け出なければならない．法第20条の7（販売するガスの種類の変更）参照．

3）正しい．「販売ガスの種類変更（追加も含む）」（遅滞なく都道府県知事等に届出）に係るもので，アセチレンと酸素を販売している販売所において，新たに販売する高圧ガスとして窒素を追加したときは，遅滞なく，その旨を都道府県知事等に届け出なければならない．法第20条の7（販売するガスの種類の変更）参照．

4）正しい．「販売ガスの種類変更（追加も含む）」（遅滞なく都道府県知事等に届出）に係るもので，酸素とアセチレンガスを販売している販売所において，その販売する高圧ガスの種類の変更として二酸化炭素を追加したときは，その旨を遅滞なく，都道府県知事等に届け出なければならない．法第20条の7（販売するガスの種類の変更）参照．

5）正しい．「販売ガスの種類変更（追加も含む）」（遅滞なく都道府県知事等に届出）に係るもので，アセチレンと酸素を販売している販売所において，新たに窒素を追加して，販売する高圧ガスの種類の変更をしたときは，遅滞なく，その旨を都道府県知事等に届け出なければならない．法第20条の7（販売するガスの種類の変更）参照．

1.23 災害発生防止に関し所定事項の周知に該当する高圧ガス

■ 1.23.1 溶接又は熱切断用のアセチレン

問題

1）**【令和3年 問19イ】** 高圧ガスの販売業者が販売する高圧ガスを購入して溶接又は熱切断の用途に消費する者に対し，所定の方法により，その高圧ガスによる災害の発生の防止に関し必要な所定の事項を周知させなければならない場合，その対象となる高圧ガスとして一般高圧ガス保安規則上正しいものは，アセチレンである．

解説 1）正しい．「溶接又は熱切断用の周知すべき高圧ガス」（アセチレン，天然ガス又は酸素）に係るもので，溶接又は熱切断用の周知すべき高圧ガスは，アセチレン，天然ガス又は酸素であるから，アセチレンは該当する．一般則第39条（周知させるべき高圧ガスの指定等）第1項第一号参照．

■ 1.23.2　溶接又は熱切断用の天然ガス

題

1)【令和5年 問19イ】販売業者が販売する高圧ガスを購入して溶接又は熱切断の用途に消費する者に対し，所定の方法により，その高圧ガスによる災害の発生の防止に関し必要な所定の事項を周知させなければならない場合，その対象となる高圧ガスとして一般高圧ガス保安規則上正しいものは，天然ガスである．

2)【令和3年 問19ハ】高圧ガスの販売業者が販売する高圧ガスを購入して溶接又は熱切断の用途に消費する者に対し，所定の方法により，その高圧ガスによる災害の発生の防止に関し必要な所定の事項を周知させなければならない場合，その対象となる高圧ガスとして一般高圧ガス保安規則上正しいものは，天然ガスである．

3)【令和2年 問19ロ】販売業者が販売する高圧ガスを購入して溶接又は熱切断の用途に消費する者に対し，所定の方法により，その高圧ガスによる災害の発生の防止に関し必要な所定の事項を周知させなければならない場合，その対象となる高圧ガスとして一般高圧ガス保安規則上正しいものは，天然ガスである．

4)【平成30年 問19ロ】販売業者が販売する高圧ガスを購入して溶接又は熱切断の用途に消費する者に対し，所定の方法により，その高圧ガスによる災害の発生の防止に関し必要な所定の事項を周知させなければならない場合，その対象となる高圧ガスとして一般高圧ガス保安規則上正しいものは，天然ガスである．

解説　1）正しい．「溶接又は熱切断用の周知すべき高圧ガス」（アセチレン，天然ガス又は酸素）に係るもので，溶接又は切断用の周知すべき高圧ガスは，アセチレン，天然ガス又は酸素であるから，天然ガスは該当する．一般則第39条（周知させるべき高圧ガスの指定等）第1項第一号参照．

2）正しい．「溶接又は熱切断用の周知すべき高圧ガス」（アセチレン，天然ガス又は酸素）に係るもので，天然ガスは該当する．一般則第39条（周知させるべき高圧ガスの指定等）第1項第一号参照．

3）正しい．「溶接又は熱切断用の周知すべき高圧ガス」（アセチレン，天然ガス又は酸素）に係るもので，天然ガスは該当する．一般則第39条（周知させるべき高圧ガスの指定等）第1項第一号参照．

4）正しい．「溶接又は熱切断用の周知すべき高圧ガス」（アセチレン，天然ガス又は酸素）に係るもので，天然ガスは該当する．一般則第39条（周知させるべき高圧ガスの指定等）第1項第一号参照．

■ 1.23.3 溶接又は熱切断用の酸素

題

1)【令和4年 問19イ】販売業者が販売する高圧ガスを購入して溶接又は熱切断の用途に消費する者に対し，所定の方法により，その高圧ガスによる災害の発生防止に関し必要な所定の事項を周知させなければならない場合，その対象となる高圧ガスとして一般高圧ガス保安規則上正しいものは，酸素である．

2)【令和2年 問19ハ】販売業者が販売する高圧ガスを購入して溶接又は熱切断の用途に消費する者に対し，所定の方法により，その高圧ガスによる災害の発生の防止に関し必要な所定の事項を周知させなければならない場合，その対象となる高圧ガスとして一般高圧ガス保安規則上正しいものは，酸素である．

3)【令和元年 問19イ】販売業者が販売する高圧ガスを購入して溶接又は熱切断の用途に消費する者に対し，所定の方法により，その高圧ガスによる災害の発生の防止に関し必要な所定の事項を周知させなければならない場合，その対象となる高圧ガスとして一般高圧ガス保安規則上正しいものは，酸素である．

4)【平成30年 問19イ】販売業者が販売する高圧ガスを購入して溶接又は熱切断の用途に消費する者に対し，所定の方法により，その高圧ガスによる災害の発生の防止に関し必要な所定の事項を周知させなければならない場合，その対象となる高圧ガスとして一般高圧ガス保安規則上正しいものは，酸素である．

解説 1) 正しい．「溶接又は熱切断用の周知すべき高圧ガス」（アセチレン，天然ガス又は酸素）に係るもので，溶接又は熱切断用の周知すべき高圧ガスは，アセチレン，天然ガス又は酸素であるから，酸素は，所定の事項を周知すべき高圧ガスに該当する．一般則第39条（周知させるべき高圧ガスの指定等）第1項第一号参照．

2) 正しい．「溶接又は熱切断用の周知すべき高圧ガス」（アセチレン，天然ガス又は酸素）に係るもので，酸素は該当する．一般則第39条（周知させるべき高圧ガスの指定等）第1項第一号参照．

3) 正しい．「溶接又は熱切断用の周知すべき高圧ガス」（アセチレン，天然ガス又は酸素）に係るもので，酸素は該当する．一般則第39条（周知させるべき高圧ガスの指定等）第1項第一号参照．

4) 正しい．「溶接又は熱切断用の周知すべき高圧ガス」（アセチレン，天然ガス又は酸素）に係るもので，酸素は該当する．一般則第39条（周知させるべき高圧ガスの指定等）第1項第一号参照．

■ 1.23.4　該当しない高圧ガス

題

1)【令和5年 問19ロ】販売業者が販売する高圧ガスを購入して溶接又は熱切断の用途に消費する者に対し，所定の方法により，その高圧ガスによる災害の発生の防止に関し必要な所定の事項を周知させなければならない場合，その対象となる高圧ガスとして一般高圧ガス保安規則上正しいものは，水素である.

2)【令和5年 問19ハ】販売業者が販売する高圧ガスを購入して溶接又は熱切断の用途に消費する者に対し，所定の方法により，その高圧ガスによる災害の発生の防止に関し必要な所定の事項を周知させなければならない場合，その対象となる高圧ガスとして一般高圧ガス保安規則上正しいものは，エチレンである.

3)【令和4年 問19ロ】販売業者が販売する高圧ガスを購入して溶接又は熱切断の用途に消費する者に対し，所定の方法により，その高圧ガスによる災害の発生防止に関し必要な所定の事項を周知させなければならない場合，その対象となる高圧ガスとして一般高圧ガス保安規則上正しいものは，二酸化炭素（炭酸ガス）である.

4)【令和4年 問19ハ】販売業者が販売する高圧ガスを購入して溶接又は熱切断の用途に消費する者に対し，所定の方法により，その高圧ガスによる災害の発生防止に関し必要な所定の事項を周知させなければならない場合，その対象となる高圧ガスとして一般高圧ガス保安規則上正しいものは，アルゴンである.

5)【令和3年 問19ロ】高圧ガスの販売業者が販売する高圧ガスを購入して溶接又は熱切断の用途に消費する者に対し，所定の方法により，その高圧ガスによる災害の発生の防止に関し必要な所定の事項を周知させなければならない場合，その対象となる高圧ガスとして一般高圧ガス保安規則上正しいものは，エチレンである.

6)【令和2年 問19イ】販売業者が販売する高圧ガスを購入して溶接又は熱切断の用途に消費する者に対し，所定の方法により，その高圧ガスによる災害の発生の防止に関し必要な所定の事項を周知させなければならない場合，その対象となる高圧ガスとして一般高圧ガス保安規則上正しいものは，二酸化炭素（炭酸ガス）である.

7)【令和元年 問19ロ】販売業者が販売する高圧ガスを購入して溶接又は熱切断の用途に消費する者に対し，所定の方法により，その高圧ガスによる災害の発生の防止に関し必要な所定の事項を周知させなければならない場合，その対象となる高圧ガスとして一般高圧ガス保安規則上正しいものは，水素である.

8)【令和元年 問19ハ】販売業者が販売する高圧ガスを購入して溶接又は熱切断の用途に消費する者に対し，所定の方法により，その高圧ガスによる災害の発生の防止に関し必要な所定の事項を周知させなければならない場合，その対象となる高圧ガスとして一般高圧ガス保安規則上正しいものは，アルゴンである．

9) **【平成30年 問19ハ】** 販売業者が販売する高圧ガスを購入して溶接又は熱切断の用途に消費する者に対し，所定の方法により，その高圧ガスによる災害の発生の防止に関し必要な所定の事項を周知させなければならない場合，その対象となる高圧ガスとして一般高圧ガス保安規則上正しいものは，二酸化炭素である．

解説 1) 誤り．「溶接又は熱切断用の周知すべき高圧ガス」（アセチレン，天然ガス又は酸素）に係るもので，溶接又は切断用の周知すべき高圧ガスは，アセチレン，天然ガス又は酸素であるから，水素は該当しない．一般則第39条（周知させるべき高圧ガスの指定等）第1項第一号参照．

2) 誤り．「溶接又は熱切断用の周知すべき高圧ガス」（アセチレン，天然ガス又は酸素）に係るもので，エチレンは該当しない．一般則第39条（周知させるべき高圧ガスの指定等）第1項第一号参照．

3) 誤り．「溶接又は熱切断用の周知すべき高圧ガス」（アセチレン，天然ガス又は酸素）に係るもので，二酸化炭素（炭酸ガス）は該当しない．一般則第39条（周知させるべき高圧ガスの指定等）第1項第一号参照．

4) 誤り．「溶接又は熱切断用の周知すべき高圧ガス」（アセチレン，天然ガス又は酸素）に係るもので，アルゴンは該当しない．一般則第39条（周知させるべき高圧ガスの指定等）第1項第一号参照．

5) 誤り．「溶接又は熱切断用の周知すべき高圧ガス」（アセチレン，天然ガス又は酸素）に係るもので，エチレンは該当しない．一般則第39条（周知させるべき高圧ガスの指定等）第1項第一号参照．

6) 誤り．「溶接又は熱切断用の周知すべき高圧ガス」（アセチレン，天然ガス又は酸素）に係るもので，二酸化炭素（炭酸ガス）は該当しない．一般則第39条（周知させるべき高圧ガスの指定等）第1項第一号参照．

7) 誤り．「溶接又は熱切断用の周知すべき高圧ガス」（アセチレン，天然ガス又は酸素）に係るもので，水素は該当しない．一般則第39条（周知させるべき高圧ガスの指定等）第1項第一号参照．

8) 誤り．「溶接又は熱切断用の周知すべき高圧ガス」（アセチレン，天然ガス又は酸素）に係るもので，アルゴンは該当しない．一般則第39条（周知させるべき高圧ガスの指定等）第1項第一号参照．

9) 誤り．「溶接又は熱切断用の周知すべき高圧ガス」（アセチレン，天然ガス又は酸素）に係るもので，二酸化炭素は該当しない．一般則第39条（周知させるべき高圧ガスの指定等）第1項第一号参照．

1.24 災害発生防止に関する高圧ガス消費者への所定事項の周知項目

■ 1.24.1 周知の義務及び時期

問題

1) **【令和4年 問20 イ】** 販売契約を締結したとき及び周知をしてから1年以上経過して高圧ガスを引き渡したときごとに，所定の事項を記載した書面を配布し，その事項を周知させなければならない．

2) **【令和3年 問20 イ】** その周知させるべき時期は，その高圧ガスの販売契約の締結時のみである．

解説 1）正しい．「購入者への周知の義務」（販売契約締結時及び周知して1年以上経過後の引渡しごと）に係るもので，販売契約を締結したとき及び周知をしてから1年以上経過して高圧ガスを引き渡したときごとに，所定の事項を記載した書面を配布し，購入者にその事項を周知させなければならない．法第20条の5（周知させる義務）第1項及び一般則第38条（周知の義務）参照．

2）誤り．「販売業者等による周知時期」（販売契約締結時及び周知して1年以上経過後の引渡しごと）に係るもので，その周知させるべき時期は，その高圧ガスの販売契約の締結したとき及びその周知後1年以上経過して高圧ガスを引き渡した時である．一般則第38条（周知の義務）参照．

■ 1.24.2 消費設備の高圧ガスに対する適応性に関する基本的な事項

問題

1) **【令和元年 問20 ロ】**「使用する消費設備のその販売する高圧ガスに対する適応性に関する基本的な事項」は，周知させるべき事項の一つである．

解説 1）正しい．「購入者への必要な周知事項」（消費設備と高圧ガスの適応性）に係るもので，「使用する消費設備のその販売する高圧ガスに対する適応性に関する基本的な事項」は，周知させるべき事項の一つである．一般則第39条（周知させるべき高圧ガスの指定等）第2項第一号参照．

■ 1.24.3 消費設備使用環境に関する基本的な事項

1)【令和5年 問20イ】消費設備を使用する場所の環境に関する基本的な事項は，その周知させるべき事項に該当する.

2)【令和4年 問20ロ】「消費設備を使用する場所の環境に関する基本的な事項」は，消費設備の使用者が管理すべき事項であり，その周知させるべき事項ではない.

3)【令和2年 問20イ】消費設備を使用する場所の環境に関する基本的な事項については，消費設備の使用者が管理すべき事項であり，周知させるべき事項に該当しない.

4)【平成30年 問20ロ】「消費設備を使用する場所の環境に関する基本的な事項」は，消費設備の使用者が管理すべき事項であり，その周知させるべき事項ではない.

解説 1) 正しい.「購入者への必要な周知事項」(消費設備を使用する場所の環境に関する基本的な事項) に係るもので，消費設備を使用する場所の環境に関する基本的な事項については，周知させるべき事項に該当する. 一般則第39条 (周知させるべき高圧ガスの指定等) 第2項第三号参照.

2) 誤り.「購入者への必要な周知事項」(消費設備を使用する場所の環境に関する基本的な事項) に係るもので，「消費設備を使用する場所の環境に関する基本的な事項」は，消費設備の購入者が管理すべき事項であり，購入者にその周知させるべき事項である. 法第20条の5 (周知させる義務) 第1項及び一般則第39条 (周知させるべき高圧ガスの指定等) 第2項第三号参照.

3) 誤り.「購入者への必要な周知事項」(消費設備を使用する場所の環境に関する基本的な事項) に係るもので，消費設備を使用する場所の環境に関する基本的な事項については，周知させるべき事項に該当する. 一般則第39条 (周知させるべき高圧ガスの指定等) 第2項第三号参照.

4) 誤り.「購入者への必要な周知事項」(消費設備を使用する場所の環境に関する基本的な事項) に係るもので，「消費設備を使用する場所の環境に関する基本的な事項」は，周知させるべき事項である. 一般則第39条 (周知させるべき高圧ガスの指定等) 第2項第三号参照.

■ 1.24.4　ガス漏れ感知，災害の発生やおそれのある場合の緊急措置・連絡に関する基本的な事項

題

1）**【令和 5 年 問 20 ハ】** ガス漏れを感知した場合その他高圧ガスによる災害が発生し，又は発生するおそれがある場合に消費者がとるべき緊急の措置及び販売業者に対する連絡に関する基本的な事項は，その周知させるべき事項に該当しない．

2）**【令和 2 年 問 20 ハ】** ガス漏れを感知した場合その他高圧ガスによる災害が発生し，又は発生するおそれがある場合に消費者がとるべき緊急の措置及び販売業者に対する連絡に関する基本的な事項は，周知させるべき事項に該当しない．

3）**【令和元年 問 20 ハ】**「ガス漏れを感知した場合その他高圧ガスによる災害が発生し，又は発生するおそれがある場合に消費者がとるべき緊急の措置及び販売業者に対する連絡に関する基本的な事項」は，周知させるべき事項の一つである．

解説　1）誤り．「購入者への必要な周知事項」（災害発生時における緊急措置及び連絡）に係るもので，ガス漏れを感知した場合その他高圧ガスによる災害が発生し，又は発生するおそれがある場合に消費者がとるべき緊急の措置及び販売業者に対する連絡に関する基本的な事項は，その周知させるべき事項に該当する．一般則第 39 条（周知させるべき高圧ガスの指定等）第 2 項第五号参照．

2）誤り．「購入者への必要な周知事項」（災害発生時における緊急措置及び連絡）に係るもので，ガス漏れを感知した場合その他高圧ガスによる災害が発生し，又は発生するおそれがある場合に消費者がとるべき緊急の措置及び販売業者に対する連絡に関する基本的な事項は，周知させるべき事項に該当する．一般則第 39 条（周知させるべき高圧ガスの指定等）第 2 項第五号参照．

3）正しい．「購入者への必要な周知事項」（災害発生時における緊急措置及び連絡）に係るもので，「ガス漏れを感知した場合その他高圧ガスによる災害が発生し，又は発生するおそれがある場合に消費者がとるべき緊急の措置及び販売業者に対する連絡に関する基本的な事項」は，周知させるべき事項の一つである．一般則第 39 条（周知させるべき高圧ガスの指定等）第 2 項第五号参照．

■ 1.24.5　消費設備の操作，管理及び点検に関し注意すべき基本的な事項

問題 

1)【令和5年 問20ロ】消費設備の操作，管理及び点検に関し注意すべき基本的な事項は，その周知させるべき事項に該当しない．

2)【令和4年 問20ハ】「消費設備の操作，管理及び点検に関し注意すべき基本的な事項」は，その周知させるべき事項の一つである．

3)【令和3年 問20ロ】「消費設備の操作，管理及び点検に関し注意すべき基本的な事項」は，その周知させるべき事項の一つである．

4)【令和元年 問20イ】「消費設備に関し注意すべき基本的な事項」のうち，「消費設備の操作及び管理」はその周知させるべき事項の一つであるが，「消費設備の点検」は，周知させるべき事項に該当しない．

5)【平成30年 問20ハ】「消費設備の操作，管理及び点検に関し注意すべき基本的な事項」は，消費設備の使用者が管理すべき事項であり，その周知させるべき事項ではない．

解説　1) 誤り．「購入者への必要な周知事項」（消費設備の操作，管理及び点検）に係るもので，消費設備の操作，管理及び点検に関し注意すべき基本的な事項は，その周知させるべき事項に該当する．一般則第39条（周知させるべき高圧ガスの指定等）第2項第二号参照．

2) 正しい．「購入者への必要な周知事項」（消費設備の操作，管理及び点検）に係るもので，「消費設備の操作，管理及び点検に関し注意すべき基本的な事項」は，購入者にその周知させるべき事項の一つである．法第20条の5（周知させる義務）第1項及び一般則第39条（周知させるべき高圧ガスの指定等）第2項第二号参照．

3) 正しい．「購入者への必要な周知事項」（消費設備の操作，管理及び点検）に係るもので，「消費設備の操作，管理及び点検に関し注意すべき基本的な事項」は，その周知させるべき事項の一つである．一般則第39条（周知させるべき高圧ガスの指定等）第2項第二号参照．

4) 誤り．「購入者への必要な周知事項」（消費設備の操作，管理及び点検）に係るもので，「消費設備に関し注意すべき基本的な事項」のうち，「消費設備の操作及び管理」はその周知させるべき事項の一つである．同様に，「消費設備の点検」も，周知させるべき事項に該当する．一般則第39条（周知させるべき高圧ガスの指定等）第2項第二号参照．

5）誤り．「購入者への必要な周知事項」（消費設備の操作，管理及び点検）に係るもので，「消費設備の操作，管理及び点検に関し注意すべき基本的な事項」は，その周知させるべき事項である．一般則第39条（周知させるべき高圧ガスの指定等）第2項第二号参照．

■ 1.24.6　消費設備の変更に関し注意すべき基本的な事項

1）**【令和3年 問20ハ】**「消費設備の変更に関し注意すべき基本的な事項」は，その周知させるべき事項の一つである．

2）**【令和2年 問20ロ】** 消費設備の変更に関し注意すべき基本的な事項は，その周知させるべき事項の一つである．

3）**【平成30年 問20イ】**「消費設備の変更に関し注意すべき基本的な事項」は，その周知させるべき事項の一つである．

解説　1）正しい．「購入者への必要な周知事項」（消費設備の変更に関し注意すべき基本的な事項）に係るもので，「消費設備の変更に関し注意すべき基本的な事項」は，その周知させるべき事項の一つである．一般則第39条（周知させるべき高圧ガスの指定等）第2項第四号参照．

2）正しい．「購入者への必要な周知事項」（消費設備の変更に関し注意すべき基本的な事項）に係るもので，消費設備の変更に関し注意すべき基本的な事項は，その周知させるべき事項の一つである．一般則第39条（周知させるべき高圧ガスの指定等）第2項第四号参照．

3）正しい．「購入者への必要な周知事項」（消費設備の変更に関し注意すべき基本的な事項）に係るもので，「消費設備の変更に関し注意すべき基本的な事項」は，その周知させるべき事項の一つである．一般則第39条（周知させるべき高圧ガスの指定等）第2項第四号参照．

法　令
（年度別編）

令和5年度　第一種販売　法令試験問題

次の各問について，高圧ガス保安法に係る法令上正しいと思われる最も適切な答えをその問の下に掲げてある（1），（2），（3），（4），（5）の選択肢の中から1個選びなさい．

なお，この試験は，次による．

（1）令和5年4月1日現在施行されている高圧ガス保安法に係る法令に基づき出題している．

（2）経済産業大臣が危険のおそれのないと認めた場合等における規定は適用しない．

（3）試験問題中，「都道府県知事等」とは，都道府県知事又は高圧ガス保安法に関する事務を処理する指定都市の長をいう．

問1　次のイ，ロ，ハの記述のうち，正しいものはどれか．

イ．圧力が0.2メガパスカルとなる場合の温度が35度以下である液化ガスは，高圧ガスである．

ロ．高圧ガスの販売業者は，販売所ごとに帳簿を備え，その所有又は占有する第一種貯蔵所又は第二種貯蔵所に異常があった場合，異常があった年月日及びそれに対してとった措置をその帳簿に記載し，販売事業の開始の日から10年間保存しなければならない．

ハ．高圧ガス保安法は，高圧ガスによる災害を防止して公共の安全を確保する目的のために，高圧ガスの製造，貯蔵，販売，移動その他の取扱及び消費の規制をすることのみを定めている．

（1）イ　（2）ロ　（3）イ，ハ　（4）ロ，ハ　（5）イ，ロ，ハ

問2　次のイ，ロ，ハの記述のうち，正しいものはどれか．

イ．高圧ガスの販売業者がその販売事業の全部を譲り渡したとき，その事業の全部を譲り受けた者はその販売業者の地位を承継する．

ロ．高圧ガスの販売業者は，その所有し，又は占有する高圧ガスについて災害が発生したときは，遅滞なく，その旨を都道府県知事等又は警察官に届け出なければならない．

ハ．高圧ガスの販売の事業を営もうとする者は，定められた場合を除き，販売所ごとに，事業開始の日の20日前までにその旨を都道府県知事等に届け出なければならない．

（1）イ　（2）ロ　（3）イ，ハ　（4）ロ，ハ　（5）イ，ロ，ハ

問3　次のイ，ロ，ハの記述のうち，正しいものはどれか．

イ．第一種製造者は，高圧ガスの製造の許可を受けたところに従って貯蔵能力が3万キログラムの液化ガスを貯蔵するとき，都道府県知事等の許可を受けて設置する第一種貯蔵所において貯蔵する必要はない．

ロ．高圧ガスの販売業者は，その販売の方法を変更したときは，その旨を都道府県知事等に届け出なければならないが，その販売の事業を廃止したときはその旨を届け出なくてよい．

ハ．容器に充塡された高圧ガスの輸入をした者は，輸入をした高圧ガス及びその容器について，指定輸入検査機関が行う輸入検査を受け，これらが輸入検査技術基準に適合していると認められ，その旨を都道府県知事等に届け出た場合は，都道府県知事等が行う輸入検査を受けることなく，その高圧ガスを移動することができる．

(1) イ　(2) ロ　(3) イ，ハ　(4) ロ，ハ　(5) イ，ロ，ハ

問 4　次のイ，ロ，ハの記述のうち，正しいものはどれか．

イ．常用の温度 35 度において圧力が 1 メガパスカルとなる圧縮ガス（圧縮アセチレンガスを除く．）であって，現在の圧力が 0.9 メガパスカルのものは高圧ガスではない．

ロ．車両により高圧ガスを移動するときは，その積載方法及び移動方法について所定の技術上の基準に従って行わなければならない．

ハ．オートクレーブ内における高圧ガスのうち，水素，アセチレン及び塩化ビニルは，高圧ガス保安法の適用を除外されている高圧ガスではない．

(1) イ　(2) ロ　(3) イ，ハ　(4) ロ，ハ　(5) イ，ロ，ハ

問 5　次のイ，ロ，ハの高圧ガスを消費する者のうち，特定高圧ガス消費者に該当する者はどれか．

イ．他の事業所から導管により圧縮水素を受け入れて消費する者

ロ．モノシランを消費する者

ハ．貯蔵設備の貯蔵能力が質量 3,000 キログラムである液化酸素を貯蔵して消費する者

(1) イ　(2) ロ　(3) イ，ハ　(4) ロ，ハ　(5) イ，ロ，ハ

問 6　次のイ，ロ，ハの記述のうち，高圧ガスを充塡するための容器（再充塡禁止容器を除く．）について正しいものはどれか．

イ．容器に充塡する液化ガスは，刻印等又は自主検査刻印等において示された容器の内容積に応じて計算した質量以下のものでなければならない．

ロ．容器の所有者は，その容器が容器再検査に合格しなかった場合であって，所定の期間内に高圧ガスの種類又は圧力の変更に伴う刻印等がされなかった場合には，遅滞なく，その容器をくず化し，その他容器として使用することができないように処分しなければならない．

ハ．容器の製造をした者は，その容器に自主検査刻印等をしたもの又はその容器が所定の容器検査を受け，これに合格し所定の刻印等がされているものでなければ，特に定められたものを除き，その容器を譲渡し，又は引き渡してはならない．

(1) イ　(2) イ，ロ　(3) イ，ハ　(4) ロ，ハ　(5) イ，ロ，ハ

問7　次のイ，ロ，ハの記述のうち，高圧ガスを充塡するための容器（再充塡禁止容器を除く.）及びその附属品について容器保安規則上正しいものはどれか.

イ．容器に装置されるバルブには，そのバルブが装置されるべき容器の種類の刻印はされていない.

ロ．液化ガスを充塡する容器に刻印すべき事項の一つに，その容器に充塡することができる液化ガスの最大充塡質量（記号　W，単位　キログラム）がある.

ハ．液化アンモニアを充塡する容器の外面に表示すべき事項の一つに，アンモニアの性質を示す文字「燃」及び「毒」の明示がある.

(1) イ　　(2) ハ　　(3) イ，ロ　　(4) ロ，ハ　　(5) イ，ロ，ハ

問8　次のイ，ロ，ハの記述のうち，特定高圧ガス消費者に係る技術上の基準について一般高圧ガス保安規則上正しいものはどれか.

イ．貯蔵能力が1,000キログラム以上3,000キログラム未満の液化塩素の消費施設であっても，その貯蔵設備及び減圧設備の外面から，第一種保安物件に対し第一種設備距離以上，第二種保安物件に対し第二種設備距離以上の距離を有しなければならない.

ロ．特殊高圧ガス，液化アンモニア又は液化塩素の消費設備に係る減圧設備とこれらのガスの反応（燃焼を含む.）のための設備との間の配管には，逆流防止装置を設けなければならない.

ハ．消費設備の使用開始時及び使用終了時にその設備の属する消費施設の異常の有無を点検するほか，1日に1回以上消費をする特定高圧ガスの種類及び消費設備の態様に応じ頻繁に消費設備の作動状況について点検し，異常があるときは，その設備の補修その他の危険を防止する措置を講じて消費しなければならない.

(1) ハ　　(2) イ，ロ　　(3) イ，ハ　　(4) ロ，ハ　　(5) イ，ロ，ハ

問9　次のイ，ロ，ハの記述のうち，特定高圧ガス消費者が消費する特定高圧ガス以外の高圧ガスの消費に係る技術上の基準について一般高圧ガス保安規則上正しいものはどれか.

イ．消費に係る技術上の基準に従うべき高圧ガスは，可燃性ガス（高圧ガスを燃料として使用する車両において，その車両の燃料の用のみに消費される高圧ガスを除く.），毒性ガス及び酸素に限られる.

ロ．充塡容器及び残ガス容器のバルブは，静かに開閉しなければならない.

ハ．消費設備に設けたバルブを操作する場合にバルブの材質，構造及び状態を勘案して過大な力を加えないよう必要な措置を講じなければならない.

(1) ロ　　(2) イ，ロ　　(3) イ，ハ　　(4) ロ，ハ　　(5) イ，ロ，ハ

問10　次のイ，ロ，ハの記述のうち，特定高圧ガス消費者が消費する特定高圧ガス以外の高圧ガスの消費に係る技術上の基準について一般高圧ガス保安規則上正しいものはどれか.

イ．酸素の消費は，バルブ及び消費に使用する器具の石油類，油脂類その他可燃性の物を除去した後に行わなければならない．

ロ．溶接又は熱切断用のアセチレンガスの消費は，アセチレンガスの逆火，漏えい，爆発等による災害を防止するための措置を講じて行わなければならないが，溶接又は熱切断用の天然ガスの消費については，漏えい，爆発等による災害を防止するための措置を講じて行うべき旨の定めはない．

ハ．酸素の消費は，消費設備の使用開始時又は使用終了時のいずれかに，消費施設の異常の有無を点検しなければならないと定められている．

(1) イ　(2) ロ　(3) ハ　(4) イ，ハ　(5) ロ，ハ

問 11　次のイ，ロ，ハの記述のうち，販売業者が容積 0.15 立方メートルを超える高圧ガスを容器（高圧ガスを燃料として使用する車両に固定した燃料装置用容器を除く.）により貯蔵する場合の技術上の基準について一般高圧ガス保安規則上正しいものはどれか.

イ．充塡容器及び残ガス容器を車両に積載して貯蔵することは，特に定められた場合を除き，禁じられている．

ロ．空気は，一般高圧ガス保安規則に定められている貯蔵の方法に係る技術上の基準に従って貯蔵すべき高圧ガスである．

ハ．毒性ガスの貯蔵は，漏えいしたガスが周囲に拡散しないような密閉構造の場所で行わなければならない．

(1) イ　(2) イ，ロ　(3) イ，ハ　(4) ロ，ハ　(5) イ，ロ，ハ

問 12　次のイ，ロ，ハの記述のうち，販売業者が容積 0.15 立方メートルを超える高圧ガスを容器（高圧ガスを燃料として使用する車両に固定した燃料装置用容器を除く.）により貯蔵する場合の技術上の基準について一般高圧ガス保安規則上正しいものはどれか.

イ．液化アンモニアの容器置場には，携帯電燈以外の燈火を携えて立ち入ってはならない．

ロ．アルゴンは，充塡容器及び残ガス容器にそれぞれ区分して容器置場に置くべき高圧ガスである．

ハ．液化アンモニアと液化塩素の残ガス容器は，それぞれ区分して容器置場に置かなければならない．

(1) イ　(2) ロ　(3) イ，ロ　(4) ロ，ハ　(5) イ，ロ，ハ

問 13　次のイ，ロ，ハの記述のうち，容器（配管により接続されていないものに限る.）により高圧ガスを貯蔵する第二種貯蔵所に係る技術上の基準について一般高圧ガス保安規則上正しいものはどれか.

イ．圧縮アセチレンガスの容器置場は，そのガスが漏えいしたとき滞留しないような構造としなければならない．

ロ．圧縮アセチレンガスの容器置場には，直射日光を遮るための所定の措置を講じなければならないが，その措置は，その圧縮アセチレンガスが漏えいし爆発したときに発生する爆風を封じ込めるため，爆風が上方向に解放されないようなものでなければならない．

ハ．可燃性ガス及び酸素の容器置場は，特に定められた場合を除き，1階建としなければならないが，酸素及び窒素を貯蔵する容器置場は2階建とすることができる．

(1) イ　(2) ロ　(3) イ，ハ　(4) ロ，ハ　(5) イ，ロ，ハ

問14　次のイ，ロ，ハの記述のうち，車両に固定した容器（高圧ガスを燃料として使用する車両に固定した燃料装置用容器を除く．）による高圧ガスの移動に係る技術上の基準等について一般高圧ガス保安規則上正しいものはどれか．

イ．駐車中は，特に定められた場合を除き，移動監視者又は運転者はその車両を離れてはならない．

ロ．三フッ化窒素を移動するときは，消火設備並びに災害発生防止のための応急措置に必要な資材及び工具等を携行するほかに，防毒マスク，手袋その他の保護具並びに災害発生防止のための応急措置に必要な資材，薬剤及び工具等も携行しなければならない．

ハ．特定不活性ガス以外の不活性ガスは，高圧ガスの名称，性状及び移動中の災害防止のために必要な注意事項を記載した書面を運転者に交付し，移動中携行させ，これを遵守させるべき高圧ガスとして定められていない．

(1) イ　(2) ロ　(3) イ，ロ　(4) ロ，ハ　(5) イ，ロ，ハ

問15　次のイ，ロ，ハの記述のうち，車両に積載した容器（内容積が47リットルのもの）による高圧ガスの移動に係る技術上の基準等について一般高圧ガス保安規則上正しいものはどれか．

イ．特殊高圧ガスを車両により移動するときは，あらかじめ，そのガスの移動中，充塡容器及び残ガス容器に係る事故が発生した場合における荷送人へ確実に連絡するための措置を講じて行わなければならない．

ロ．酸素の残ガス容器とメタンの残ガス容器を同一の車両に積載して移動するときは，これらの容器のバルブが相互に向き合わないようにする必要はない．

ハ．高圧ガスを移動するとき，その車両の見やすい箇所に警戒標を掲げるべき高圧ガスは，可燃性ガス，毒性ガス，酸素及び三フッ化窒素に限られる．

(1) イ　(2) ロ　(3) イ，ロ　(4) イ，ハ　(5) イ，ロ，ハ

問16　次のイ，ロ，ハの記述のうち，高圧ガスの廃棄に係る技術上の基準について一般高圧ガス保安規則上正しいものはどれか．

イ．ヘリウムは，一般高圧ガス保安規則に定められている廃棄に係る技術上の基準に従うべき高圧ガスの種類に該当する．

ロ．塩素を廃棄するため，充塡容器又は残ガス容器を加熱するときは，熱湿布を使用することができる．

ハ．バルブ及び廃棄に使用する器具の石油類，油脂類その他の可燃性の物を除去した後に廃棄すべき高圧ガスは，酸素に限られる．

(1) イ　(2) ロ　(3) イ，ロ　(4) ロ，ハ　(5) イ，ロ，ハ

問 17　次のイ，ロ，ハの記述のうち，高圧ガスの販売の方法に係る技術上の基準について一般高圧ガス保安規則上正しいものはどれか．

イ．販売業者は，他の高圧ガスの販売業者にヘリウムを販売する場合，その引渡し先の保安状況を明記した台帳を備える必要はない．

ロ．圧縮天然ガスの充塡容器又は残ガス容器の引渡しは，その容器の容器再検査の期間を6か月以上経過していないものであり，かつ，その旨を明示したものをもって行わなければならない．

ハ．圧縮天然ガスを燃料の用に供する一般消費者に圧縮天然ガスを販売するときは，消費のための設備について，硬質管以外の管と硬質管又は調整器とを接続する場合にその部分がホースバンドで締め付けられていることを確認した後にしなければならない．

(1) ロ　(2) ハ　(3) イ，ハ　(4) ロ，ハ　(5) イ，ロ，ハ

問 18　次のイ，ロ，ハの記述のうち，高圧ガスの販売業者について正しいものはどれか．

イ．アセチレン及び酸素の販売をする販売業者が新たに販売する高圧ガスにメタンを追加したときは，遅滞なく，その旨を都道府県知事等に届け出なければならない．

ロ．塩素を販売する販売所の販売主任者には，第一種販売主任者免状の交付を受け，かつ，アンモニアの販売に関する6か月以上の経験を有する者を選任することができる．

ハ．選任していた販売主任者を解任し，新たに販売主任者を選任した場合には，その新たに選任した販売主任者についてのみ，その旨を都道府県知事等に届け出なければならない．

(1) イ　(2) イ，ロ　(3) イ，ハ　(4) ロ，ハ　(5) イ，ロ，ハ

問 19　次のイ，ロ，ハのうち，販売業者が販売する高圧ガスを購入して溶接又は熱切断の用途に消費する者に対し，所定の方法により，その高圧ガスによる災害の発生の防止に関し必要な所定の事項を周知させなければならない場合，その対象となる高圧ガスとして一般高圧ガス保安規則上正しいものはどれか．

イ．天然ガス

ロ．水素

ハ．エチレン

(1) イ　(2) イ，ロ　(3) イ，ハ　(4) ロ，ハ　(5) イ，ロ，ハ

問 20　次のイ，ロ，ハの記述のうち，販売業者が販売する高圧ガスを購入して消費する者に対し，所定の方法により，その高圧ガスによる災害の発生の防止に関し必要な所定の事項を周知させなければならない場合，その周知について一般高圧ガス保安規則上正しいものはどれか．

イ．消費設備を使用する場所の環境に関する基本的な事項は，その周知させるべき事項に該当する．

ロ．消費設備の操作，管理及び点検に関し注意すべき基本的な事項は，その周知させるべき事項に該当しない．

ハ．ガス漏れを感知した場合その他高圧ガスによる災害が発生し，又は発生するおそれがある場合に消費者がとるべき緊急の措置及び販売業者に対する連絡に関する基本的な事項は，その周知させるべき事項に該当しない．

(1) イ　(2) イ，ロ　(3) イ，ハ　(4) ロ，ハ　(5) イ，ロ，ハ

令和4年度　第一種販売　法令試験問題

次の各問について，高圧ガス保安法に係る法令上正しいと思われる最も適切な答えをその問の下に掲げてある（1），（2），（3），（4），（5）の選択肢の中から1個選びなさい.

なお，高圧ガス保安法は令和4年6月22日付けで改正され公布されたが，現在，この改正法は施行されておらず，本年度のこの試験は，現在施行されている高圧ガス保安法令に基づき出題している.

また，経済産業大臣が危険のおそれのないと認めた場合等における規定は適用しない.

（注）試験問題中，「都道府県知事等」とは，都道府県知事又は高圧ガス保安法に関する事務を処理する指定都市の長をいう.

問1　次のイ，ロ，ハの記述のうち，正しいものはどれか.

イ．オートクレーブ内における高圧ガスは，そのガスの種類にかかわらず高圧ガス保安法の適用を受けない.

ロ．特定高圧ガス消費者は，第一種製造者であっても事業所ごとに，消費開始の日の20日前までに，特定高圧ガスの消費について，都道府県知事等に届け出なければならない.

ハ．販売業者がその販売所（特に定められたものを除く.）において指定した場所では，その販売業者の従業者を除き，何人も火気を取り扱ってはならない.

（1）イ　（2）ロ　（3）イ，ハ　（4）ロ，ハ　（5）イ，ロ，ハ

問2　次のイ，ロ，ハの記述のうち，正しいものはどれか.

イ．販売業者は，その従業者に保安教育を施さなければならない.

ロ．販売業者が容器を喪失したときに，遅滞なく，その旨を都道府県知事等又は警察官に届け出なければならないのは，その喪失した容器を所有していた場合に限られている.

ハ．販売業者は，同一の都道府県内に新たに販売所を設ける場合，その販売所における高圧ガスの販売の事業開始後遅滞なく，その旨を都道府県知事等に届け出なければならない.

（1）イ　（2）ハ　（3）イ，ロ　（4）イ，ハ　（5）イ，ロ，ハ

問3　次のイ，ロ，ハの記述のうち，正しいものはどれか.

イ．常用の温度35度において圧力が0.2メガパスカルとなる液化ガスであって，現在の圧力が0.1メガパスカルのものは特に定めるものを除き高圧ガスではない.

ロ．高圧ガス保安法は，高圧ガスによる災害を防止して公共の安全を確保する目的のために，高圧ガスの製造，貯蔵，販売，移動その他の取扱及び消費並びに容器の製造及び取扱について規制するとともに，民間事業者及び高圧ガス保安協会による高圧ガスの保安に関する自主的な活動を促進することを定めている.

ハ．充塡容器又は残ガス容器が火災を受けたとき，その充塡されている高圧ガスを容器とともに損害を他に及ぼすおそれのない水中に沈めることは，その容器の所有者又は占有者がとるべき応急の措置の一つである．

(1) イ　(2) ロ　(3) イ，ハ　(4) ロ，ハ　(5) イ，ロ，ハ

問4　次のイ，ロ，ハの記述のうち，正しいものはどれか．

イ．常用の温度において圧力が1メガパスカル以上となる圧縮ガスであって，現在の圧力が1メガパスカルであるものは，高圧ガスである．

ロ．容器に充塡された高圧ガスを輸入し陸揚地を管轄する都道府県知事等が行う輸入検査を受ける場合は，その検査対象は高圧ガスのみである．

ハ．販売業者が高圧ガスである圧縮窒素を容器により授受した場合，販売所ごとに備える帳簿に記載すべき事項の一つに，「充塡容器ごとの充塡圧力」がある．

(1) イ　(2) ロ　(3) イ，ハ　(4) ロ，ハ　(5) イ，ロ，ハ

問5　次のイ，ロ，ハのうち，販売業者が販売のため一つの容器置場に高圧ガスを貯蔵する場合，第一種貯蔵所において貯蔵しなければならないものはどれか．

イ．容積700立方メートルの圧縮酸素及び容積600立方メートルの圧縮窒素

ロ．容積3,000立方メートルの圧縮アルゴン

ハ．質量1万キログラムの液化酸素

(1) イ　(2) ロ　(3) イ，ハ　(4) ロ，ハ　(5) イ，ロ，ハ

問6　次のイ，ロ，ハの記述のうち，高圧ガスを充塡するための容器（再充塡禁止容器を除く.）及びその附属品について正しいものはどれか．

イ．容器に充塡する液化ガスは，刻印等又は自主検査刻印等で示された種類の高圧ガスであり，かつ，容器に刻印等又は自主検査刻印等で示された最大充塡質量の数値以下のものでなければならない．

ロ．容器の製造又は輸入をした者は，容器検査を受け，これに合格したものとして所定の刻印又は標章の掲示がされているものでなければ，特に定められた容器を除き，容器を譲渡し，又は引き渡してはならない．

ハ．容器又は附属品の廃棄をする者は，その容器又は附属品をくず化し，その他容器又は附属品として使用することができないように処分しなければならない．

(1) イ　(2) ハ　(3) イ，ロ　(4) ロ，ハ　(5) イ，ロ，ハ

問7　次のイ，ロ，ハの記述のうち，高圧ガスを充塡するための容器（再充塡禁止容器を除く.）について容器保安規則上正しいものはどれか．

イ．液化アンモニアを充塡するための溶接容器の容器再検査の期間は，容器の製造後の経過年数に応じて定められている．

ロ．液化炭酸ガスを充塡する容器（超低温容器を除く.）には，その容器に充塡するこ

とができる最高充塡圧力の刻印等がされていなければならない．

ハ．液化アンモニアを充塡する容器に表示をすべき事項のうちには，その容器の外面の見やすい箇所に，その表面積の2分の1以上について行う黄色の塗色及びその高圧ガスの性質を示す文字「毒」の明示がある．

(1) イ　(2) ハ　(3) イ，ロ　(4) ロ，ハ　(5) イ，ロ，ハ

問8　次のイ，ロ，ハの記述のうち，特定高圧ガス消費者に係る技術上の基準について一般高圧ガス保安規則上正しいものはどれか．

イ．貯蔵能力が質量2,000キログラムの液化塩素の消費施設は，その貯蔵設備の外面から第一種保安物件及び第二種保安物件に対し，それぞれ所定の距離を有しなければならないが，その減圧設備については，その必要はない．

ロ．消費施設（液化塩素に係るものを除く．）には，その規模に応じて，適切な防消火設備を適切な箇所に設けなければならない．

ハ．消費設備の使用開始時及び使用終了時に，その設備の属する消費施設の異常の有無を点検し，かつ，1日に1回以上消費をする特定高圧ガスの種類及び消費の態様に応じ，頻繁に消費設備の作動状況について点検しなければならない．

(1) ロ　(2) ハ　(3) イ，ロ　(4) イ，ハ　(5) ロ，ハ

問9　次のイ，ロ，ハの記述のうち，特定高圧ガス消費者が消費する特定高圧ガス以外の高圧ガスの消費に係る技術上の基準について一般高圧ガス保安規則上正しいものはどれか．

イ．アンモニアの消費は，漏えいしたガスが拡散しないように，気密な構造の室でしなければならない．

ロ．アセチレンの消費に使用する設備は，所定の措置を講じない場合，その設備の周囲5メートル以内においては，喫煙及び火気（その設備内のものを除く．）の使用を禁じ，かつ，引火性又は発火性の物を置いてはならない．

ハ．酸素又は三フッ化窒素の消費は，バルブ及び消費に使用する器具の石油類，油脂類その他可燃性の物を除去した後に行わなければならない．

(1) ハ　(2) イ，ロ　(3) イ，ハ　(4) ロ，ハ　(5) イ，ロ，ハ

問10　次のイ，ロ，ハの記述のうち，特定高圧ガス消費者が消費する特定高圧ガス以外の高圧ガスの消費に係る技術上の基準について一般高圧ガス保安規則上正しいものはどれか．

イ．酸素の消費設備に設けたバルブのうち，保安上重大な影響を与えるバルブには，作業員が適切に操作することができるような措置を講じなければならないが，それ以外のバルブにはその措置を講じる必要はない．

ロ．消費設備（家庭用設備を除く．）の修理又は清掃及びその後の消費を，保安上支障のない状態で行わなければならないのは，毒性ガスを消費する場合に限られている．

ハ．アンモニアの充塡容器及び残ガス容器を加熱するときは，熱湿布を使用することができる．

(1) イ　(2) ハ　(3) イ，ロ　(4) イ，ハ　(5) ロ，ハ

問11　次のイ，ロ，ハの記述のうち，販売業者が容積0.15立方メートルを超える高圧ガスを容器（高圧ガスを燃料として使用する車両に固定した燃料装置用容器を除く.）により貯蔵する場合の技術上の基準について一般高圧ガス保安規則上正しいものはどれか.

イ．貯蔵の方法に係る技術上の基準に従うべき高圧ガスの種類は，可燃性ガス，毒性ガス及び酸素に限られている．

ロ．貯蔵の方法に係る技術上の基準に従って貯蔵しなければならない液化塩素は，その質量が1.5キログラムを超えるものに限られている．

ハ．車両に積載した容器（特に定めるものを除く.）により高圧ガスを貯蔵するときは，都道府県知事等の許可を受けて設置する第一種貯蔵所又は都道府県知事等に届出を行って設置する第二種貯蔵所において行わなければならない．

(1) ロ　(2) ハ　(3) イ，ロ　(4) ロ，ハ　(5) イ，ロ，ハ

問12　次のイ，ロ，ハの記述のうち，販売業者が容積0.15立方メートルを超える高圧ガスを容器（高圧ガスを燃料として使用する車両に固定した燃料装置用容器を除く.）により貯蔵する場合の技術上の基準について一般高圧ガス保安規則上正しいものはどれか.

イ．高圧ガスを充塡してある容器は，充塡容器及び残ガス容器にそれぞれ区分して容器置場に置かなければならない．

ロ．充塡容器については，その温度を常に所定の温度以下に保つべき定めがあるが，残ガス容器についてはその定めはない．

ハ．液化アンモニアの容器置場には，携帯電燈以外の燈火を携えて立ち入ってはならない．

(1) イ　(2) イ，ロ　(3) イ，ハ　(4) ロ，ハ　(5) イ，ロ，ハ

問13　次のイ，ロ，ハの記述のうち，容器（配管により接続されていないものに限る.）により高圧ガスを貯蔵する第二種貯蔵所に係る技術上の基準について一般高圧ガス保安規則上正しいものはどれか.

イ．不活性ガスのみの容器置場であっても，容器置場を明示し，かつ，その外部から見やすいように警戒標を掲げなければならない．

ロ．容器置場は，特に定められた場合を除き，1階建としなければならないが，酸素のみを貯蔵する容器置場は2階建とすることができる．

ハ．可燃性ガスの容器置場及び酸素の容器置場に直射日光を遮るための措置を講じる場合は，そのガスが漏えいし，爆発したときに発生する爆風が上方向に解放されることを妨げないものとしなければならない．

(1) イ　(2) イ，ロ　(3) イ，ハ　(4) ロ，ハ　(5) イ，ロ，ハ

問 14　次のイ，ロ，ハの記述のうち，車両に固定した容器（高圧ガスを燃料として使用する車両に固定した燃料装置用容器を除く．）による高圧ガスの移動に係る技術上の基準等について一般高圧ガス保安規則上正しいものはどれか．

イ．移動を開始するときは，その移動する高圧ガスの漏えい等の異常の有無を点検し，異常のあるときは，補修その他の危険を防止するための措置を講じなければならないが，移動を終了したときは，その定めはない．

ロ．質量 3,000 キログラム以上の液化酸素を移動するときは，運搬の経路，交通事情，自然条件その他の条件から判断して，1 人の運転者による連続運転時間が所定の時間を超える場合は，交替して運転させるため，車両 1 台について運転者 2 人を充てなければならない．

ハ．質量 3,000 キログラム以上の液化アンモニアを移動するときは，所定の製造保安責任者免状の交付を受けている者又は高圧ガス保安協会が行う移動に関する講習を受け，その講習の検定に合格した者に，その移動について監視させなければならない．

(1) ロ　(2) イ，ロ　(3) イ，ハ　(4) ロ，ハ　(5) イ，ロ，ハ

問 15　次のイ，ロ，ハの記述のうち，車両に積載した容器（内容積が 47 リットルのもの）による高圧ガスの移動に係る技術上の基準等について一般高圧ガス保安規則上正しいものはどれか．

イ．酸素を移動するときは，消火設備並びに災害発生防止のための応急措置に必要な資材及び工具等を携行しなければならない．

ロ．高圧ガスの移動に係る技術上の基準等に従うべき高圧ガスは，液化ガスにあっては質量 1.5 キログラム以上のものに限られている．

ハ．液化アンモニアを移動するときは，その充塡容器及び残ガス容器には木枠又はパッキンを施さなければならない．

(1) イ　(2) イ，ロ　(3) イ，ハ　(4) ロ，ハ　(5) イ，ロ，ハ

問 16　次のイ，ロ，ハの記述のうち，高圧ガスの廃棄に係る技術上の基準について一般高圧ガス保安規則上正しいものはどれか．

イ．高圧ガスであるアルゴンを廃棄する場合の廃棄の場所，数量，廃棄の方法についての技術上の基準は，定められていない．

ロ．毒性ガスを大気中に放出して廃棄するときは，危険又は損害を他に及ぼすおそれのない場所で少量ずつ行わなければならない．

ハ．液化アンモニアを廃棄するため，充塡容器又は残ガス容器を加熱するときは，温度 40 度以下の温湯を使用することができる．

(1) イ　(2) イ，ロ　(3) イ，ハ　(4) ロ，ハ　(5) イ，ロ，ハ

問 17　次のイ，ロ，ハの記述のうち，高圧ガスの販売の方法に係る技術上の基準について一般高圧ガス保安規則上正しいものはどれか．

イ．販売業者は，その販売する液化アンモニアを購入する者が他の販売業者である場合であっても，その高圧ガスの引渡し先の保安状況を明記した台帳を備えなければならない．

ロ．販売業者は，残ガス容器の引渡しであれば，外面に容器の使用上支障のある腐食，割れ，すじ，しわ等があるものを引き渡してよい．

ハ．販売業者は，圧縮天然ガスの充塡容器及び残ガス容器の引渡しをするときは，その容器の容器再検査の期間を6か月以上経過したものをもって行ってはならない．

(1) イ　(2) イ，ロ　(3) イ，ハ　(4) ロ，ハ　(5) イ，ロ，ハ

問18　次のイ，ロ，ハの記述のうち，高圧ガスの販売業者について正しいものはどれか．

イ．同一の都道府県内に複数の販売所を有する販売業者は，主たる販売所においてのみ販売主任者を選任すればよい．

ロ．選任していた販売主任者を解任し，新たに販売主任者を選任した場合は，その解任及び選任について，遅滞なく，都道府県知事等に届け出なければならない．

ハ．アンモニアの販売所の販売主任者には，第一種販売主任者免状の交付を受け，かつ，アセチレン及び塩素の販売に関する6か月の経験を有する者を選任することができる．

(1) イ　(2) ロ　(3) イ，ロ　(4) ロ，ハ　(5) イ，ロ，ハ

問19　次のイ，ロ，ハのうち，販売業者が販売する高圧ガスを購入して溶接又は熱切断の用途に消費する者に対し，所定の方法により，その高圧ガスによる災害の発生防止に関し必要な所定の事項を周知させなければならない場合，その対象となる高圧ガスとして一般高圧ガス保安規則上正しいものはどれか．

イ．酸素

ロ．二酸化炭素（炭酸ガス）

ハ．アルゴン

(1) イ　(2) イ，ロ　(3) イ，ハ　(4) ロ，ハ　(5) イ，ロ，ハ

問20　次のイ，ロ，ハの記述のうち，販売業者が販売する高圧ガスを購入して消費する者に対し，所定の方法により，その高圧ガスによる災害の発生防止に関し必要な所定の事項を周知させなければならない場合，その周知について一般高圧ガス保安規則上正しいものはどれか．

イ．販売契約を締結したとき及び周知をしてから1年以上経過して高圧ガスを引き渡したときごとに，所定の事項を記載した書面を配布し，その事項を周知させなければならない．

ロ．「消費設備を使用する場所の環境に関する基本的な事項」は，消費設備の使用者が管理すべき事項であり，その周知させるべき事項ではない．

ハ.「消費設備の操作，管理及び点検に関し注意すべき基本的な事項」は，その周知させるべき事項の一つである.

(1) イ　(2) ハ　(3) イ，ハ　(4) ロ，ハ　(5) イ，ロ，ハ

令和3年度　第一種販売　法令試験問題

次の各問について，高圧ガス保安法に係る法令上正しいと思われる最も適切な答えをその問の下に掲げてある（1），（2），（3），（4），（5）の選択肢の中から1個選びなさい.

なお，経済産業大臣が危険のおそれのないと認めた場合等における規定は適用しない.

（注）試験問題中，「都道府県知事等」とは，都道府県知事又は高圧ガス保安法に関する事務を処理する指定都市の長をいう.

問1　次のイ，ロ，ハの記述のうち，正しいものはどれか.

イ．内容積が1デシリットル以下の容器に充塡された高圧ガスは，いかなる場合であっても，高圧ガス保安法の適用を受けない.

ロ．販売所（特に定められたものを除く.）においては，何人も，その販売業者が指定する場所で火気を取り扱ってはならない.

ハ．販売業者が第二種貯蔵所を設置して，容積300立方メートル（液化ガスにあっては質量3,000キログラム）以上の高圧ガスを貯蔵したときは，遅滞なく，その旨を都道府県知事等に届け出なければならない.

（1）ロ　（2）ハ　（3）イ，ロ　（4）ロ，ハ　（5）イ，ロ，ハ

問2　次のイ，ロ，ハのうち，一般高圧ガス保安規則に定める第一種保安物件であるものはどれか．ただし，事業所の存する敷地と同一敷地内にないものとし，他の施設は併設されていないものとする.

イ．医療法に定める病院

ロ．収容定員300人以上である劇場

ハ．学校教育法に定める大学

（1）イ　（2）ハ　（3）イ，ロ　（4）ロ，ハ　（5）イ，ロ，ハ

問3　次のイ，ロ，ハの記述のうち，正しいものはどれか.

イ．温度35度以下で圧力が0.2メガパスカルとなる液化ガスは，高圧ガスである.

ロ．高圧ガス保安法は，高圧ガスによる災害を防止して公共の安全を確保する目的のため，高圧ガスの製造，貯蔵，販売及び移動を規制することのみを定めている.

ハ．販売業者が高圧ガスを容器により授受した場合，その高圧ガスの引渡し先の保安状況を明記した台帳の保存期間は，記載の日から2年間と定められている.

（1）イ　（2）ロ　（3）イ，ハ　（4）ロ，ハ　（5）イ，ロ，ハ

問4　次のイ，ロ，ハの記述のうち，正しいものはどれか.

イ．圧縮ガス（圧縮アセチレンガスを除く.）であって，温度35度において圧力が1メガパスカルとなるものであっても，現在の圧力が0.9メガパスカルであるものは，高圧ガスではない.

ロ．容器に充塡された高圧ガスの輸入をした者は，輸入をした高圧ガス及びその容器について指定輸入検査機関が行う輸入検査を受け，これらが輸入検査技術基準に適合していると認められ，その旨を都道府県知事等に届け出た場合は，都道府県知事等が行う輸入検査を受けることなく，その高圧ガスを移動することができる．

ハ．高圧ガスの販売の事業を営もうとする者は，特に定められた場合を除き，販売所ごとに，事業開始の日の20日前までに，その旨を都道府県知事等に届け出なければならない．

(1) イ　(2) ロ　(3) イ，ハ　(4) ロ，ハ　(5) イ，ロ，ハ

問5 次のイ，ロ，ハの高圧ガスを消費する者のうち，特定高圧ガス消費者に該当する者はどれか．

イ．モノシランを消費する者

ロ．容積300立方メートルの圧縮酸素を貯蔵し，消費する者

ハ．質量3,000キログラムの液化天然ガスを貯蔵し，消費する者

(1) イ　(2) ロ　(3) イ，ハ　(4) ロ，ハ　(5) イ，ロ，ハ

問6 次のイ，ロ，ハの記述のうち，高圧ガスを充塡するための容器（再充塡禁止容器を除く．）及びその附属品について正しいものはどれか．

イ．容器に高圧ガスを充塡することができる条件の一つに，その容器が容器検査に合格し，所定の刻印等がされた後，所定の期間を経過していないことがある．

ロ．容器の製造をした者は，その容器に自主検査刻印等をしたもの又はその容器が所定の容器検査を受け，これに合格し所定の刻印等がされているものでなければ，特に定められたものを除き，その容器を譲渡してはならない．

ハ．容器の廃棄をする者は，その容器をくず化し，その他容器として使用することができないように処分しなければならないが，容器の附属品の廃棄をする者については，同様の定めはない．

(1) イ　(2) ロ　(3) イ，ロ　(4) イ，ハ　(5) イ，ロ，ハ

問7 次のイ，ロ，ハの記述のうち，高圧ガスを充塡するための容器（再充塡禁止容器を除く．）及びその附属品について容器保安規則上正しいものはどれか．

イ．可燃性ガスを充塡する容器には，その充塡すべき高圧ガスの名称が刻印等で示されているので，そのガスの名称を明示する必要はなく，その高圧ガスの性質を示す文字を明示することと定められている．

ロ．溶接容器，超低温容器及びろう付け容器の容器再検査の期間は，容器の製造後の経過年数にかかわらず，5年である．

ハ．附属品には，特に定める場合を除き，その附属品が装置される容器の種類ごとに定められた刻印がされている．

(1) ロ　(2) ハ　(3) イ，ハ　(4) ロ，ハ　(5) イ，ロ，ハ

問8 次のイ，ロ，ハの記述のうち，特定高圧ガス消費者に係る技術上の基準について一般高圧ガス保安規則上正しいものはどれか.

イ．消費設備に使用する材料は，ガスの種類，性状，温度，圧力等に応じ，その設備の材料に及ぼす化学的影響及び物理的影響に対し，安全な化学的成分，機械的性質を有するものでなければならない.

ロ．特殊高圧ガスの消費施設は，その貯蔵設備の貯蔵能力が3,000キログラム未満の場合であっても，その貯蔵設備及び減圧設備の外面から第一種保安物件に対し第一種設備距離以上，第二種保安物件に対し第二種設備距離以上の距離を有しなければならない.

ハ．特殊高圧ガス，液化アンモニア又は液化塩素の消費設備に係る配管，管継手及びバルブの接合は，特に定める場合を除き，溶接により行わなければならない.

(1) イ　(2) ロ　(3) イ，ロ　(4) イ，ハ　(5) イ，ロ，ハ

問9 次のイ，ロ，ハの記述のうち，特定高圧ガス消費者が消費する特定高圧ガス以外の高圧ガスの消費に係る技術上の基準について一般高圧ガス保安規則上正しいものはどれか.

イ．技術上の基準に従うべき高圧ガスは，可燃性ガス，毒性ガス及び酸素の3種類に限られている.

ロ．可燃性ガス，酸素及び三フッ化窒素の消費施設（在宅酸素療法用のもの及び家庭用設備に係るものを除く.）には，その規模に応じて，適切な消火設備を適切な箇所に設けなければならない.

ハ．可燃性ガス又は酸素の消費に使用する設備（家庭用設備を除く.）から5メートル以内においては，特に定める措置を講じた場合を除き，喫煙及び火気（その設備内のものを除く.）の使用を禁じ，かつ，引火性又は発火性の物を置いてはならないが，三フッ化窒素の消費に使用する設備についてはその定めはない.

(1) イ　(2) ロ　(3) ハ　(4) ロ，ハ　(5) イ，ロ，ハ

問10 次のイ，ロ，ハの記述のうち，特定高圧ガス消費者が消費する特定高圧ガス以外の高圧ガスの消費に係る技術上の基準について一般高圧ガス保安規則上正しいものはどれか.

イ．溶接又は熱切断用のアセチレンガスの消費は，アセチレンガスの逆火，漏えい，爆発等による災害を防止するための措置を講じて行わなければならないが，溶接又は熱切断用の天然ガスの消費については，漏えい，爆発等による災害を防止するための措置を講じて行わなければならない旨の定めはない.

ロ．一般複合容器は，水中で使用してはならない.

ハ．酸素の消費は，消費設備の使用開始時及び使用終了時に消費施設の異常の有無を点検するほか，1日に1回以上消費設備の作動状況について点検し，異常があるときは，その設備の補修その他の危険を防止する措置を講じて消費しなければならない.

(1) ロ　(2) ハ　(3) イ，ロ　(4) ロ，ハ　(5) イ，ロ，ハ

問 11　次のイ，ロ，ハの記述のうち，高圧ガスの販売業者が容積 0.15 立方メートルを超える高圧ガスを容器（高圧ガスを燃料として使用する車両に固定した燃料装置用容器を除く.）により貯蔵する場合の技術上の基準について一般高圧ガス保安規則上正しいものはどれか.

イ．窒素の容器のみを容器置場に置くときは，充塡容器及び残ガス容器にそれぞれ区分して置くべき定めはない.

ロ．圧縮酸素の充塡容器については，その温度を常に 40 度以下に保つべき定めがあるが，その残ガス容器についてはその定めはない.

ハ．充塡容器及び残ガス容器であって，それぞれ内容積が 5 リットルを超えるものには，転落，転倒等による衝撃及びバルブの損傷を防止する措置を講じ，かつ，粗暴な取扱いをしてはならない.

(1) イ　(2) ロ　(3) ハ　(4) イ，ハ　(5) ロ，ハ

問 12　次のイ，ロ，ハの記述のうち，高圧ガスの販売業者が容積 0.15 立方メートルを超える高圧ガスを容器（高圧ガスを燃料として使用する車両に固定した燃料装置用容器を除く.）により貯蔵する場合の技術上の基準について一般高圧ガス保安規則上正しいものはどれか.

イ．毒性ガスであって可燃性ガスではない高圧ガスの充塡容器及び残ガス容器は，漏えいしたとき拡散しないように，通風の良い場所で貯蔵してはならない.

ロ．シアン化水素を貯蔵するときは，充塡容器及び残ガス容器について 1 日 1 回以上シアン化水素の漏えいのないことを確認しなければならない.

ハ．車両に積載した容器により高圧ガスを貯蔵することは，特に定められた場合を除き，禁じられている.

(1) イ　(2) ロ　(3) ハ　(4) イ，ハ　(5) ロ，ハ

問 13　次のイ，ロ，ハの記述のうち，容器（配管により接続されていないものに限る.）により高圧ガスを貯蔵する第二種貯蔵所に係る技術上の基準について一般高圧ガス保安規則上正しいものはどれか.

イ．可燃性ガス及び酸素の容器置場は，特に定められた場合を除き，1 階建としなければならない.

ロ．アンモニアの容器置場は，そのガスが漏えいしたとき滞留しないような構造としなければならない.

ハ．容器置場において，その規模に応じ，適切な消火設備を適切な箇所に設けなければならないと定められている高圧ガスは，可燃性ガス及び酸素に限られている.

(1) イ　(2) イ，ロ　(3) イ，ハ　(4) ロ，ハ　(5) イ，ロ，ハ

問 14　次のイ，ロ，ハの記述のうち，車両に固定した容器（高圧ガスを燃料として使用する車両に固定した燃料装置用容器を除く.）による高圧ガスの移動に係る技術上の基準等について一般高圧ガス保安規則上正しいものはどれか.

イ．液化酸素を移動するときは，消火設備も携行しなければならない.

ロ．液化アンモニアの移動を終了したときは，漏えい等の異常の有無を点検しなければならないが，液化窒素の移動を終了したときは，その必要はない.

ハ．定められた運転時間を超えて移動する場合，その車両1台につき運転者2人を充てなければならないと定められている高圧ガスは，特殊高圧ガスのみである.

(1) イ　(2) イ，ロ　(3) イ，ハ　(4) ロ，ハ　(5) イ，ロ，ハ

問 15　次のイ，ロ，ハの記述のうち，車両に積載した容器（内容積が47リットルのもの）による高圧ガスの移動に係る技術上の基準等について一般高圧ガス保安規則上正しいものはどれか.

イ．販売業者が販売のための二酸化炭素を移動するときは，その車両に警戒標を掲げる必要はない.

ロ．塩素の充塡容器とアンモニアの充塡容器とを同一の車両に積載して移動してはならない.

ハ．特殊高圧ガスを移動するときは，あらかじめ，そのガスの移動中，充塡容器又は残ガス容器に係る事故が発生した場合における荷送人へ確実に連絡するための措置を講じて行わなければならない.

(1) イ　(2) ハ　(3) イ，ハ　(4) ロ，ハ　(5) イ，ロ，ハ

問 16　次のイ，ロ，ハの記述のうち，高圧ガスの廃棄に係る技術上の基準について一般高圧ガス保安規則上正しいものはどれか.

イ．技術上の基準に従うべき高圧ガスは，可燃性ガス，毒性ガス及び特定不活性ガスに限られている.

ロ．高圧ガスを継続かつ反復して廃棄するとき，ガスの滞留を検知する措置を講じなければならない高圧ガスは，可燃性ガス，毒性ガス及び特定不活性ガスに限られている.

ハ．三フッ化窒素を廃棄するときは，バルブ及び廃棄に使用する器具の石油類，油脂類その他の可燃性の物を除去した後に廃棄しなければならない.

(1) ハ　(2) イ，ロ　(3) イ，ハ　(4) ロ，ハ　(5) イ，ロ，ハ

問 17　次のイ，ロ，ハの記述のうち，高圧ガスの販売の方法に係る技術上の基準について一般高圧ガス保安規則上正しいものはどれか.

イ．販売業者は，圧縮天然ガスを燃料の用に供する一般消費者に圧縮天然ガスを販売するとき，配管の気密試験のための設備を備えなければならない.

ロ．販売業者は，他の高圧ガスの販売業者にヘリウムを販売する場合，その引渡し先の保安状況を明記した台帳を備える必要はない.

ハ．圧縮天然ガスの充塡容器の引渡しは，容器再検査の期間を6か月以上経過していないものであり，かつ，その旨を明示したものでなければならないが，残ガス容器の引渡しの場合はこの限りでない．

(1) イ　(2) イ，ロ　(3) イ，ハ　(4) ロ，ハ　(5) イ，ロ，ハ

問18　次のイ，ロ，ハの記述のうち，高圧ガスの販売業者について正しいものはどれか．

イ．販売業者は，水素及び酸素の高圧ガスを販売している販売所において，新たに販売する高圧ガスとしてメタンを追加したときは，遅滞なく，その旨を都道府県知事等に届け出なければならない．

ロ．販売業者は，アセチレンの販売所の販売主任者に，乙種機械責任者免状の交付を受け，かつ，アンモニアの製造に関する1年の経験を有する者を選任することができる．

ハ．販売業者が販売所に販売主任者を選任しなければならないと定められている高圧ガスの一つに，窒素がある．

(1) イ　(2) イ，ロ　(3) イ，ハ　(4) ロ，ハ　(5) イ，ロ，ハ

問19　次のイ，ロ，ハのうち，高圧ガスの販売業者が販売する高圧ガスを購入して溶接又は熱切断の用途に消費する者に対し，所定の方法により，その高圧ガスによる災害の発生の防止に関し必要な所定の事項を周知させなければならない場合，その対象となる高圧ガスとして一般高圧ガス保安規則上正しいものはどれか．

イ．アセチレン

ロ．エチレン

ハ．天然ガス

(1) イ　(2) イ，ロ　(3) イ，ハ　(4) ロ，ハ　(5) イ，ロ，ハ

問20　次のイ，ロ，ハの記述のうち，高圧ガスの販売業者が販売する高圧ガスを購入して消費する者に対し，所定の方法により，その高圧ガスによる災害の発生の防止に関し必要な所定の事項を周知させなければならない場合，その周知について一般高圧ガス保安規則上正しいものはどれか．

イ．その周知させるべき時期は，その高圧ガスの販売契約の締結時のみである．

ロ．「消費設備の操作，管理及び点検に関し注意すべき基本的な事項」は，その周知させるべき事項の一つである．

ハ．「消費設備の変更に関し注意すべき基本的な事項」は，その周知させるべき事項の一つである．

(1) イ　(2) ロ　(3) イ，ハ　(4) ロ，ハ　(5) イ，ロ，ハ

令和2年度　第一種販売　法令試験問題

次の各問について，高圧ガス保安法に係る法令上正しいと思われる最も適切な答えをその問の下に掲げてある（1），（2），（3），（4），（5）の選択肢の中から1個選びなさい．

なお，経済産業大臣が危険のおそれのないと認めた場合等における規定は適用しない．

（注）試験問題中，「都道府県知事等」とは，都道府県知事又は高圧ガス保安法に関する事務を処理する指定都市の長をいう．

問1　次のイ，ロ，ハの記述のうち，正しいものはどれか．

イ．販売業者は，その所有し，又は占有する高圧ガスについて災害が発生したときは，遅滞なく，その旨を都道府県知事等又は警察官に届け出なければならないが，その所有し，又は占有する容器を喪失したときは，その旨を都道府県知事等又は警察官に届け出なくてよい．

ロ．特定高圧ガス消費者は，事業所ごとに，消費開始の日の20日前までに特定高圧ガスの消費について所定の書面を添えて都道府県知事等に届け出なければならない．

ハ．高圧ガスの販売の事業を営もうとする者は，販売所ごとに，事業の開始後，遅滞なく，その旨を都道府県知事等に届け出なければならない．

（1）イ　（2）ロ　（3）イ，ハ　（4）ロ，ハ　（5）イ，ロ，ハ

問2　次のイ，ロ，ハの記述のうち，正しいものはどれか．

イ．高圧ガスが充塡された容器が危険な状態となった事態を発見した者は，直ちに，その旨を都道府県知事等又は警察官，消防吏員若しくは消防団員若しくは海上保安官に届け出なければならない．

ロ．販売業者がその販売所（特に定められたものを除く．）において指定した場所では，その販売業者の従業者を除き，何人も火気を取り扱ってはならない．

ハ．容器に充塡してある高圧ガスの輸入をした者は，輸入した高圧ガスのみについて，都道府県知事等が行う輸入検査を受け，これが輸入検査技術基準に適合していると認められた場合には，その高圧ガスを移動することができる．

（1）イ　（2）イ，ロ　（3）イ，ハ　（4）ロ，ハ　（5）イ，ロ，ハ

問3　次のイ，ロ，ハの記述のうち，正しいものはどれか．

イ．高圧ガス保安法は，高圧ガスによる災害を防止し，公共の安全を確保する目的のために，高圧ガスの容器の製造及び取扱についても規制している．

ロ．販売業者である法人について合併があり，その合併により新たに法人を設立した場合，その法人は販売業者の地位を承継する．

ハ．常用の温度において圧力が0.2メガパスカル未満である液化ガスであって，圧力が0.2メガパスカルとなる場合の温度が35度以下であるものは高圧ガスではない．

（1）イ　（2）ハ　（3）イ，ロ　（4）ロ，ハ　（5）イ，ロ，ハ

問4 次のイ，ロ，ハの記述のうち，正しいものはどれか．

イ．温度15度において圧力が0.2メガパスカルとなる圧縮アセチレンガスは高圧ガスである．

ロ．一般高圧ガス保安規則に定められている高圧ガスの移動に係る技術上の基準等に従うべき高圧ガスは，可燃性ガス，毒性ガス及び酸素の3種類のみである．

ハ．特定高圧ガス消費者が消費する特定高圧ガス以外の高圧ガスであって，その消費に係る技術上の基準に従うべき高圧ガスとして一般高圧ガス保安規則で定められているものは，可燃性ガス（高圧ガスを燃料として使用する車両において，その車両の燃料の用のみに消費される高圧ガスを除く．），毒性ガス，酸素及び空気である．

(1) イ　(2) ロ　(3) イ，ハ　(4) ロ，ハ　(5) イ，ロ，ハ

問5 次のイ，ロ，ハのうち，販売業者が販売のため一つの容器置場に高圧ガスを貯蔵する場合，第一種貯蔵所において貯蔵しなければならないものはどれか．

イ．容積1,200立方メートルの圧縮窒素及び容積600立方メートルの圧縮アセチレン

ロ．容積300立方メートルの圧縮酸素及び質量700キログラムの液化酸素

ハ．質量3,000キログラムの液化アンモニア

(1) イ　(2) ハ　(3) イ，ロ　(4) ロ，ハ　(5) イ，ロ，ハ

問6 次のイ，ロ，ハの記述のうち，高圧ガスを充填するための容器に表示すべき事項について容器保安規則上正しいものはどれか．

イ．可燃性ガスを充填する容器に表示すべき事項の一つに，その高圧ガスの性質を示す文字「燃」の明示がある．

ロ．液化塩素を充填する容器には，黄色の塗色がその容器の外面の見やすい箇所に，容器の表面積の2分の1以上について施されている．

ハ．圧縮窒素を充填する容器の外面には，いかなる場合であっても，容器の所有者（容器の管理業務を委託している場合にあっては容器の所有者又はその管理業務受託者）の氏名又は名称，住所及び電話番号を明示することは定められていない．

(1) イ　(2) イ，ロ　(3) イ，ハ　(4) ロ，ハ　(5) イ，ロ，ハ

問7 次のイ，ロ，ハの記述のうち，高圧ガスを充填するための容器（再充填禁止容器を除く．）及びその附属品について容器保安規則上正しいものはどれか．

イ．容器の附属品であるバルブに刻印すべき事項の一つに，耐圧試験における圧力（記号TP，単位メガパスカル）及びMがある．

ロ．液化ガスを充填する容器には，その容器の内容積（記号　V，単位　リットル）のほか，その容器に充填することができる最大充填質量（記号　W，単位　キログラム）の刻印がされている．

ハ．一般継目なし容器の容器再検査の期間は，その容器の製造後の経過年数に関係なく一律に定められている．

(1) イ　(2) イ，ロ　(3) イ，ハ　(4) ロ，ハ　(5) イ，ロ，ハ

問8　次のイ，ロ，ハの記述のうち，特定高圧ガス消費者に係る技術上の基準について一般高圧ガス保安規則上正しいものはどれか．

イ．特殊高圧ガスの貯蔵設備に取り付けた配管には，そのガスが漏えいしたときに安全に，かつ，速やかに遮断するための措置を講じなければならない．

ロ．液化アンモニアの消費施設は，その貯蔵設備の外面から第一種保安物件及び第二種保安物件に対し，それぞれ所定の距離以上の距離を有しなければならないが，減圧設備については，その定めはない．

ハ．液化塩素の消費設備に係る配管，管継手又はバルブの接合は，特に定める場合を除き，溶接により行わなければならないが，特殊高圧ガス又は液化アンモニアについては，その定めはない．

(1) イ　(2) ロ　(3) イ，ロ　(4) イ，ハ　(5) イ，ロ，ハ

問9　次のイ，ロ，ハの記述のうち，特定高圧ガス消費者が消費する特定高圧ガス以外の高圧ガスの消費に係る技術上の基準について一般高圧ガス保安規則上正しいものはどれか．

イ．アセチレンガスの消費は，通風の良い場所で行い，かつ，その容器を温度40度以下に保たなければならない．

ロ．可燃性ガス及び酸素の消費施設（在宅酸素療法用のもの及び家庭用設備に係るものを除く．）には，その規模に応じて，適切な消火設備を適切な箇所に設けなければならないが，三フッ化窒素についてはその定めはない．

ハ．溶接又は熱切断用のアセチレンガスの消費は，消費する場所の付近にガスの漏えいを検知する設備及び消火設備を備えた場合であっても，アセチレンガスの逆火，漏えい，爆発等による災害を防止するための措置を講じなければならない．

(1) イ　(2) イ，ロ　(3) イ，ハ　(4) ロ，ハ　(5) イ，ロ，ハ

問10　次のイ，ロ，ハの記述のうち，特定高圧ガス消費者が消費する特定高圧ガス以外の高圧ガスの消費に係る技術上の基準について一般高圧ガス保安規則上正しいものはどれか．

イ．可燃性ガスの消費は，その消費設備（家庭用設備を除く．）の使用開始時及び使用終了時に消費施設の異常の有無を点検するほか，1日に1回以上消費設備の作動状況について点検し，異常のあるときは，その設備の補修その他の危険を防止する措置を講じて行わなければならない．

ロ．消費設備（家庭用設備を除く．）の修理又は清掃及びその後の消費を，保安上支障のない状態で行わなければならないのは，可燃性ガス又は毒性ガスを消費する場合に限られている．

ハ．消費設備に設けたバルブ及び消費に使用する器具の石油類，油脂類その他可燃性の

物を除去した後に消費しなければならない高圧ガスは，酸素に限られている．

(1) イ　(2) ロ　(3) ハ　(4) イ，ロ　(5) イ，ハ

問11　次のイ，ロ，ハの記述のうち，販売業者が容積0.15立方メートルを超える高圧ガスを容器（高圧ガスを燃料として使用する車両に固定した燃料装置用容器を除く.）により貯蔵する場合の技術上の基準について一般高圧ガス保安規則上正しいものはどれか.

イ．液化アンモニアの充塡容器と圧縮酸素の充塡容器は，それぞれ区分して容器置場に置かなければならない．

ロ．可燃性ガスの容器置場には，携帯電燈以外の燈火を携えて立ち入ってはならない．

ハ．「容器置場には，計量器等作業に必要な物以外の物を置かないこと．」の定めは，不活性ガスのみを貯蔵する容器置場には適用されない．

(1) イ　(2) イ，ロ　(3) イ，ハ　(4) ロ，ハ　(5) イ，ロ，ハ

問12　次のイ，ロ，ハの記述のうち，販売業者が容積0.15立方メートルを超える高圧ガスを容器（高圧ガスを燃料として使用する車両に固定した燃料装置用容器を除く.）により貯蔵する場合の技術上の基準について一般高圧ガス保安規則上正しいものはどれか.

イ．シアン化水素を貯蔵するときは，充塡容器については1日1回以上そのガスの漏えいがないことを確認しなければならないが，残ガス容器については，その定めはない．

ロ．圧縮空気を充塡する一般複合容器は，その容器の刻印等で示された年月から15年を経過していない場合，その容器による貯蔵に使用することができる．

ハ．不活性ガスの残ガス容器により高圧ガスを車両に積載して貯蔵することは，いかなる場合であっても禁じられていない．

(1) イ　(2) ロ　(3) イ，ハ　(4) ロ，ハ　(5) イ，ロ，ハ

問13　次のイ，ロ，ハの記述のうち，容器（配管により接続されていないもの）により高圧ガスを貯蔵する第二種貯蔵所に係る技術上の基準について一般高圧ガス保安規則上正しいものはどれか.

イ．特殊高圧ガスの容器置場のうち，そのガスが漏えいし自然発火したとき安全なものとしなければならない容器置場は，モノシラン及びジシランに係るものに限られている．

ロ．「容器置場には，その規模に応じ，適切な消火設備を適切な箇所に設けなければならない．」旨の定めがある高圧ガスの種類の一つに，特定不活性ガスがある．

ハ．可燃性ガスの容器置場及び酸素の容器置場に直射日光を遮るための措置を講じる場合は，そのガスが漏えいし，爆発したときに発生する爆風が上方向に解放されることを妨げないものとしなければならない．

(1) ハ　(2) イ，ロ　(3) イ，ハ　(4) ロ，ハ　(5) イ，ロ，ハ

問14　次のイ，ロ，ハの記述のうち，車両に固定した容器（高圧ガスを燃料として使用

する車両に固定した燃料装置用容器を除く.）による高圧ガスの移動に係る技術上の基準等について一般高圧ガス保安規則上正しいものはどれか.

イ．高圧ガスの名称，性状及び移動中の災害防止のために必要な注意事項を記載した書面を運転者に交付し，移動中携行させ，これを遵守させなければならない高圧ガスの一つに，液化窒素が定められている.

ロ．液化酸素の充塡容器及び残ガス容器には，ガラス等損傷しやすい材料を用いた液面計を使用してはならない.

ハ．三フッ化窒素を移動するときは，消火設備並びに災害発生防止のための応急措置に必要な資材及び工具等を携行するほかに，防毒マスク，手袋その他の保護具並びに災害発生防止のための応急措置に必要な資材，薬剤及び工具等も携行しなければならない.

(1) イ　(2) ロ　(3) ハ　(4) ロ，ハ　(5) イ，ロ，ハ

問 15　次のイ，ロ，ハの記述のうち，車両に積載した容器（内容積が47リットルのもの）による高圧ガスの移動に係る技術上の基準等について一般高圧ガス保安規則上正しいものはどれか.

イ．毒性ガスを移動するときは，その充塡容器及び残ガス容器には，木枠又はパッキンを施さなければならない.

ロ．特殊高圧ガスを移動するとき，その車両に当該ガスが漏えいしたときの除害の措置を講じなければならない特殊高圧ガスは，アルシンに限られている.

ハ．塩素の充塡容器及び残ガス容器と同一車両に積載してはならない高圧ガスの充塡容器及び残ガス容器は，アセチレン又は水素に係るものに限られている.

(1) イ　(2) イ，ロ　(3) イ，ハ　(4) ロ，ハ　(5) イ，ロ，ハ

問 16　次のイ，ロ，ハの記述のうち，高圧ガスの廃棄に係る技術上の基準について一般高圧ガス保安規則上正しいものはどれか.

イ．アルゴンは，廃棄に係る技術上の基準に従うべき高圧ガスである.

ロ．可燃性ガスの廃棄は，火気を取り扱う場所又は引火性若しくは発火性の物をたい積した場所及びその付近を避け，かつ，大気中に放出して廃棄するときは，通風の良い場所で少量ずつ行わなければならない.

ハ．酸素の廃棄は，バルブ及び廃棄に使用する器具の石油類，油脂類その他の可燃性の物を除去した後にしなければならない.

(1) イ　(2) ハ　(3) イ，ロ　(4) ロ，ハ　(5) イ，ロ，ハ

問 17　次のイ，ロ，ハの記述のうち，高圧ガスの販売の方法に係る技術上の基準について一般高圧ガス保安規則上正しいものはどれか.

イ．圧縮天然ガスの充塡容器又は残ガス容器の引渡しは，その容器の容器再検査の期間を6か月以上経過していないものであり，かつ，その旨を明示したものをもって行わなければならない.

ロ．販売所に高圧ガスの引渡し先の保安状況を明記した台帳を備えなければならない販売業者は，可燃性ガス，毒性ガス及び酸素を販売する販売業者に限られている．

ハ．充塡容器又は残ガス容器の引渡しは，そのガスが漏えいしていないものであれば，外面に容器の使用上支障のある腐食があるものを引き渡してよい．

(1) イ　(2) ロ　(3) イ，ロ　(4) イ，ハ　(5) イ，ロ，ハ

問 18　次のイ，ロ，ハの記述のうち，高圧ガスの販売業者（一般高圧ガス保安規則の適用を受ける者に限る．）について正しいものはどれか．

イ．アセチレンと酸素を販売している販売所において，新たに販売する高圧ガスとして窒素を追加したときは，遅滞なく，その旨を都道府県知事等に届け出なければならない．

ロ．販売する高圧ガスの種類に関わらず，販売所ごとに販売主任者を選任しなければならない．

ハ．選任している販売主任者を解任し，新たな者を選任した場合は，遅滞なく，その旨を都道府県知事等に届け出なければならない．

(1) イ　(2) ロ　(3) ハ　(4) イ，ハ　(5) イ，ロ，ハ

問 19　次のイ，ロ，ハのうち，販売業者が販売する高圧ガスを購入して溶接又は熱切断の用途に消費する者に対し，所定の方法により，その高圧ガスによる災害の発生の防止に関し必要な所定の事項を周知させなければならない場合，その対象となる高圧ガスとして一般高圧ガス保安規則上正しいものはどれか．

イ．二酸化炭素（炭酸ガス）

ロ．天然ガス

ハ．酸素

(1) イ　(2) ロ　(3) ハ　(4) イ，ハ　(5) ロ，ハ

問 20　次のイ，ロ，ハの記述のうち，販売業者が販売する高圧ガスを購入して消費する者に対し，所定の方法により，その高圧ガスによる災害の発生の防止に関し必要な所定の事項を周知させなければならない場合，その周知させるべき事項について一般高圧ガス保安規則上正しいものはどれか．

イ．消費設備を使用する場所の環境に関する基本的な事項については，消費設備の使用者が管理すべき事項であり，周知させるべき事項に該当しない．

ロ．消費設備の変更に関し注意すべき基本的な事項は，その周知させるべき事項の一つである．

ハ．ガス漏れを感知した場合その他高圧ガスによる災害が発生し，又は発生するおそれがある場合に消費者がとるべき緊急の措置及び販売業者に対する連絡に関する基本的な事項は，周知させるべき事項に該当しない．

(1) イ　(2) ロ　(3) イ，ロ　(4) ロ，ハ　(5) イ，ロ，ハ

令和元年度　第一種販売　法令試験問題

次の各問について，高圧ガス保安法に係る法令上正しいと思われる最も適切な答えをその問の下に掲げてある（1），（2），（3），（4），（5）の選択肢の中から1個選びなさい．

なお，経済産業大臣が危険のおそれのないと認めた場合等における規定は適用しない．

（注）試験問題中，「都道府県知事等」とは，都道府県知事又は高圧ガス保安法に関する事務を処理する指定都市の長をいう．

問1　次のイ，ロ，ハの記述のうち，正しいものはどれか．

イ．販売業者は，その所有する容器を盗まれたときは，遅滞なく，その旨を都道府県知事等又は警察官に届け出なければならない．

ロ．一般高圧ガス保安規則に定められている高圧ガスの移動に係る技術上の基準等に従うべき高圧ガスは，液化ガスにあっては質量1.5キログラム以上のものに限られている．

ハ．高圧ガスの販売の事業を営もうとする者は，特に定められた場合を除き，販売所ごとに，事業開始の日の20日前までにその旨を都道府県知事等に届け出なければならない．

（1）イ　（2）ロ　（3）イ，ハ　（4）ロ，ハ　（5）イ，ロ，ハ

問2　次のイ，ロ，ハの記述のうち，正しいものはどれか．

イ．販売業者がその販売所において指定する場所では何人も火気を取り扱ってはならないが，その販売所に高圧ガスを納入する第一種製造者の場合は，その販売業者の承諾を得ないで発火しやすいものを携帯してその場所に立ち入ることができる．

ロ．高圧ガスを充填した容器が危険な状態となったときは，その容器の所有者又は占有者は，直ちに，災害の発生の防止のための応急の措置を講じなければならない．

ハ．容器に充填された高圧ガスの輸入をし，その高圧ガス及び容器について都道府県知事等が行う輸入検査を受けた者は，これらが輸入検査技術基準に適合していると認められた後，これを移動することができる．

（1）イ　（2）ロ　（3）イ，ハ　（4）ロ，ハ　（5）イ，ロ，ハ

問3　次のイ，ロ，ハの記述のうち，正しいものはどれか．

イ．高圧ガス保安法は，高圧ガスによる災害を防止して公共の安全を確保する目的のために，高圧ガスの製造，貯蔵，販売，移動その他の取扱及び消費の規制をすることのみを定めている．

ロ．販売業者が高圧ガスの販売のため，質量3,000キログラム未満の液化酸素を貯蔵するときは，第二種貯蔵所において貯蔵する必要はない．

ハ．圧力が0.2メガパスカルとなる場合の温度が35度以下である液化ガスは，高圧ガスである．

(1) イ　(2) ハ　(3) イ，ロ　(4) ロ，ハ　(5) イ，ロ，ハ

問4　次のイ，ロ，ハの記述のうち，正しいものはどれか.

イ．常用の温度35度において圧力が1メガパスカルとなる圧縮ガス（圧縮アセチレンガスを除く.）であって，現在の圧力が0.9メガパスカルのものは高圧ガスではない.

ロ．販売業者が高圧ガスの販売のため，容積900立方メートルの圧縮アセチレンガスを貯蔵するときは，第一種貯蔵所において貯蔵しなければならず，第二種貯蔵所において貯蔵することはできない.

ハ．酸素は，一般高圧ガス保安規則で定められている廃棄に係る技術上の基準に従うべき高圧ガスである.

(1) イ　(2) ハ　(3) イ，ロ　(4) ロ，ハ　(5) イ，ロ，ハ

問5　次のイ，ロ，ハの記述のうち，特定高圧ガス消費者について正しいものはどれか.

イ．特定高圧ガス消費者は，事業所ごとに，消費開始の日の20日前までに，その旨を都道府県知事等に届け出なければならない.

ロ．特定高圧ガス消費者であり，かつ，第一種貯蔵所の所有者でもある者は，その貯蔵について都道府県知事等の許可を受けているので，特定高圧ガスの消費をすることについて都道府県知事等に届け出なくてよい.

ハ．液化アンモニアの特定高圧ガス消費者は，第一種販売主任者免状の交付を受けているがアンモニアの製造又は消費に関する経験を有しない者を，取扱主任者に選任することができる.

(1) イ　(2) イ，ロ　(3) イ，ハ　(4) ロ，ハ　(5) イ，ロ，ハ

問6　次のイ，ロ，ハの記述のうち，高圧ガスを充塡するための容器（再充塡禁止容器を除く.）について正しいものはどれか.

イ．容器に充塡する液化ガスは，刻印等又は自主検査刻印等で示された種類の高圧ガスであり，かつ，容器に刻印等又は自主検査刻印等で示された最大充塡質量以下のものでなければならない.

ロ．容器の製造をした者は，その容器に自主検査刻印等をしたもの又はその容器が所定の容器検査を受け，これに合格し所定の刻印等がされているものでなければ，特に定められたものを除き，その容器を譲渡してはならない.

ハ．容器の所有者は，その容器が容器再検査に合格しなかった場合であって，所定の期間内に高圧ガスの種類又は圧力の変更に伴う刻印等がされなかった場合には，遅滞なく，その容器をくず化し，その他容器として使用することができないように処分しなければならない.

(1) イ　(2) ロ　(3) イ，ロ　(4) ロ，ハ　(5) イ，ロ，ハ

問7 次のイ，ロ，ハの記述のうち，高圧ガスを充塡するための容器（再充塡禁止容器を除く.）及びその附属品について容器保安規則上正しいものはどれか.

イ．容器検査に合格した容器であって圧縮ガスを充塡するものには，その容器の気密試験圧力（記号　TP，単位　メガパスカル）及びMが刻印されていなければならない.

ロ．液化酸素を充塡する容器に表示をすべき事項のうちには，その容器の表面積の2分の1以上について行う黒色の塗色及びその高圧ガスの名称の明示がある.

ハ．液化アンモニアを充塡するための溶接容器に装置されているバルブの附属品再検査の期間は，そのバルブが装置されている容器の容器再検査の期間に応じて定められている.

(1) イ　(2) ハ　(3) イ，ハ　(4) ロ，ハ　(5) イ，ロ，ハ

問8 次のイ，ロ，ハの記述のうち，特定高圧ガス消費者に係る技術上の基準について一般高圧ガス保安規則上正しいものはどれか.

イ．特殊高圧ガスの消費施設は，その貯蔵設備の貯蔵能力が3,000キログラム未満の場合であっても，その貯蔵設備及び減圧設備の外面から第一種保安物件に対し第一種設備距離以上，第二種保安物件に対し第二種設備距離以上の距離を有しなければならない.

ロ．消費施設（液化塩素に係るものを除く.）には，その規模に応じて，適切な防消火設備を適切な箇所に設けなければならない.

ハ．特殊高圧ガス，液化アンモニア又は液化塩素の消費設備に係る配管，管継手又はバルブの接合は，特に定める場合を除き，溶接により行わなければならない.

(1) イ　(2) ロ　(3) イ，ハ　(4) ロ，ハ　(5) イ，ロ，ハ

問9 次のイ，ロ，ハの記述のうち，特定高圧ガス消費者が消費する特定高圧ガス以外の高圧ガスの消費に係る技術上の基準について一般高圧ガス保安規則上正しいものはどれか.

イ．高圧ガスの消費に係る技術上の基準に従うべき高圧ガスは，可燃性ガス（高圧ガスを燃料として使用する車両において，当該車両の燃料の用のみに消費される高圧ガスを除く.），毒性ガス，酸素及び空気である.

ロ．酸素を消費した後は，バルブを閉じ，容器の転倒及びバルブの損傷を防止する措置を講じなければならない.

ハ．溶接又は熱切断用の天然ガスの消費は，そのガスの漏えい，爆発等による災害を防止するための措置を講じて行うべき定めはない.

(1) ロ　(2) イ，ロ　(3) イ，ハ　(4) ロ，ハ　(5) イ，ロ，ハ

問10 次のイ，ロ，ハの記述のうち，特定高圧ガス消費者が消費する特定高圧ガス以外の高圧ガスの消費に係る技術上の基準について一般高圧ガス保安規則上正しいものはどれか.

イ．一般複合容器は，水中で使用することができる．

ロ．消費設備（家庭用設備に係るものを除く．）を開放して修理又は清掃をするときは，その消費設備のうち開放する部分に他の部分からガスが漏えいすることを防止するための措置を講じなければならない．

ハ．酸素の消費は，消費設備の使用開始時及び使用終了時に消費施設の異常の有無を点検するほか，1日に1回以上消費設備の作動状況について点検し，異常があるときは，その設備の補修その他の危険を防止する措置を講じて消費しなければならない．

(1) ロ　(2) イ，ロ　(3) イ，ハ　(4) ロ，ハ　(5) イ，ロ，ハ

問11　次のイ，ロ，ハの記述のうち，販売業者が容積0.15立方メートルを超える高圧ガスを容器（高圧ガスを燃料として使用する車両に固定した燃料装置用容器を除く．）により貯蔵する場合の技術上の基準について一般高圧ガス保安規則上正しいものはどれか．

イ．「容器置場には，計量器等作業に必要な物以外の物を置いてはならない．」旨の定めは，圧縮窒素の容器置場にも適用される．

ロ．圧縮空気は，充塡容器及び残ガス容器にそれぞれ区分して容器置場に置くべき高圧ガスとして定められていない．

ハ．酸素の充塡容器と毒性ガスの充塡容器は，それぞれ区分して容器置場に置かなければならない．

(1) イ　(2) イ，ロ　(3) イ，ハ　(4) ロ，ハ　(5) イ，ロ，ハ

問12　次のイ，ロ，ハの記述のうち，販売業者が容積0.15立方メートルを超える高圧ガスを容器（高圧ガスを燃料として使用する車両に固定した燃料装置用容器を除く．）により貯蔵する場合の技術上の基準について一般高圧ガス保安規則上正しいものはどれか．

イ．圧縮空気を充塡した一般複合容器は，その容器の刻印等において示された年月から15年を経過したものを高圧ガスの貯蔵に使用してはならない．

ロ．液化塩素を貯蔵する場合は，漏えいしたとき拡散しないように密閉構造の場所で行わなければならない．

ハ．窒素を車両に積載した容器により貯蔵することは禁じられているが，車両に固定した容器により貯蔵することは，いかなる場合でも禁じられていない．

(1) イ　(2) イ，ロ　(3) イ，ハ　(4) ロ，ハ　(5) イ，ロ，ハ

問13　次のイ，ロ，ハの記述のうち，容器（配管により接続されていないもの）により高圧ガスを貯蔵する第二種貯蔵所に係る技術上の基準について一般高圧ガス保安規則上正しいものはどれか．

イ．圧縮酸素の容器置場には，直射日光を遮るための所定の措置を講じなければならない．

ロ．三フッ化窒素の容器置場には，その規模に応じ，適切な消火設備を適切な箇所に設けなければならない．

ハ．酸化エチレンの容器置場には，そのガスが漏えいしたときに安全に，かつ，速やかに除害するための措置を講じなければならない．

(1) イ　(2) イ，ロ　(3) イ，ハ　(4) ロ，ハ　(5) イ，ロ，ハ

問14　次のイ，ロ，ハの記述のうち，車両に固定した容器（高圧ガスを燃料として使用する車両に固定した燃料装置用容器を除く.）による高圧ガスの移動に係る技術上の基準等について一般高圧ガス保安規則上正しいものはどれか.

イ．質量1,000キログラム以上の液化塩素を移動するときは，移動監視者にその移動について監視させているので，移動開始時に漏えい等の異常の有無を点検すれば，移動終了時の点検は行う必要はない．

ロ．質量3,000キログラム以上の液化酸素を移動するときは，高圧ガス保安協会が行う移動に関する講習を受けていないが，乙種機械責任者免状の交付を受けている者を，移動監視者として充てることができる．

ハ．容積300立方メートル以上の圧縮水素を移動するとき，あらかじめ講じるべき措置の一つに，移動時にその容器が危険な状態になった場合又は容器に係る事故が発生した場合における荷送人へ確実に連絡するための措置がある．

(1) ハ　(2) イ，ロ　(3) イ，ハ　(4) ロ，ハ　(5) イ，ロ，ハ

問15　次のイ，ロ，ハの記述のうち，車両に積載した容器（内容積が47リットルのもの）による高圧ガスの移動に係る技術上の基準等について一般高圧ガス保安規則上正しいものはどれか.

イ．販売業者が販売のための二酸化炭素を移動するときは，その車両に警戒標を掲げる必要はない．

ロ．塩素の残ガス容器とアセチレンの残ガス容器は，同一の車両に積載して移動してはならない．

ハ．酸素の残ガス容器とメタンの残ガス容器を同一の車両に積載して移動するときは，これらの容器のバルブが相互に向き合わないようにする必要はない．

(1) イ　(2) ロ　(3) イ，ハ　(4) ロ，ハ　(5) イ，ロ，ハ

問16　次のイ，ロ，ハの記述のうち，高圧ガスの廃棄に係る技術上の基準について一般高圧ガス保安規則上正しいものはどれか.

イ．可燃性ガスの廃棄に際して，その充塡容器又は残ガス容器を加熱するときは，熱湿布を使用してよい．

ロ．水素ガスの残ガス容器は，そのまま土中に埋めて廃棄してよい．

ハ．特定不活性ガスは，廃棄に係る技術上の基準に従うべき高圧ガスである．

(1) イ　(2) イ，ロ　(3) イ，ハ　(4) ロ，ハ　(5) イ，ロ，ハ

問17 次のイ，ロ，ハの記述のうち，高圧ガスの販売の方法に係る技術上の基準について一般高圧ガス保安規則上正しいものはどれか．

イ．不活性ガスのみを販売する販売業者であっても，そのガスの引渡し先の保安状況を明記した台帳を備えなければならない．

ロ．残ガス容器の引渡しであれば，外面に容器の使用上支障のある腐食，割れ，すじ，しわ等があるものを引き渡してもよい．

ハ．圧縮天然ガスの充塡容器及び残ガス容器は，その容器の容器再検査の期間を6か月以上経過したものを引き渡してはならない．

(1) イ　(2) イ，ロ　(3) イ，ハ　(4) ロ，ハ　(5) イ，ロ，ハ

問18 次のイ，ロ，ハの記述のうち，高圧ガスの販売業者について正しいものはどれか．

イ．メタンを販売する販売所には，第一種販売主任者免状の交付を受け，かつ，アンモニアの販売に関する6か月以上の経験を有する者を販売主任者に選任することができる．

ロ．酸素とアセチレンガスを販売している販売所において，その販売する高圧ガスの種類の変更として二酸化炭素を追加したときは，その旨を遅滞なく，都道府県知事等に届け出なければならない．

ハ．選任していた販売主任者を解任し，新たに販売主任者を選任した場合には，その新たに選任した販売主任者についてのみ，その旨を都道府県知事等に届け出なければならない．

(1) ロ　(2) イ，ロ　(3) イ，ハ　(4) ロ，ハ　(5) イ，ロ，ハ

問19 次のイ，ロ，ハのうち，販売業者が販売する高圧ガスを購入して溶接又は熱切断の用途に消費する者に対し，所定の方法により，その高圧ガスによる災害の発生の防止に関し必要な所定の事項を周知させなければならない場合，その対象となる高圧ガスとして一般高圧ガス保安規則上正しいものはどれか．

イ．酸素

ロ．水素

ハ．アルゴン

(1) イ　(2) ロ　(3) イ，ロ　(4) イ，ハ　(5) イ，ロ，ハ

問20 次のイ，ロ，ハの記述のうち，販売業者が販売する高圧ガスを購入して消費する者に対し，所定の方法により，その高圧ガスによる災害の発生の防止に関し必要な所定の事項を周知させなければならない場合，その周知させるべき事項について一般高圧ガス保安規則上正しいものはどれか．

イ．「消費設備に関し注意すべき基本的な事項」のうち，「消費設備の操作及び管理」はその周知させるべき事項の一つであるが，「消費設備の点検」は，周知させるべき事項に該当しない．

ロ.「使用する消費設備のその販売する高圧ガスに対する適応性に関する基本的な事項」は，周知させるべき事項の一つである.

ハ.「ガス漏れを感知した場合その他高圧ガスによる災害が発生し，又は発生するおそれがある場合に消費者がとるべき緊急の措置及び販売業者に対する連絡に関する基本的な事項」は，周知させるべき事項の一つである.

(1) イ　(2) ロ　(3) イ，ロ　(4) ロ，ハ　(5) イ，ロ，ハ

平成30年度　第一種販売　法令試験問題

次の各問について，高圧ガス保安法に係る法令上正しいと思われる最も適切な答えをその問の下に掲げてある（1），（2），（3），（4），（5）の選択肢の中から1個選びなさい．

なお，経済産業大臣が危険のおそれのないと認めた場合等における規定は適用しない．

問1　次のイ，ロ，ハの記述のうち，正しいものはどれか．

イ．販売業者は，高圧ガスを容器により授受した場合，販売所ごとに，所定の事項を記載した帳簿を備え，記載の日から2年間保存しなければならない．

ロ．高圧ガスが充塡された容器を盗まれたときは，その容器の所有者又は占有者は，その旨を都道府県知事等又は警察官に届け出なければならないが，高圧ガスが充塡されていない容器を喪失したときは，その必要はない．

ハ．第一種貯蔵所の所有者が，その貯蔵する液化石油ガスをその貯蔵する場所において溶接又は熱切断用として販売するときは，いかなる場合であっても，その旨を都道府県知事等に届け出なくてよい．

（1）イ　（2）ロ　（3）イ，ハ　（4）ロ，ハ　（5）イ，ロ，ハ

問2　次のイ，ロ，ハの記述のうち，正しいものはどれか．

イ．高圧ガスの貯蔵所が危険な状態となったときに，直ちに，災害の発生の防止のための応急の措置を講じなければならない者は，第一種貯蔵所又は第二種貯蔵所の所有者又は占有者に限られている．

ロ．販売業者（特に定められた者を除く．）がその販売所において指定した場所では，何人も火気を取り扱ってはならない．

ハ．販売業者がその販売事業の全部を譲り渡したとき，その事業の全部を譲り受けた者はその販売業者の地位を承継する．

（1）イ　（2）ロ　（3）イ，ハ　（4）ロ，ハ　（5）イ，ロ，ハ

問3　次のイ，ロ，ハの記述のうち，正しいものはどれか．

イ．高圧ガス保安法は，高圧ガスによる災害を防止して公共の安全を確保する目的のために，高圧ガスの製造，貯蔵，販売，移動その他の取扱及び消費並びに容器の製造及び取扱について規制するとともに，民間事業者及び高圧ガス保安協会による高圧ガスの保安に関する自主的な活動を促進することを定めている．

ロ．販売業者は，その販売所の従業者のうち，販売主任者免状の交付を受けている者に対しては保安教育を施す必要はない．

ハ．圧力が0.2メガパスカルとなる場合の温度が35度以下である液化ガスであっても，現在の圧力が0.1メガパスカルであるものは高圧ガスではない．

（1）イ　（2）イ，ロ　（3）イ，ハ　（4）ロ，ハ　（5）イ，ロ，ハ

問4　次のイ，ロ，ハの記述のうち，正しいものはどれか．

イ．現在の圧力が0.1メガパスカルの圧縮ガス（圧縮アセチレンガスを除く．）であって，温度35度において圧力が0.2メガパスカルとなるものは，高圧ガスである．

ロ．密閉しないで用いられる容器に充塡されている高圧ガスは，いかなる場合であっても，高圧ガス保安法の適用を受けない．

ハ．貯蔵設備の貯蔵能力が質量1,000キログラムである液化塩素を貯蔵して消費する者は，特定高圧ガス消費者である．

(1) ロ　(2) ハ　(3) イ，ハ　(4) ロ，ハ　(5) イ，ロ，ハ

問5　次のイ，ロ，ハのうち，販売業者が，第一種貯蔵所において貯蔵しなければならない高圧ガスはどれか．

イ．貯蔵しようとするガスの容積が2,800立方メートルの酸素

ロ．貯蔵しようとするガスの容積が800立方メートルの酸素及び貯蔵しようとするガスの容積が600立方メートルの窒素

ハ．貯蔵しようとするガスの容積が2,800立方メートルの窒素

(1) イ　(2) ロ　(3) イ，ロ　(4) イ，ハ　(5) イ，ロ，ハ

問6　次のイ，ロ，ハの記述のうち，高圧ガスを充塡するための容器（国際相互承認に係る容器保安規則の適用を受ける容器及び再充塡禁止容器を除く．）及びその附属品について正しいものはどれか．

イ．容器に所定の刻印等がされていることは，その容器に高圧ガスを充塡する場合の条件の一つであるが，その容器に所定の表示をしてあることは，その条件にはされていない．

ロ．液化アンモニアを充塡する容器の外面には，その容器に充塡することができる液化アンモニアの最高充塡質量の数値を明示しなければならない．

ハ．容器の附属品の廃棄をする者は，その附属品をくず化し，その他附属品として使用することができないように処分しなければならない．

(1) イ　(2) ロ　(3) ハ　(4) イ，ロ　(5) ロ，ハ

問7　次のイ，ロ，ハの記述のうち，高圧ガスを充塡するための容器（再充塡禁止容器を除く．）及びその附属品について容器保安規則上正しいものはどれか．

イ．圧縮ガスを充塡する容器にあっては，最高充塡圧力（記号　FP，単位　メガパスカル）及びMは，容器検査に合格した容器に刻印をすべき事項の一つである．

ロ．バルブには，特に定めるものを除き，そのバルブが装置されるべき容器の種類ごとに定められた刻印がされていなければならない．

ハ．溶接容器，超低温容器及びろう付け容器の容器再検査の期間は，容器の製造後の経過年数にかかわらず，5年である．

(1) イ　(2) ロ　(3) イ，ロ　(4) イ，ハ　(5) イ，ロ，ハ

問8　次のイ，ロ，ハの記述のうち，特定高圧ガス消費者に係る技術上の基準について一般高圧ガス保安規則上正しいものはどれか.

イ．液化塩素の消費施設には，その施設から漏えいするガスが滞留するおそれのある場所に，そのガスの漏えいを検知し，かつ，警報するための設備を設けなければならない.

ロ．液化アンモニアの消費施設の減圧設備は，その外面から第一種保安物件及び第二種保安物件に対し，それぞれ所定の距離以上の距離を有しなければならない.

ハ．特殊高圧ガス，液化アンモニア又は液化塩素の消費設備には，そのガスが漏えいしたときに安全に，かつ，速やかに除害するための措置を講じなければならない.

(1) イ　　(2) ロ　　(3) イ，ロ　　(4) イ，ハ　　(5) イ，ロ，ハ

問9　次のイ，ロ，ハの記述のうち，特定高圧ガス消費者が消費する特定高圧ガス以外の高圧ガスの消費に係る技術上の基準について一般高圧ガス保安規則上正しいものはどれか.

イ．消費に係る技術上の基準に従うべき高圧ガスは，可燃性ガス（高圧ガスを燃料として使用する車両において，その車両の燃料の用のみに消費される高圧ガスを除く.），毒性ガス及び酸素に限られている.

ロ．アセチレンガスを消費した後は，容器の転倒及びバルブの損傷を防止する措置を講じ，かつ，他の充塡容器と区別するためにその容器のバルブは全開しておかなければならない.

ハ．溶接又は熱切断用のアセチレンガスの消費は，消費する場所の付近にガスの漏えいを検知する設備及び消火設備を備えた場合であっても，アセチレンガスの逆火，漏えい，爆発等による災害を防止するための措置を講じなければならない.

(1) イ　　(2) ロ　　(3) ハ　　(4) イ，ロ　　(5) イ，ハ

問10　次のイ，ロ，ハの記述のうち，特定高圧ガス消費者が消費する特定高圧ガス以外の高圧ガスの消費に係る技術上の基準について一般高圧ガス保安規則上正しいものはどれか.

イ．充塡容器及び残ガス容器のバルブは，静かに開閉しなければならない.

ロ．アセチレンガスの消費設備を開放して修理又は清掃をするときは，その消費設備のうち開放する部分に他の部分からガスが漏えいすることを防止するための措置を講じなければならないが，酸素の消費設備については，その定めはない.

ハ．酸素又は三フッ化窒素の消費は，バルブ及び消費に使用する器具の石油類，油脂類その他可燃性の物を除去した後に行わなければならない.

(1) イ　　(2) ハ　　(3) イ，ロ　　(4) イ，ハ　　(5) イ，ロ，ハ

問11　次のイ，ロ，ハの記述のうち，販売業者が容積0.15立方メートルを超える高圧ガスを容器（高圧ガスを燃料として使用する車両に固定した燃料装置用容器を除く.）により貯蔵する場合の技術上の基準について一般高圧ガス保安規則上正しいものはどれか.

イ．不活性ガスであっても充塡容器及び残ガス容器を車両に積載して貯蔵することは，

特に定められた場合を除き禁じられている.

ロ. 液化アンモニアの充塡容器と液化塩素の充塡容器は，それぞれ区分して容器置場に置くべき定めはない.

ハ. 可燃性ガスの容器置場は，特に定められた措置を講じた場合を除き，その周囲2メートル以内においては，火気の使用を禁じ，かつ，引火性又は発火性の物を置いてはならないが，毒性ガスの容器置場についてはその定めはない.

(1) イ　(2) イ，ロ　(3) イ，ハ　(4) ロ，ハ　(5) イ，ロ，ハ

問12 次のイ，ロ，ハの記述のうち，販売業者が容積0.15立方メートルを超える高圧ガスを容器（高圧ガスを燃料として使用する車両に固定した燃料装置用容器を除く.）により貯蔵する場合の技術上の基準について一般高圧ガス保安規則上正しいものはどれか.

イ. 可燃性ガスの容器置場には，作業に必要な計量器を置くことができるが，携帯電燈以外の燈火は持ち込んではならない.

ロ. 圧縮窒素の残ガス容器を容器置場に置く場合，常に温度40度以下に保つべき定めはない.

ハ. 通風の良い場所で貯蔵しなければならないのは，可燃性ガスの充塡容器及び残ガス容器に限られている.

(1) イ　(2) ハ　(3) イ，ロ　(4) イ，ハ　(5) ロ，ハ

問13 次のイ，ロ，ハの記述のうち，容器（配管により接続されていないものに限る.）により高圧ガスを貯蔵する第二種貯蔵所に係る技術上の基準について一般高圧ガス保安規則上正しいものはどれか.

イ. 容器置場は，特に定められた場合を除き，1階建としなければならないが，酸素のみを貯蔵する容器置場は2階建とすることができる.

ロ. アンモニアの容器置場には，その規模に応じ，適切な消火設備を適切な箇所に設けなければならない.

ハ. アンモニアの容器置場は，そのアンモニアが漏えいしたとき滞留しないような通風の良い構造であれば，漏えいしたガスを安全に，かつ，速やかに除害するための措置を講じる必要はない.

(1) イ　(2) ロ　(3) ハ　(4) イ，ロ　(5) イ，ロ，ハ

問14 次のイ，ロ，ハの記述のうち，車両に固定した容器（高圧ガスを燃料として使用する車両に固定した燃料装置用容器を除く.）による高圧ガスの移動に係る技術上の基準等について一般高圧ガス保安規則上正しいものはどれか.

イ. 液化窒素の移動を終了したとき，漏えい等の異常の有無を点検し，異常がなかった場合には，次回の移動開始時の点検は行う必要はない.

ロ. 質量3,000キログラム以上の液化アンモニアを移動するときは，高圧ガス保安協会が行う移動に関する講習を受け，その講習の検定に合格した者又は所定の製造保安責

任者免状の交付を受けている者に，その移動について監視させなければならない.

ハ．質量1,000キログラム以上の液化塩素を移動するときは，運搬の経路，交通事情，自然条件その他の条件から判断して，一の運転者による連続運転時間が所定の時間を超える場合は，交替して運転させるため，車両1台について運転者2人を充てなければならない.

(1) ロ　(2) ハ　(3) イ，ロ　(4) イ，ハ　(5) ロ，ハ

問 15　次のイ，ロ，ハの記述のうち，車両に積載した容器（内容積が47リットルのもの）による高圧ガスの移動に係る技術上の基準等について一般高圧ガス保安規則上正しいものはどれか.

イ．高圧ガスを移動するとき，その車両の見やすい箇所に警戒標を掲げなければならないのは，可燃性ガス，毒性ガス，酸素及び三フッ化窒素に限られている.

ロ．酸素を移動するときは，消火設備並びに災害発生防止のための応急措置に必要な資材及び工具等を携行しなければならない.

ハ．水素を移動するときは，その高圧ガスの名称，性状及び移動中の災害防止のために必要な注意事項を記載した書面を運転者に交付し，移動中携帯させ，これを遵守させなければならない.

(1) イ　(2) ロ　(3) ハ　(4) ロ，ハ　(5) イ，ロ，ハ

問 16　次のイ，ロ，ハの記述のうち，高圧ガスの廃棄に係る技術上の基準について一般高圧ガス保安規則上正しいものはどれか.

イ．酸素を廃棄した後は，容器の転倒及びバルブの損傷を防止する措置を講じ，バルブは開けたままにしておかなければならない.

ロ．可燃性ガスを継続かつ反復して廃棄するとき，通風の良い場所で行えば，そのガスの滞留を検知するための措置を講じる必要はない.

ハ．廃棄のため充塡容器又は残ガス容器を加熱するときは，空気の温度を40度以下に調節する自動制御装置を設けた所定の空気調和設備を使用することができる.

(1) イ　(2) ロ　(3) ハ　(4) イ，ロ　(5) イ，ハ

問 17　次のイ，ロ，ハの記述のうち，高圧ガスの販売の方法に係る技術上の基準について一般高圧ガス保安規則上正しいものはどれか.

イ．販売所に高圧ガスの引渡し先の保安状況を明記した台帳を備えなければならない販売業者は，可燃性ガス，毒性ガス又は酸素の高圧ガスを販売する者に限られている.

ロ．販売業者は，圧縮天然ガスを燃料の用に供する一般消費者に圧縮天然ガスを販売するとき，配管の気密試験のための設備を備えなければならない.

ハ．圧縮天然ガスを充塡した容器であって，そのガスが漏えいしていないものであれば，容器が容器再検査の期間を6か月以上経過したものをもって，そのガスを引き渡すことができる.

(1) イ　(2) ロ　(3) イ，ハ　(4) ロ，ハ　(5) イ，ロ，ハ

問 18　次のイ，ロ，ハの記述のうち，高圧ガスの販売業者について正しいものはどれか．

イ．販売業者は，高圧ガスの貯蔵を伴わない販売所の販売主任者を選任又は解任したときは，その旨を都道府県知事等に届け出る必要はない．

ロ．アセチレンと酸素を販売している販売所において，新たに窒素を追加して，販売する高圧ガスの種類の変更をしたときは，遅滞なく，その旨を都道府県知事等に届け出なければならない．

ハ．塩素を販売する販売所には，第一種販売主任者免状の交付を受け，かつ，アンモニアの販売に関する6か月以上の経験を有する者を販売主任者に選任することができる．

(1) ロ　(2) イ，ロ　(3) イ，ハ　(4) ロ，ハ　(5) イ，ロ，ハ

問 19　次のイ，ロ，ハのうち，販売業者が販売する高圧ガスを購入して溶接又は熱切断の用途に消費する者に対し，所定の方法により，その高圧ガスによる災害の発生の防止に関し必要な所定の事項を周知させなければならない場合，その対象となる高圧ガスとして一般高圧ガス保安規則上正しいものはどれか．

イ．酸素

ロ．天然ガス

ハ．二酸化炭素

(1) イ　(2) ロ　(3) イ，ロ　(4) ロ，ハ　(5) イ，ロ，ハ

問 20　次のイ，ロ，ハの記述のうち，販売業者が販売する高圧ガスを購入して消費する者に対し，所定の方法により，その高圧ガスによる災害の発生の防止に関し必要な所定の事項を周知させなければならない場合，その周知させるべき事項について一般高圧ガス保安規則上正しいものはどれか．

イ．「消費設備の変更に関し注意すべき基本的な事項」は，その周知させるべき事項の一つである．

ロ．「消費設備を使用する場所の環境に関する基本的な事項」は，消費設備の使用者が管理すべき事項であり，その周知させるべき事項ではない．

ハ．「消費設備の操作，管理及び点検に関し注意すべき基本的な事項」は，消費設備の使用者が管理すべき事項であり，その周知させるべき事項ではない．

(1) イ　(2) イ，ロ　(3) イ，ハ　(4) ロ，ハ　(5) イ，ロ，ハ

令和5年度　第一種販売　法令 解答解説

問1　答（1）

イ　正しい.「高圧ガスの定義」（三号ガス：液化ガス）. 法第2条（定義）第三号参照.

ロ　誤り.「貯蔵所の異常」（帳簿に記載の日から10年間保存）に係るもので，高圧ガスの販売業者は，販売所ごとに帳簿を備え，その所有又は占有する第一種貯蔵所又は第二種貯蔵所に異常があった場合，異常があった年月日及びそれに対してとった措置をその帳簿に記載し，記載した日から10年間保存しなければならない.「販売事業の開始の日」が誤り. 法第60条（帳簿）第1項及び一般則第95条（帳簿）第2項表参照.

ハ　誤り.「法の目的」（各種規制と自主的活動の促進）に係るもので，高圧ガス保安法は，高圧ガスによる災害を防止して公共の安全を確保する目的のために，高圧ガスの製造，貯蔵，販売，移動その他の取扱及び消費並びに容器の製造及び取扱について規制するとともに，民間事業者及び高圧ガス保安協会による高圧ガスの保安に関する自主的な活動を促進することも定めている. 法第1条（目的）参照.

問2　答（5）

イ　正しい.「販売事業の全部の譲渡し」（譲り受けた者は販売業者の地位を承継）. 法第20条の4の2（承継）第1項参照.

ロ　正しい.「災害が発生したときの届出先」（都道府県知事，消防吏員，警察官，消防団員若しくは海上保安官）. 法第36条（危険時の措置及び届出）第2項参照.

ハ　正しい.「高圧ガス販売事業の届出」（販売所ごとに事業開始の日の20日前まで）. 法第20条の4（販売事業の届出）第1項本文参照.

問3　答（3）

イ　正しい.「高圧ガスを製造する許可を受けた第一種製造者」（そのガスを第一種貯蔵所で貯蔵するとき許可不要）. 法第16条（貯蔵所）第1項ただし書及び項目別編の表1.1参照.

ロ　誤り.「販売するガスの種類の変更と販売事業の廃止は届出必要」（販売方法の変更は届出不要）に係るもので，高圧ガスの販売業者は，その販売の方法を変更しても，その旨を都道府県知事等に届け出る必要はない. 販売するガスの種類を変更したとき及びその販売の事業を廃止したときは，その旨を都道府県知事等に届け出なければならない. 法第20条の6（販売方法），第20条の7（販売するガスの種類の変更）及び第21条（製造等の廃止等の届出）第5項参照.

ハ　正しい.「指定輸入検査機関合格」（都道府県知事等に届出後移動可能）. 法第22条（輸入検査）第1項第一号及び第2項参照.

問4　答（4）

イ　誤り.「高圧ガスの定義」（一号ガス：圧縮ガス）に係るもので，常用の温度35°Cにおいて圧力が1 MPa以上（本問では1 MPa）となる圧縮ガス（圧縮アセチレンガスを除く）であるものは，現在の圧力にかかわらず高圧ガスである. 法第2条（定義）第一号参照.

ロ　正しい.「車両による高圧ガスの移動」（所定の技術上の基準が適用）. 法第23条（移動）第2項参照.

ハ　正しい.「オートクレーブ内の高圧ガスは例外を除き法の適用除外」（水素，アセチレン及び塩化ビニルは適用）. 令第2条（適用除外）第3項第六号参照.

問5　答（5）

イ　該当する.「特定高圧ガス消費者」（他の事業所から導管により消費する圧縮水素を受け入れる者）. 法第24条の2（消費）第1項かっこ書参照.

ロ　該当する.「特定高圧ガス消費者」（モノシランを消費する者）. 法第24条の2（消費）第1項及び令第7条（政令で定める種類の高圧ガス）第1項第一号参照.

ハ　該当する.「特定高圧ガス消費者」（3,000 kg以上の貯蔵能力の液化酸素を貯蔵して消費する者）. 法第24条の2（消費）第1項及び令第7条（政令で定める種類の高圧ガス）第2項表参照.

問6　答（5）

イ　正しい.「液化ガス充てん質量」（容器の内容積から計算により算出）. 法第48条（充てん）第4項第一号及び容器則第22条

（液化ガスの質量の計算の方法）参照.

ロ　正しい.「刻印等がなされなかった容器」（3か月以内にくず化）. 法第56条（くず化その他の処分）第3項参照.

ハ　正しい.「容器の譲渡・引渡」（自主検査刻印等又は所定の刻印等で可能）. 法第44条（容器検査）第1項本文及び第一号参照.

問7　答（2）

イ　誤り.「バルブの刻印事項」（装着される容器の種類）に係るもので, 容器に装置されるバルブには, そのバルブが装置されるべき容器の種類の刻印がされている. 容器則第18条（附属品検査の刻印）第1項第七号参照.

ロ　誤り.「充てん容器の刻印」（内容積（記号V, 単位リットル）に係るもので, 液化ガスを充てんする容器には, 内容積（記号V, 単位リットル）が刻印されているが, その容器に充てんすることができる液化ガスの最大充てん質量（記号W, 単位キログラム）の刻印はされていない. 最大充てん質量は, 容器の容積から与えられた数値を用いて算出して得られる. 容器則第8条（刻印等の方式）第1項第六号参照.

ハ　正しい.「液化アンモニア充てん容器の表示」（「燃」及び「毒」）. 容器則第10条（表示の方法）第1項第二号ロ参照.

問8　答（5）

イ　正しい.「貯蔵能力1,000 kg以上3,000 kg未満の液化塩素の消費施設」（第一種及び第二種の各保安物件までそれぞれ所定の設備距離以上）. 一般則第55条（特定高圧ガスの消費者に係る技術上の基準）第1項第二号参照.

ロ　正しい.「逆流防止装置の設置場所」（特殊高圧ガス, 液化アンモニア及び液化塩素の減圧設備とこれらのガスの反応設備の間の配管）. 一般則第55条（特定高圧ガスの消費者に係る技術上の基準）第1項第十五号参照.

ハ　正しい.「特定高圧ガス消費設備」（使用開始・終了時の異常の有無及び1日1回以上の点検）. 一般則第55条（特定高圧ガスの消費者に係る技術上の基準）第2項第三号参照.

問9　答（4）

イ　誤り.「特定高圧ガス以外の高圧ガスで技術上の基準に従うべき高圧ガス」（可燃性ガス, 毒性ガス, 酸素及び空気）に係る技術上の基準で, 消費に係る技術上の基準に従うべき高圧ガスは, 可燃性ガス（高圧ガスを燃料として使用する車両において, その車両の燃料の用のみに消費される高圧ガスを除く）, 毒性ガス, 酸素及び空気に限られる. 一般則第59条（その他消費に係る技術上の基準に従うべき高圧ガスの指定）参照.

ロ　正しい.「充てん容器等のバルブの取扱」（静かな開閉）. 一般則第60条（その他消費に係る技術上の基準）第1項第一号参照.

ハ　正しい.「消費設備のバルブ・コック」（過大な力の防止措置）. 一般則第60条（その他消費に係る技術上の基準）第1項第六号参照.

問10　答（1）

イ　正しい.「酸素又は三フッ化窒素の消費」（石油類等可燃性物を除去した後に行う）. 一般則第60条（その他消費に係る技術上の基準）第1項第十五号参照.

ロ　誤り.「溶接等の消費での災害防止措置」（アセチレンガス及び天然ガスのいずれも適用）に係る技術上の基準で, 溶接又は熱切断用のアセチレンガスの消費は, アセチレンガスの逆火, 漏えい, 爆発等による災害を防止するための措置を講じて行わなければならない. 同様に, 溶接又は熱切断用の天然ガスの消費についても, 漏えい, 爆発等による災害を防止するための措置を講じて行うべき旨の定めがある. 一般則第60条（その他消費に係る技術上の基準）第1項第十三号及び第十四号参照.

ハ　誤り.「高圧ガス（酸素）の消費施設の点検」（使用開始・終了時異常の有無の点検及び1日1回以上の作動状況）に係る技術上の基準で, 高圧ガス（本問では酸素）の消費は, 消費設備の使用開始時又は使用終了時のいずれにも, 消費施設の異常の有無を点検しなければならないと定められている. また, 1日1回以上消費設備の作動状況について点検し, 異常があるときは当該設備の補修その他の危険を防止する措置を講じてすることと定めている. 一般則第60条（その他消費に係る技術上の基準）第1項第十八号参照．

問11 答（2）

イ 正しい．「充てん容器等の車両積載貯蔵」（原則禁止であるが消防自動車等の例外あり）．一般則第18条（貯蔵の方法に係る技術上の基準）第二号ホ参照．

ロ 正しい．「高圧ガス貯蔵の空気」（技術上の基準に従うべき高圧ガス）．一般則第59条（その他消費に係る技術上の基準に従うべき高圧ガスの指定）参照．

ハ 誤り．「可燃性ガス及び毒性ガスの充てん容器等の貯蔵」（通風の良い場所）に係る技術上の基準で，毒性ガスの貯蔵は，通風の良い場所で行わなければならない．なお，可燃性ガスも同様である．一般則第18条（貯蔵の方法に係る技術上の基準）第二号イ参照．

問12 答（5）

イ 正しい．「可燃性ガスの容器置場への持ち込み」（携帯電燈のみ可能）．一般則第18条（貯蔵の方法に係る技術上の基準）第二号ロで準用する第6条（定置式製造設備に係る技術上の基準）第2項第八号チ参照．

ロ 正しい．「充てん容器等の置き方」（充てん容器と残ガス容器を区別すること）．一般則第18条（貯蔵の方法に係る技術上の基準）第二号ロで準用する第6条（定置式製造設備に係る技術上の基準）第2項第八号イ参照．

ハ 正しい．「可燃性ガス，毒性ガス，特定不活性ガス及び酸素の充てん容器等の置き方」（区別すること）．一般則第18条（貯蔵の方法に係る技術上の基準）第二号ロで準用する第6条（定置式製造設備に係る技術上の基準）第2項第八号ロ参照．

問13 答（3）

イ 正しい．「可燃性ガス及び特定不活性ガスの容器置場」（漏えい時滞留しない構造）．一般則第26条（第二種貯蔵所に係る技術上の基準）第二号で準用する第23条（容器により貯蔵する場合の技術上の基準）第1項第三号でさらに準用する一般則第6条（定置式製造設備に係る技術上の基準）第1項第四十二号へ参照．

ロ 誤り．「可燃性ガス及び酸素の容器置場の直射日光遮断措置」（爆風の上方向解放構造）に係る技術上の基準で，可燃性ガス（本問では圧縮アセチレンガス）の容器置場には，直射日光を遮るための所定の措置を講じなければならないが，その措置は，その可燃性ガスが漏えいし爆発したときに，爆風が上方向に解放されるようなものでなければならない．一般則第6条（定置式製造設備に係る技術上の基準）第1項第四十二号ホ参照．

ハ 正しい．「可燃性ガス及び酸素の容器置場」（1階建であるが，圧縮水素（20 MPa以下）のみ又は酸素のみでは2階建以下）．一般則第6条（定置式製造設備に係る技術上の基準）第1項第四十二号ロ参照．

問14 答（5）

イ 正しい．「駐車中の移動監視者又は運転者」（車両を離れないこと）．一般則第49条（車両に固定した容器による移動に係る技術上の基準等）第1項第十六号参照．

ロ 正しい．「毒性ガスの移動」（防毒マスク，手袋，資材，薬剤，工具等の携行）．一般則第49条（車両に固定した容器による移動に係る技術上の基準等）第1項第十五号参照．

ハ 正しい．「可燃性ガス，毒性ガス，特定不活性ガス及び酸素の高圧ガス移動」（注意事項を記載した書面を運転手に交付し，これを携帯させ遵守させること）．一般則第49条（車両に固定した容器による移動に係る技術上の基準等）第1項第二十一号参照．

問15 答（1）

イ 正しい．「特殊高圧ガスの車両移動」（事故時における荷送人への連絡措置）．一般則第50条（その他の場合における移動に係る技術上の基準等）第十三号で準用する第49条（車両に固定した容器による移動に係る技術上の基準等）第1項第十七号ハ及び第十九号イ参照．

ロ 誤り．「同一車両積載バルブ向き合い禁止容器等」（可燃性ガスと酸素の容器等）に係る技術上の基準で，酸素の残ガス容器とメタン（可燃性ガス）の残ガス容器を同一の車両に積載して移動するときは，これらの容器のバルブが相互に向き合わないようにする必要がある．一般則第50条（その他の場合における移動に係る技術上の基準等）

第七号参照.

ハ　誤り.「充てん容器等の車両積載移動」(高圧ガスの種類に関係なく警戒標の掲示)に係る技術上の基準で，高圧ガスを移動するとき，その車両の見やすい箇所に警戒標を掲げるべき高圧ガスは，可燃性ガス，毒性ガス，酸素及び三フッ化窒素に限らない．すべての高圧ガスの充てん容器及び残ガス容器（充てん容器等）の移動の際に警戒標を掲げる必要がある．一般則第50条（その他の場合における移動に係る技術上の基準等）第一号本文参照.

問16　答（2）

イ　誤り.「廃棄の技術上の基準に従うべき高圧ガス」(可燃性ガス，毒性ガス，特定不活性ガス及び酸素に限定）に係るもので，廃棄の技術上の基準に従うべき高圧ガスは，可燃性ガス，毒性ガス，特定不活性ガス及び酸素であるため，ヘリウムは，一般高圧ガス保安規則に定められている廃棄に係る技術上の基準に従うべき高圧ガスの種類に該当しない．一般則第61条（廃棄に係る技術上の基準に従うべき高圧ガスの指定）参照.

ロ　正しい.「充てん容器等の加熱方法」(熱湿布使用可能)．一般則第62条（廃棄に係る技術上の基準）第八号イ参照.

ハ　誤り.「酸素及び三フッ化窒素の廃棄」(器具の可燃物除去後実施可能）に係る技術上の基準で，バルブ及び廃棄に使用する器具の石油類，油脂類その他の可燃性の物を除去した後に廃棄すべき高圧ガスは，酸素及び三フッ化窒素に限られる．一般則第62条（廃棄に係る技術上の基準）第五号参照.

問17　答（4）

イ　誤り.「販売業者による台帳の備え」(特別な水素ガスを除いた高圧ガス）に係る技術上の基準で，販売業者は，圧縮水素を燃料として使用する車両に固定した燃料装置用容器に充てんする圧縮水素を販売する場合を除き，他の高圧ガスの販売業者にヘリウムを含めて高圧ガスを販売する場合，その引渡し先の保安状況を明記した台帳を備える必要がある．一般則第40条（販売業者等に係る技術上の基準）第一号参照.

ロ　正しい.「圧縮天然ガスの充てん容器等の引渡し」(容器再検査期間を6か月以上経過していないものかつその旨の明示があるもの)．一般則第40条（販売業者等に係る技術上の基準）第三号参照.

ハ　正しい.「圧縮天然ガスの販売」(ホースバンドで接続部分を締め付けていること)．一般則第40条（販売業者等に係る技術上の基準）第四号ト参照.

問18　答（2）

イ　正しい.「販売ガスの種類変更（追加も含む)」(遅滞なく都道府県知事等に届出)．法第20条の7（販売するガスの種類の変更）参照.

ロ　正しい.「塩素販売所の販売主任者の選任資格」(甲・乙種化学責任者免状，甲・乙種機械責任者免状又は第一種販売主任者免状の交付と6か月以上の規定ガスの製造又は販売経験)．一般則第72条（販売主任者の選任等）第2項本文及び表参照.

ハ　誤り.「販売主任者の選任・解任」(遅滞なく都道府県知事等に届出）に係るもので，選任していた販売主任者を解任し，新たに販売主任者を選任した場合は，遅滞なく，その旨を都道府県知事等に届け出なければならない．法第28条（販売主任者及び取扱主任者）第3項で準用する第27条の2（保安統括者，保安技術管理者及び保安係員）第5項参照.

問19　答（1）

イ　正しい.「溶接又は熱切断用の周知すべき高圧ガス」(アセチレン，天然ガス又は酸素)．一般則第39条（周知させるべき高圧ガスの指定等）第1項第一号参照.

ロ　誤り.「溶接又は熱切断用の周知すべき高圧ガス」(アセチレン，天然ガス又は酸素）に係るもので，溶接又は切断用の周知すべき高圧ガスは，アセチレン，天然ガス又は酸素であるから，水素は該当しない．一般則第39条（周知させるべき高圧ガスの指定等）第1項第一号参照.

ハ　誤り.「溶接又は熱切断用の周知すべき高圧ガス」(アセチレン，天然ガス又は酸素）に係るもので，エチレンは該当しない．一般則第39条（周知させるべき高圧ガスの指定等）第1項第一号参照.

問20　答（1）

イ　正しい.「購入者への必要な周知事項」

(消費設備を使用する場所の環境に関する基本的な事項). 一般則第39条(周知させるべき高圧ガスの指定等)第2項第三号参照.

ロ　誤り.「購入者への必要な周知事項」(消費設備の操作, 管理及び点検)に係るもので, 消費設備の操作, 管理及び点検に関し注意すべき基本的な事項は, その周知させるべき事項に該当する. 一般則第39条(周知させるべき高圧ガスの指定等)第2項第二号参照.

ハ　誤り.「購入者への必要な周知事項」(災害発生時における緊急措置及び連絡)に係るもので, ガス漏れを感知した場合その他高圧ガスによる災害が発生し, 又は発生するおそれがある場合に消費者がとるべき緊急の措置及び販売業者に対する連絡に関する基本的な事項は, その周知させるべき事項に該当する. 一般則第39条(周知させるべき高圧ガスの指定等)第2項第五号参照.

令和4年度　第一種販売　法令解答解説

問1　答（2）

イ　誤り．「オートクレーブに対する法の適用」（水素，アセチレン及び塩化ビニルは適用あり）に係るもので，オートクレーブ内における高圧ガスであっても，水素，アセチレン及び塩化ビニルは高圧ガス保安法の適用を受ける．法第3条（適用除外）第1項第八号及び令第2条（適用除外）第3項第六号参照．

ロ　正しい．「第一種製造者の特定高圧ガス消費者」（消費開始の日の20日前までに届出必要）．法第24条の2（消費）第1項参照．

ハ　誤り．「火気等の取扱い制限」（従業員も含む）に係るもので，販売業者がその販売所（特に定められたものを除く）において指定した場所では，その販売業者の従業者も含め，何人も火気を取り扱ってはならない．法第37条（火気等の制限）第1項参照．

問2　答（1）

イ　正しい．「保安教育」（すべての従業員が対象）．法第27条（保安教育）第4項参照．

ロ　誤り．「喪失容器の届出」（所有及び占有の容器）に係るもので，販売業者が容器を喪失したときに，遅滞なく，その旨を都道府県知事等又は警察官に届け出なければならないのは，その喪失した容器を所有していた場合だけでなく，占有していた場合も含まれる．法第63条（事故届）第1項本文及び第二号参照．

ハ　誤り．「販売事業の届出」（事業開始の日の20日前まで）に係るもので，販売業者は，同一の都道府県内に新たに販売所を設ける場合，その販売所における高圧ガスの販売の事業開始の日の20日前までに，その旨を都道府県知事等に届け出なければならない．法第20条の4（販売事業の届出）本文参照．

問3　答（4）

イ　誤り．「高圧ガスの定義」（三号ガス：液化ガス）に係るもので，常用の温度35°Cにおいて圧力が0.2 MPa以上（本問では0.2 MPa）となる液化ガスは，現在の圧力にかかわらず高圧ガスである．法第2条（定義）第三号参照．

ロ　正しい．「法の目的」（公共の安全の確保）．法第1条（目的）参照．

ハ　正しい．「容器等が火災を受けたときの応急措置」（水中沈下）．一般則第84条（危険時の措置）第四号参照．

問4　答（3）

イ　正しい．「高圧ガスの定義」（一号ガス：圧縮ガス）．法第2条（定義）第一号参照．

ロ　誤り．「輸入検査は高圧ガス及び容器」（都道府県知事等が実施）に係るもので，容器に充てんされた高圧ガスを輸入し陸揚地を管轄する都道府県知事等が行う輸入検査を受ける場合は，その検査対象は高圧ガス及び容器である．法第22条（輸入検査）第1項本文参照．

ハ　正しい．「帳簿の記載事項」（充てん容器ごとの充てん圧力）．一般則第95条（帳簿）第3項表中第一号参照．

問5　答（4）

イ　誤り．「第一種ガスと第二種ガスの貯蔵所の能力」（算定式から算出）に係るもので，貯蔵しようとするガスの容積が700 m^3の圧縮酸素（第二種ガス）及び貯蔵しようとするガスの容積が600 m^3の圧縮窒素（第一種ガス）の場合，項目別編の表1.1に示した$N = 1{,}000 + (2/3) \times M$の式から，$N$（基準量）を算出すると，$N = 1{,}000 + 2/3 \times 600 = 1{,}400\,m^3$となる．一方，圧縮酸素と圧縮窒素の合計貯蔵容量は$700\,m^3 + 600\,m^3 = 1{,}300\,m^3$となり，$N$の値を下回っているから，第二種貯蔵所に貯蔵することになる．法第16条（貯蔵所）第1項，令第5条表中第三号，一般則第103条（第一種貯蔵所に係る貯蔵容量の算定方式）及び項目別編の表1.1参照．

ロ　正しい．「第一種ガスの貯蔵所」（3,000 m^3以上で第一種貯蔵所）．令第5条表中第一号及び項目別編の表1.1参照．

ハ　正しい．「第二種ガスの貯蔵所」（1,000 m^3以上で第一種貯蔵所）．法第16条（貯蔵所）第3項，令第5条表中第二号及び項目別編の表1.1参照．

問6　答（4）

イ　誤り．「液化ガス充てん質量」（刻印等で表示されない）に係るもので，容器に充てんする液化ガスは，刻印等又は自主検査刻印等では容積のみが表示され，充てん質量は所定の計算によって算出される．法第48条（充てん）第4項第一号及び第二号，容器則第22条（液化ガスの質量の計算方法）参照．

ロ　正しい．**「容器製造者又は輸入者」（所定の刻印・標章の掲示で譲渡又は引渡し可能）．** 法第44条（容器検査）第1項本文参照．

ハ　正しい．**「容器又は附属品の廃棄」（使用不可）．** 法第56条（くず化その他の処分）第6項参照．

問7　答（1）

イ　正しい．**「溶接容器，超低温容器及びろう付け容器の容器再検査期間」（製造後20年未満では5年，20年以上では2年）．** 容器則第24条（容器再検査の期間）第1項第一号参照．

ロ　誤り．**「最高充てん圧力の刻印等が必要な容器」（圧縮ガス充てん容器，超低温容器及び液化天然ガス自動車燃料用容器に限定）** に係るもので，最高充てん圧力の刻印等が必要な容器は，圧縮ガス充てん容器，超低温容器及び液化天然ガス自動車燃料用容器に限定しているため，液化炭酸ガスを充てんする容器（超低温容器を除く）には，その容器に充てんすることができる最高充てん圧力の刻印等をする必要はない．容器則第8条（刻印等の方式）第1項第十二号参照．

ハ　誤り．**「液化アンモニア容器の表示」（容器表面積の1/2以上を白色，高圧ガスの名称，「毒」の明示）** に係るもので，液化アンモニア（毒性ガス）を充てんする容器に表示をすべき事項のうちには，その容器の外面の見やすい箇所に，その表面積の2分の1以上について行う白色の塗色，高圧ガスの名称及びその高圧ガスの性質を示す文字「毒」の明示がある．容器則第10条（表示の方法）第1項第一号及び第二号イ並びにロ参照．

問8　答（5）

イ　誤り．**「貯蔵能力1,000 kg以上3,000 kg未満の液化塩素の消費施設」（第一種及び第二種の各保安物件までそれぞれ所定の設備距離以上）** に係る技術上の基準で，貯蔵能力が質量2,000 kg（容積200 m^3）の液化塩素の消費施設は，その貯蔵設備の外面から第一種保安物件及び第二種保安物件に対し，それぞれ所定の距離を有しなければならない．同様に，その減圧設備についても，その必要がある．一般則第55条（特定高圧ガスの消費者に係る技術上の基準）第1項第二号参照．

ロ　正しい．**「消費施設に係る技術基準」（規模に応じた適切な防消火設備）．** 一般則第55条（特定高圧ガスの消費者に係る技術上の基準）第1項第二十七号参照．

ハ　正しい．**「特定高圧ガス消費設備」（使用開始・終了時の異常の有無及び1日1回以上の点検）．** 一般則第55条（特定高圧ガスの消費者に係る技術上の基準）第2項第三号参照．

問9　答（4）

イ　誤り．**「アンモニアの消費の室」（気密な構造の定めなし）** に係る技術上の基準で，アンモニアの消費は，気密な構造の室でしなければならない定めはない．一般則第60条（その他消費者に係る技術上の基準）第2項で準用する第55条（特定高圧ガスの消費者に係る技術上の基準）第1項第四号及び第二十二号参照．

ロ　正しい．**「可燃性ガス，酸素及び三フッ化窒素の消費設備」（5 m以内での火気使用及び引火性・発火性物の設置禁止）．** 一般則第60条（その他消費者に係る技術上の基準）第1項第十号参照．

ハ　正しい．**「酸素又は三フッ化窒素の消費」（石油類等可燃性物を除去した後に行う）．** 一般則第60条（その他消費者に係る技術上の基準）第1項第十五号参照．

問10　答（2）

イ　誤り．**「消費設備のバルブ又はコック」（すべて適切に操作可能な措置が必要）** に係る技術上の基準で，酸素の消費設備に設けたバルブのうち，保安上重大な影響を与えるバルブには，作業員が適切に操作することができるような措置を講じなければならない．同様に，それ以外のバルブにもその措置を講じる必要がある．一般則第60条（その他消費者に係る技術上の基準）第1項第五号参照．

ロ　誤り．**「消費設備の修理・清掃・消費の技**

術上の基準対象ガス」（可燃性ガス，毒性ガス及び酸素）に係る技術上の基準で，消費設備（家庭用設備を除く）の修理又は清掃及びその後の消費を，保安上支障のない状態で行わなければならないのは，毒性ガスを消費する場合のほか，可燃性ガス及び酸素も含まれる．一般則第60条（その他消費者に係る技術上の基準）第十七号ロ参照．

ハ　正しい．「容器等の加熱」（熱湿布は使用可能）．一般則第60条（その他消費者に係る技術上の基準）第1項第三号イ参照．

問11　答（4）

イ　誤り．「貯蔵方法の技術上の基準に従うべき高圧ガス」（可燃性ガス，毒性ガス，特定不活性ガス及び酸素）に係る技術上の基準で，貯蔵の方法に係る技術上の基準に従うべき高圧ガスの種類は，可燃性ガス，毒性ガス，特定不活性ガス及び酸素に限られている．なお，特定不活性ガスには一部適用除外が定められている．一般則第18条（貯蔵の方法に係る技術上の基準）第二号ロで準用する第6条（定置式製造設備に係る技術上の基準）第2項第八号参照．

ロ　正しい．「貯蔵の規制を受けない容積」（0.15 m^3 又は 1.5 kg 以下）．一般則第19条（貯蔵の規制を受けない容積）第1項及び第2項参照．

ハ　正しい．「容器による貯蔵」（第一種貯蔵所又は第二種貯蔵所）．法第16条（貯蔵所）第1項，法第17条の2第1項，一般則第23条（容器により貯蔵する技術上の基準）及び一般則第26条（第二種貯蔵所に係る技術上の基準）参照．

問12　答（3）

イ　正しい．「充てん容器等の置き方」（充てん容器と残ガス容器を区分すること）．一般則第18条（貯蔵の方法に係る技術上の基準）第二号ロで準用する第6条（定置式製造設備に係る技術上の基準）第2項第八号イ参照．

ロ　誤り．「充てん容器等の温度」（常に40℃以下）に係るもので，充てん容器について，その温度を常に所定の温度以下に保つべき定めがあり，残ガス容器についてもその定めがある．一般則第18条（貯蔵の方法に係る技術上の基準）第二号ロで準用する第6条（定置式製造設備に係る技術上の基準）第2項第八号ホ参照．

ハ　正しい．「可燃性ガスの容器置場への持ち込み」（携帯電燈のみ可能）．一般則第18条（貯蔵の方法に係る技術上の基準）第二号ロで準用する第6条（定置式製造設備に係る技術上の基準）第2項第八号チ参照．

問13　答（5）

イ　正しい．「容器置場」（警戒標の掲示）．一般則第6条（定置式製造設備に係る技術上の基準）第1項第四十二号イ参照．

ロ　正しい．「可燃性ガス及び酸素の容器置場」（1階建であるが，圧縮水素（20 MPa以下）のみ又は酸素のみでは2階建以下）．一般則第6条（定置式製造設備に係る技術上の基準）第1項第四十二号ロ参照．

ハ　正しい．「可燃性ガス及び酸素の容器置場の直射日光遮断措置」（爆風の上方向解放構造）．一般則第6条（定置式製造設備に係る技術上の基準）第1項第四十二号ホ参照．

問14　答（4）

イ　誤り．「車両固定した容器の移動」（開始前後の異常の有無の点検と補修）に係る技術上の基準で，移動を開始するときは，その移動する高圧ガスの漏えい等の異常の有無を点検し，異常のあるときは，補修その他の危険を防止するための措置を講じなければならない．同様に，移動を終了したときもその定めがある．一般則第49条（車両に固定した容器による移動に係る技術上の基準等）第1項第十三号参照．

ロ　正しい．「液化酸素3,000 kg（容積300 m^3）以上の車両移動の運転手の数」（連続運転時間により車両1台に2人）．一般則第49条（車両に固定した容器による移動に係る技術上の基準等）第1項第二十号本文及びロ参照．

ハ　正しい．「移動監視者の資格者」（所定の製造保安責任者免状の交付を受けている者又は講習の受講者）．一般則第49条（車両に固定した容器による移動に係る技術上の基準等）第1項第十七号本文及びロ（イ）参照．

問15　答（3）

イ　正しい．「酸素等の移動」（消火設備並びに応急措置に必要な資材及び工具等の携行）．一般則第50条（その他の場合における移動に係る技術上の基準等）第九号参照．

ロ　誤り．「高圧ガスの移動に係る技術上の基準等に従うべき高圧ガス」（1.5kg以下でも経済産業大臣が定めるもの以外は適用あり）に係る技術上の基準で，高圧ガスの移動に係る技術上の基準等に従うべき高圧ガスは，液化ガスにあっては質量1.5kg以下でも経済産業大臣が定めるもの以外は該当する．令第2条（適用除外）第3項第九号参照．

ハ　正しい．「毒性ガスの充てん容器等の移動」（木枠又はパッキンの施し）．一般則第50条（その他の場合における移動に係る技術上の基準等）第八号参照．

問16　答（5）

イ　正しい．「廃棄の技術上の基準に従うべき高圧ガスの種類」（可燃性ガス，毒性ガス，特定不活性ガス及び酸素に限定）．一般則第61条（廃棄に係る技術上の基準に従うべき高圧ガスの指定）参照．

ロ　正しい．「毒性ガスの廃棄」（危険・損害のない場所で少量ずつ）．一般則第62条（廃棄に係る技術上の基準）第三号参照．

ハ　正しい．「充てん容器等，バルブ又は配管の加熱」（温度40℃以下の温湯使用可能）．一般則第62条（廃棄に係る技術上の基準）第八号ロ参照．

問17　答（3）

イ　正しい．「販売業者による台帳の備え」（引渡し先の保安状況の明記）．一般則第40条（販売業者等に係る技術上の基準）第一号参照．

ロ　誤り．「充てん容器等の引渡し」（ガス漏えいのないもので外面に腐食等容器の使用上支障のないもの）に係る技術上の基準で，販売業者は，残ガス容器の引渡しであっても，外面に容器の使用上支障のある腐食，割れ，すじ，しわ等があるものを引き渡してはならない．一般則第40条（販売業者等に係る技術上の基準）第二号参照．

ハ　正しい．「圧縮天然ガスの充てん容器等の引渡し」（容器再検査期間を6か月以上経過していないものかつその旨の明示のあるもの）．一般則第40条（販売業者等に係る技術上の基準）第三号参照．

問18　答（2）

イ　誤り．「販売主任者の選任」（販売所ごと）に係るもので，同一の都道府県内に複数の販売所を有する販売業者は，販売所ごとに販売主任者を選任しなければならない．法第28条（販売主任者及び取扱主任者）第1項参照．

ロ　正しい．「販売主任者の選任・解任」（遅滞なく都道府県知事等に届出）．法第28条（販売主任者及び取扱主任者）第3項で準用する第27条の2（保安統括者，保安技術管理者及び保安係員）第5項参照．

ハ　誤り．「アンモニア販売所の販売主任者の資格」（甲・乙種化学責任者免状，甲・乙種機械責任者免状又は第一種販売主任者免状の交付と6か月以上の規定ガス（アセチレン・塩素は除外）の製造又は販売経験）に係るもので，アンモニアの販売所の販売主任者には，第一種販売主任者免状の交付を受け，アセチレン及び塩素の販売に関する6か月以上の経験を有している者であっても，選任することができない．アセチレン及び塩素は規定ガスに該当しない．一般則第72条（販売主任者の選任等）第2項本文及び表参照．

問19　答（1）

イ　正しい．「溶接又は熱切断用の周知すべき高圧ガス」（アセチレン，天然ガス又は酸素）．一般則第39条（周知させるべき高圧ガスの指定等）第1項第一号参照．

ロ　誤り．「溶接又は熱切断用の周知すべき高圧ガス」（アセチレン，天然ガス又は酸素）に係るもので，二酸化炭素（炭酸ガス）は該当しない．一般則第39条（周知させるべき高圧ガスの指定等）第1項第一号参照．

ハ　誤り．「溶接又は熱切断用の周知すべき高圧ガス」（アセチレン，天然ガス又は酸素）に係るもので，アルゴンは該当しない．一般則第39条（周知させるべき高圧ガスの指定等）第1項第一号参照．

問20　答（3）

イ　正しい．「購入者への周知の義務」（販売契約締結時及び周知して1年以上経過後の引渡しごと）．法第20条の5（周知させる義務）第1項及び一般則第38条（周知の義務）参照．

ロ　誤り.「購入者への必要な周知事項」(消費設備を使用する場所の環境に関する基本的な事項) に係るもので,「消費設備を使用する場所の環境に関する基本的な事項」は, 消費設備の購入者が管理すべき事項であり, 購入者にその周知させるべき事項である. 法第 20 条の 5 (周知させる義務) 第 1 項及び一般則第 39 条 (周知させるべき高圧ガスの指定等) 第 2 項第三号参照.

ハ　正しい.「購入者への必要な周知事項」(消費設備の操作, 管理及び点検). 法第 20 条の 5 (周知させる義務) 第 1 項及び一般則第 39 条 (周知させるべき高圧ガスの指定等) 第 2 項第二号参照.

令和3年度　第一種販売　法令解答解説

問1　答（1）

イ　誤り．「1 dL以下の容器充てん高圧ガス」（液化ガスであって35℃で0.8 MPa以下で経済産業大臣の定めるもの以外は法の適用あり）に係るもので，内容積が1 dL以下の容器に充てんされた液化ガスであって，温度35℃で0.8 MPa以下のもののうち経済産業大臣が定めるものは高圧ガス保安法の適用を受けない．したがって，それ以外は法の適用を受ける．なお，内容積が1 dL以下の容器及び密閉しないで用いられる容器については，法第40条～第56条の2の2及び第60条～第63条の規定は適用されないので，それ以外は法の適用を受ける．法第3条（適用除外）第1項第八号，第2項及び令第2条（適用除外）第3項第八号参照．

ロ　正しい．「火気等の取扱い制限」（指定場所に限定）．法第37条（火気等の制限）第1項参照．

ハ　誤り．「第二種貯蔵所の設置・貯蔵」（あらかじめ都道府県知事等に届出が必要）に係るもので，販売業者は容積300 m^3（液化ガスにあっては質量3,000 kg）以上1,000 m^3未満の高圧ガスを貯蔵するときは，あらかじめ都道府県知事等に届け出て設置する第二種貯蔵所において行わなければならない．法第17条の2第1項参照．

問2　答（3）

イ　該当する．「医療法に定める病院」（第一種保安物件に該当）．一般則第2条（用語の定義）第1項第五号ロ参照．

ロ　該当する．「収容定員300人以上である劇場」（第一種保安物件に該当）．一般則第2条（用語の定義）第1項第五号ハ参照．

ハ　該当しない．「学校教育法に定める大学」（第一種保安物件に非該当）に係るもので，学校教育法のうち大学は第一種保安物件から除外されている．一般則第2条（用語の定義）第1項第五号イ参照．

問3　答（1）

イ　正しい．「高圧ガスの定義」（三号ガス：液化ガス）．法第2条（定義）第三号参照．

ロ　誤り．「法の目的」（各種規制と自主的活動の促進）に係るもので，高圧ガス保安法は，高圧ガスによる災害を防止して公共の安全を確保する目的のため，高圧ガスの製造，貯蔵，販売，移動その他の取扱及び消費並びに容器の製造及び取扱を規制するとともに，民間事業者及び高圧ガス保安協会による高圧ガスの保安に関する自主的な活動を促進することも定めている．法第1条（目的）参照．

ハ　誤り．「販売業者による保安台帳」（保存期間の定めなし）に係るもので，販売業者が高圧ガスを容器により授受した場合，その高圧ガスの引渡し先の保安状況を明記した台帳の保存期間は，定められていない．液石則第41条（販売業者等に係る技術上の基準）第1項参照．

問4　答（4）

イ　誤り．「高圧ガスの定義」（一号ガス：圧縮ガス）に係るもので，圧縮ガス（圧縮アセチレンガスを除く）であって，温度35℃において圧力が1 MPaとなるものは，現在の圧力にかかわらず高圧ガスである．法第2条（定義）第一号参照．

ロ　正しい．「指定輸入検査機関合格」（都道府県知事等に届出後移動可能）．法第22条（輸入検査）第1項第一号及び第2項参照．

ハ　正しい．「高圧ガス販売事業の届出」（販売所ごとに事業開始の日の20日前まで）．法第20条の4（販売事業の届出）第1項本文参照．

問5　答（1）

イ　該当する．「特定高圧ガス消費者」（モノシランの圧縮ガス又は液化ガスで規模は関係なし）．法第24条の2（消費）第1項，第2項及び令第7条（政令で定める種類の高圧ガス）第1項参照．

ロ　該当しない．「特定高圧ガス消費者」（液化酸素3,000 kg以上を貯蔵して消費する者）に係るもので，液化酸素を3,000 kg以上貯蔵し，消費する者は特定高圧ガス消費者に該当するが，圧縮酸素を貯蔵しても該当しない．令第7条（政令で定める種類の高圧ガス）第2項表参照．

ハ　該当しない．「特定高圧ガス消費者」（圧縮天然ガス300 m^3以上を貯蔵して消費する者）に係るもので，圧縮天然ガス 300 m³ 以上貯蔵し，消費する者は特定高圧ガス消費者に該当するが，質量 3,000 kg の液化天然ガスを貯蔵し，消費する者は該当しない．令第 7 条（政令で定める種類の高圧ガス）第 2 項表参照．

問6　答（3）

イ　正しい．「高圧ガス容器充てん条件」（所定の刻印等がありかつ所定の期間内であること）．法第 48 条（充てん）第 1 項第一号及び第五号参照．

ロ　正しい．「容器の譲渡」（自主検査刻印等又は所定の刻印等で可能）．法第 44 条（容器検査）第 1 項本文参照．

ハ　誤り．「容器のくず化」（附属品も同様）に係るもので，容器の廃棄をする者は，その容器をくず化し，その他容器として使用することができないように処分しなければならない．容器の附属品の廃棄をする者についても同様の定めがある．法第 56 条（くず化その他の処分）第 6 項参照．

問7　答（2）

イ　誤り．「容器に高圧ガスの性質を示す文字の明示」（刻印等で示されても必要）に係るもので，可燃性ガスを充てんする容器には，その充てんすべき高圧ガスの名称が刻印等で示されていても，その高圧ガスの名称及び性質を示す文字を明示することと定められている．容器則第 10 条（表示の方法）第 1 項第二号イ及びロ参照．

ロ　誤り．「溶接容器，超低温容器及びろう付け容器の容器再検査期間」（製造後 20 年未満では 5 年，20 年以後では 2 年）に係るもので，溶接容器，超低温容器及びろう付け容器の容器再検査の期間は，容器の製造後 20 年未満では 5 年，20 年以上では 2 年である．容器則第 24 条（容器再検査の期間）第 1 項第一号参照．

ハ　正しい．「附属品の刻印の内容」（その附属品が装置される容器の種類）．容器則第 18 条（附属品検査の刻印）第 1 項第七号参照．

問8　答（5）

イ　正しい．「消費設備材料」（安全な化学的機械的性質を有するものを使用）．一般則第 55 条（特定高圧ガスの消費者に係る技術上の基準）第 1 項第五号参照．

ロ　正しい．「特殊高圧ガスの消費施設」（貯蔵能力が 3,000 kg（300 m³）未満であっても保安距離が必要）．一般則第 55 条（特定高圧ガスの消費に係る技術上の基準）第 1 項第二号参照．

ハ　正しい．「配管等の溶接接合の定めのある高圧ガス」（特殊高圧ガス，液化アンモニア及び液化塩素）．一般則第 55 条（特定高圧ガスの消費に係る技術上の基準）第 1 項第二十三号参照．

問9　答（2）

イ　誤り．「特定高圧ガス以外の高圧ガスで技術上の基準に従うべき高圧ガス」（可燃性ガス，毒性ガス，酸素及び空気）に係る技術上の基準で，特定高圧ガス以外の高圧ガスの消費で技術上の基準に従うべき高圧ガスは，可燃性ガス，毒性ガス，酸素及び空気の 4 種類に限られている．一般則第 59 条（その他消費に係る技術上の基準に従うべき高圧ガスの指定）参照．

ロ　正しい．「可燃性ガス，酸素及び三フッ化窒素の消費施設」（規模に応じた適切な消火設備）．一般則第 60 条（その他消費に係る技術上の基準）第 1 項第十二号参照．

ハ　誤り．「可燃性ガス，酸素及び三フッ化窒素の消費設備」（5 m 以内での火気使用及び引火性・発火性物の設置禁止）に係る技術上の基準で，可燃性ガス，酸素及び三フッ化窒素の消費に使用する設備（家庭用設備を除く）から 5 m 以内においては，特に定める措置を講じた場合を除き，喫煙及び火気（その設備内のものを除く）の使用を禁じ，かつ，引火性又は発火性の物を置いてはならない．三フッ化窒素の消費に使用する設備についてもその定めがある．一般則第 60 条（その他消費に係る技術上の基準）第 1 項第十号参照．

問10　答（4）

イ　誤り．「溶接等のアセチレンガス及び天然ガスの消費」（逆火，漏えい，爆発等の災害防止措置が必要）に係る技術上の基準で，溶接又は熱切断用のアセチレンガスの消費は，アセチレンガスの逆火，漏えい，爆発等による災害を防止するための措置を講じて行わなければならない．溶接又は熱切断用の天然ガスの消費についても，漏えい，爆発等による災害を防止するための措置を講じて行わなければならない旨の定めがある．一般則第60条（その他消費に係る技術上の基準）第1項第十三号及び第十四号参照．

ロ　正しい．「一般複合容器」（水中使用禁止）．一般則第60条（その他消費に係る技術上の基準）第1項第十九号参照．

ハ　正しい．「高圧ガス（酸素）の消費設備の点検」（使用開始・終了時異常の有無の点検及び1日1回以上）．一般則第60条（その他消費に係る技術上の基準）第1項第十八号参照．

問11　答（3）

イ　誤り．「充てん容器等の置き方」（充てん容器と残ガス容器を区分すること）に係る技術上の基準で，窒素の容器のみであっても，容器置場に置くときは，充てん容器及び残ガス容器にそれぞれ区分して置くべき定めがある．一般則第18条（貯蔵の方法に係る技術上の基準）第二号ロで準用する第6条（定置式製造設備に係る技術上の基準）第2項第八号イ参照．

ロ　誤り．「充てん容器等の温度」（常に40°C以下）に係るもので，圧縮酸素の充てん容器については，その温度を常に40°C以下に保つべき定めがある．同様に，その残ガス容器についてもその定めがある．一般則第18条（貯蔵の方法に係る技術上の基準）第二号ロで準用する第6条（定置式製造設備に係る技術上の基準）第2項第八号ホ参照．

ハ　正しい．「充てん容器等の取扱い」（衝撃・バルブ損傷防止かつ粗暴な取扱い禁止）．一般則第18条（貯蔵の方法に係る技術上の基準）第二号ロで準用する第6条（定置式製造設備に係る技術上の基準）第2項第八号ト参照．

問12　答（5）

イ　誤り．「可燃性ガス及び毒性ガスの充てん容器等の貯蔵」（通風の良い場所）に係るもので，毒性ガスであれば可燃性ガスでなくても高圧ガスの充てん容器及び残ガス容器は，漏えいしたとき滞留しないように，通風の良い場所で貯蔵しなければならない．一般則第18条（貯蔵の方法に係る技術上の基準）第二号イ参照．

ロ　正しい．「シアン化水素の充てん容器等の貯蔵」（1日1回以上の漏えい点検）．一般則第18条（貯蔵の方法に係る技術上の基準）第二号ハ参照．

ハ　正しい．「車両に容器を積載する貯蔵は禁止」（消防自動車等の例外あり）．一般則第18条（貯蔵の方法に係る技術上の基準）第二号ホ参照．

問13　答（2）

イ　正しい．「可燃性ガス及び酸素の容器置場」（1階建であるが，圧縮水素（20 MPa以下）のみ又は酸素のみでは2階建以下）．一般則第6条（定置式製造設備に係る技術上の基準）第1項第四十二号ロ参照．

ロ　正しい．「アンモニアの容器置場」（通風の良い構造及び速やかに除害するための措置）．一般則第26条（第二種貯蔵所に係る技術上の基準）第二号で準用する第23条（容器により貯蔵する場合の技術上の基準）第1項第三号でさらに準用する一般則第6条（定置式製造設備に係る技術上の基準）第1項第四十二号ヘ及びチ参照．

ハ　誤り．「可燃性ガス，特定不活性ガス，酸素及び三フッ化窒素の容器置場」（規模に応じた消火設備の設置）に係る技術上の基準で，容器置場において，その規模に応じ，適切な消火設備を適切な箇所に設けなければならないと定められている高圧ガスは，可燃性ガス及び酸素に限られておらず，特定不活性ガスや三フッ化窒素も同様である．一般則第6条（定置式製造設備に係る技術上の基準）第1項第四十二号ヌ参照．

問14　答（1）

イ　正しい．「可燃性ガス，特定不活性ガス，酸素又は三フッ化窒素の移動」（消火設備・応急措置用の資材及び工具等の携行）．一般則第49条（車両に固定した容器による移動に係る技術上の基準等）第1項第十四号参照．

ロ　誤り．「移動の開始・終了時の点検」（ガスの種類に関係なく漏えい等の異常の有無及び危険防止措置）に係る技術上の基準で，液化アンモニアの移動を終了したときは，漏えい等の異常の有無を点検しなければならない．同様に，液化窒素の移動を終了したときもその必要がある．一般則第49条（車両に固定した容器による移動に係る技術上の基準等）第1項第十三号参照．

ハ　誤り．「一定運転時間超の移動で運転者2人必要な高圧ガス」（特殊高圧ガス，液化水素，一定量以上の可燃性ガス，酸素及び毒性ガス）に係るもので，定められた運転時間を超えて移動する場合，その車両1台につき運転者2人を充てなければならないと定められている高圧ガスは，特殊高圧ガスだけではなく，液化水素，一定量以上の可燃性ガス，酸素及び毒性ガスなどである．一般則第49条（車両に固定した容器による移動に係る技術上の基準等）第1項第二十号本文及びロ並びに準用する第十七号参照．

問15　答（4）

イ　誤り．「充てん容器等の車両積載移動」（高圧ガスの種類に関係なく警戒標の掲示）に係る技術上の基準で，販売業者が販売のための高圧ガスを移動するときは，高圧ガスの種類に無関係に，その車両に警戒標を掲げる必要がある．したがって，二酸化炭素ガスを移動するときもその車両に警戒標を掲げる必要がある．一般則第50条（その他の場合における移動に係る技術上の基準等）第一号本文参照．

ロ　正しい．「同一車両積載禁止ガス容器等」（塩素充てん容器等とアセチレン，アンモニア又は水素の充てん容器等）．一般則第50条（その他の場合における移動に係る技術上の基準等）第六号本文及びロ参照．

ハ　正しい．「特殊高圧ガスの移動」（事故時における荷送人への連絡措置）．一般則第50条（その他の場合における移動に係る技術上の基準等）第十三号で準用する第49条（車両に固定した容器による移動に係る技術上の基準等）第1項第十七号ハ及び第十九号イ参照．

問16　答（4）

イ　誤り．「廃棄の技術上の基準に従うべき高圧ガス」（可燃性ガス，毒性ガス，特定不活性ガス及び酸素に限定）に係るもので，技術上の基準に従うべき高圧ガスは，可燃性ガス，毒性ガス，特定不活性ガス及び酸素に限られている．一般則第61条（廃棄に係る技術上の基準に従うべき高圧ガスの指定）参照．

ロ　正しい．「可燃性ガス，毒性ガス及び特定不活性ガスを継続かつ反復して廃棄する場合」（ガス滞留検知措置）．一般則第62条（廃棄に係る技術上の基準）第四号参照．

ハ　正しい．「酸素及び三フッ化窒素の廃棄」（器具の可燃物除去後実施可能）．一般則第62条（廃棄に係る技術上の基準）第五号参照．

問17　答（1）

イ　正しい．「圧縮天然ガスの一般消費者販売」（配管の気密試験設備の備え必要）．一般則第40条（販売業者等に係る技術上の基準）第五号参照．

ロ　誤り．「販売業者による台帳の備え」（引渡し先の保安状況の明記）に係る技術上の基準で，販売業者は，他の高圧ガスの販売業者に高圧ガス（本文ではヘリウムだが種類に無関係）を販売する場合，その引渡し先の保安状況を明記した台帳を備える必要がある．一般則第40条（販売業者等に係る技術上の基準）第一号参照．

ハ　誤り．「圧縮天然ガスの充てん容器等の引渡し」（容器再検査期間を6か月以上経過していないものかつその旨の明示のあるもの）に係る技術上の基準で，圧縮天然ガスの充てん容器の引渡しは，容器再検査の期間を6か月以上経過していないものであり，かつ，その旨を明示したものでなければならない．残ガス容器の引渡しの場合も同様である．一般則第40条（販売業者等に係る技術上の基準）第三号参照．

問18　答（2）

イ　正しい．「販売ガスの種類の変更（追加も含む）」（遅滞なく都道府県知事等に届出）．法第20条の7（販売するガスの種類変更）参照．

ロ　正しい．「アセチレン販売所の販売主任者の選任資格」（甲・乙種化学責任者免状，甲・乙種機械責任者免状又は第一種販売主任者免状の交付と6か月以上の規定ガスの製造又は販売経験）．一般則第72条（販売主任者の選任等）第2項本文及び表参照．

ハ　誤り．「販売主任者を選任する必要のある高圧ガス」（窒素は含まれず）に係るもので，販売業者が販売所に販売主任者を選任しなければならないと定められている高圧ガスに窒素は含まれていない．一般則第 72 条（販売主任者の選任等）第 1 項参照．

問 19　答（3）

イ　正しい．「溶接又は熱切断用の周知すべき高圧ガス」（アセチレン，天然ガス又は酸素）．一般則第 39 条（周知させるべき高圧ガスの指定等）第 1 項第一号参照．

ロ　誤り．「溶接又は熱切断用の周知すべき高圧ガス」（アセチレン，天然ガス又は酸素）に係るもので，エチレンは該当しない．一般則第 39 条（周知させるべき高圧ガスの指定等）第 1 項第一号参照．

ハ　正しい．「溶接又は熱切断用の周知すべき高圧ガス」（アセチレン，天然ガス又は酸素）．一般則第 39 条（周知させるべき高圧ガスの指定等）第 1 項第一号参照．

問 20　答（4）

イ　誤り．「販売業者等による周知時期」（販売契約締結時及び周知して 1 年以上経過後の引渡しごと）に係るもので，その周知させるべき時期は，その高圧ガスの販売契約の締結したとき及びその周知後 1 年以上経過して高圧ガスを引き渡した時である．一般則第 38 条（周知の義務）参照．

ロ　正しい．「購入者への必要な周知事項」（消費設備の操作，管理及び点検）．一般則第 39 条（周知させるべき高圧ガスの指定等）第 2 項第二号参照．

ハ　正しい．「購入者への必要な周知事項」（消費設備の変更に関し注意すべき基本的な事項）．一般則第 39 条（周知させるべき高圧ガスの指定等）第 2 項第四号参照．

令和2年度　第一種販売　法令解答解説

問1　答（2）

イ　誤り．「都道府県知事等又は警察官に事故届」（災害発生，容器喪失）に係るもので，販売業者は，その所有し，又は占有する高圧ガスについて災害が発生したときは，遅滞なく，その旨を都道府県知事等又は警察官に届け出なければならないが，その所有し，又は占有する容器を喪失したときも，その旨を都道府県知事等又は警察官に届け出なければならない．法第63条（事故届）第1項本文及び第一号並びに第二号参照．

ロ　正しい．「特定高圧ガス消費の届出」（消費開始の日の20日前までに届出必要）．法第24条の2（消費）第1項参照．

ハ　誤り．「高圧ガス販売事業の届出」（販売所ごとに事業開始の日の20日前まで）に係るもので，高圧ガスの販売の事業を営もうとする者は，販売所ごとに，事業の開始の日の20日前までに，その旨を都道府県知事等に届け出なければならない．法第20条の4（販売事業の届出）第1項本文参照．

問2　答（1）

イ　正しい．「充てん容器の危険状態の発見者」（直ちに都道府県知事等，警察官，消防吏員，消防団員又は海上保安官への届出）．法第36条（危険時の措置及び届出）第1項及び第2項参照．

ロ　誤り．「火気等の取扱い制限」（従業員も含む）に係るもので，販売業者がその販売所（特に定められたものを除く）において指定した場所では，その販売業者の従業者を含め，何人も火気を取り扱ってはならない．法第37条（火気等の制限）第1項参照．

ハ　誤り．「輸入検査は高圧ガス及び容器」（適合で高圧ガスの移動可能）に係るもので，容器に充てんしてある高圧ガスの輸入をした者は，輸入した高圧ガス及び容器について，都道府県知事等が行う輸入検査を受け，これが輸入検査技術基準に適合していると認められた場合には，その高圧ガスを移動することができる．法第22条（輸入検査）第1項本文参照．

問3　答（3）

イ　正しい．「法の目的」（容器の製造及び取扱いも規制）．法第1条（目的）参照．

ロ　正しい．「販売業者の法人について合併で新たな法人の設立」（その法人は販売業者の地位を承継）．法第20条の4の2（承継）第1項参照．

ハ　誤り．「高圧ガスの定義」（三号ガス：液化ガス）に係るもので，圧力が0.2 MPaとなる場合の温度が35℃以下である液化ガスは，常用の温度における圧力にかかわらず高圧ガスである．法第2条（定義）第三号参照．

問4　答（3）

イ　正しい．「高圧ガスの定義」（二号ガス：圧縮アセチレンガス）．法第2条（定義）第二号参照．

ロ　誤り．「移動の技術上に基準」（すべての高圧ガスに適用）に係る技術上の基準で，一般高圧ガス保安規則に定められている高圧ガスの移動に係る技術上の基準等に従うべき高圧ガスは，可燃性ガス，毒性ガス及び酸素の3種類のみではなく，フロン類の特定不活性ガスや窒素などの不活性ガスなども含む．一般則第48条（移動に係る保安上の措置及び技術上の基準），第49条（車両に固定した容器による移動に係る技術上の基準等）及び第50条（その他の場合における移動に係る技術上の基準等）参照．

ハ　正しい．「特定高圧ガス以外の高圧ガスで技術上の基準に従うべき高圧ガス」（可燃性ガス，毒性ガス，酸素及び空気）．一般則第59条（その他消費に係る技術上の基準に従うべき高圧ガスの指定）参照．

問5　答（1）

イ　正しい．「第一種ガスと第二種ガスの貯蔵所の能力」（算定式から算出）．法第16条（貯蔵所）第1項，法第17条の2，令第5条及び項目別編の表1.1参照．

ロ　誤り．「第二種ガスの貯蔵所」（1,000 m^3以上で第一種貯蔵所，300 m^3以上1,000 m^3未満で第二種貯蔵所）に係るもので，容積300 m^3の圧縮酸素（第二種ガス）及び質量700 kg（容積70 m^3）の液化酸素（第二種ガス）は，合計370 m^3であるから第二種貯蔵所となる．法第16条（貯蔵所）第1項，令

第5条及び項目別編の表1.1参照.

ハ　誤り.「第二種ガスの貯蔵所」(1,000 m^3 以上で第一種貯蔵所, 300 m^3 以上1,000 m^3 未満で第二種貯蔵所) に係るもので, 質量3,000 kg (容積300 m^3) の液化アンモニア (第二種ガス) は, 第二種貯蔵所である. 法第16条 (貯蔵所) 第1項, 令第5条及び項目別編の表1.1参照.

問6　答 (2)

イ　正しい.「容器外部の明示」(「燃」). 容器則第10条 (表示の方法) 第1項第二号ロ参照.

ロ　正しい.「液化塩素容器の塗色」(容器表面積の1/2以上を黄色) 容器則第10条 (表示の方式) 第1項第一号参照.

ハ　誤り.「容器外面の明示事項」(氏名, 名称, 住所及び電話番号) に係るもので, 圧縮窒素を充てんする容器の外面には, いかなる場合であっても, 容器の所有者 (容器の管理業務を委託している場合にあっては容器の所有者又はその管理業務受託者) の氏名又は名称, 住所及び電話番号を明示することが定められている. 容器則第10条 (表示の方式) 第1項第三号参照.

問7　答 (3)

イ　正しい.「容器の附属品であるバルブに圧力試験の刻印」(圧力 (記号TP, 単位メガパスカル) 及びM). 容器則第8条 (刻印等の方式) 第1項第十一号参照.

ロ　誤り.「充てん容器の刻印」(内容積 (記号V, 単位リットル)) に係るもので, 液化ガスを充てんする容器には, その容器の内容積 (記号V, 単位リットル) の刻印がされているが, その容器に充てんすることができる最大充てん質量 (記号W, 単位キログラム) の刻印はされていない. 容器則第8条 (刻印等の方式) 第1項第六号参照.

ハ　正しい.「一般継目なし容器の容器再検査期間」(5年). 容器則第24条 (容器再検査の期間) 第1項第三号参照.

問8　答 (1)

イ　正しい.「特殊高圧ガスの漏えい」(安全, かつ, 速やかに遮断措置). 一般則第55条 (特定高圧ガスの消費者に係る技術上の基準) 第1項第十八号参照.

ロ　誤り.「液化アンモニアの消費施設の減圧設備」(第一種及び第二種の各保安物件までそれぞれ所定の設備距離以上) に係る技術上の基準で, 液化アンモニアの消費施設は, その貯蔵設備の外面から第一種保安物件及び第二種保安物件に対し, それぞれ所定の距離以上の距離を有しなければならない. 同様に, 減圧設備についてもその定めがある. 一般則第55条 (特定高圧ガスの消費者に係る技術上の基準) 第1項第二号参照.

ハ　誤り.「配管等の溶接接合の定めのある高圧ガス」(特殊高圧ガス, 液化アンモニア及び液化塩素) に係る技術上の基準で, 液化塩素の消費設備に係る配管, 管継手又はバルブの接合は, 特に定める場合を除き, 溶接により行わなければならない. 同様に, 特殊高圧ガス又は液化アンモニアについてもその定めがある. 一般則第55条 (特定高圧ガスの消費者に係る技術上の基準) 第1項第二十三号参照.

問9　答 (3)

イ　正しい.「可燃性ガス又は毒性ガスの消費場所」(良好な通風と容器温度40°C以下). 一般則第60条 (その他消費に係る技術上の基準) 第1項第七号参照.

ロ　誤り.「可燃性ガス, 酸素及び三フッ化窒素の消費設備」(規模に応じた適切な消火設備) に係る技術上の基準で, 可燃性ガス及び酸素の消費施設 (在宅酸素療法用のもの及び家庭用設備に係るものを除く) には, その規模に応じて, 適切な消火設備を適切な箇所に設けなければならない. 同様に, 三フッ化窒素についてもその定めがある. 一般則第60条 (その他消費に係る技術上の基準) 第1項第十二号参照.

ハ　正しい.「溶接等のアセチレンガスの消費」(逆火, 漏えい, 爆発等の災害防止措置が必要). 一般則第60条 (その他消費に係る技術上の基準) 第1項第十三号参照.

問10　答 (1)

イ　正しい.「高圧ガス (可燃性ガス) の消費設備の点検」(使用開始・終了時異常の有無の点検及び1日1回以上). 一般則第60条 (その他消費に係る技術上の基準) 第1項第十八号参照.

ロ　誤り.「消費設備の修理・清掃・消費の技

術上の基準対象ガス」(可燃性ガス，毒性ガス及び酸素) に係る技術上の基準で，消費設備 (家庭用設備を除く) の修理又は清掃及びその後の消費を，危険を防止するための措置を講じて保安上支障のない状態で行わなければならないのは，可燃性ガス，毒性ガス又は酸素を消費する場合である．一般則第60条 (その他消費に係る技術上の基準) 第1項第十七号ロ参照．

ハ　誤り．「酸素又は三フッ化窒素の消費」(石油類等可燃性物を除去した後に行う) に係る技術上の基準で，消費設備に設けたバルブ及び消費に使用する器具の石油類，油脂類その他可燃性の物を除去した後に消費しなければならない高圧ガスは，酸素又は三フッ化窒素に限られている．一般則第60条 (その他消費に係る技術上の基準) 第1項第十五号参照．

問11　答 (2)

イ　正しい．「可燃性ガス，毒性ガス，特定不活性ガス及び酸素の充てん容器等の置き方」(区別すること)．一般則第18条 (貯蔵の方法に係る技術上の基準) 第二号ロで準用する第6条 (定置式製造設備に係る技術上の基準) 第2項第八号ロ参照．

ロ　正しい．「可燃性ガスの容器置場への持ち込み」(携帯電燈のみ可能)．一般則第18条 (貯蔵の方法に係る技術上の基準) 第二号ロで準用する第6条 (定置式製造設備に係る技術上の基準) 第2項第八号チ参照．

ハ　誤り．「容器置場に置ける物」(計量器等作業に必要な物以外禁止) に係る技術上の基準で，「容器置場には，計量器等作業に必要な物以外の物を置かないこと」の定めは，不活性ガスのみを貯蔵する容器置場にも適用される．一般則第18条 (貯蔵の方法に係る技術上の基準) 第二号ロで準用する第6条 (定置式製造設備に係る技術上の基準) 第2項第八号ハ参照．

問12　答 (2)

イ　誤り．「シアン化水素の充てん容器等の貯蔵」(1日1回以上の漏えい点検) に係る技術上の基準で，シアン化水素を貯蔵するときは，充てん容器については1日1回以上そのガスの漏えいがないことを確認しなければならない．同様に，残ガス容器についても，その定めがある (充てん容器等 (充てん容器と残ガス容器) について，その定めがある)．一般則第18条 (貯蔵の方法に係る技術上の基準) 第二号ハ参照．

ロ　正しい．「一般複合容器での貯蔵」(刻印等の年月から15年経過で使用不可)．一般則第18条 (貯蔵の方法に係る技術上の基準) 第二号ヘ参照．

ハ　誤り．「車両に容器を積載する貯蔵は禁止」(消防自動車等の例外あり) に係る技術上の基準で，不活性ガスの残ガス容器により高圧ガスを車両に積載して貯蔵することは禁じられているが，消防自動車等の例外がある．一般則第18条 (貯蔵の方法に係る技術上の基準) 第二号ホ参照．

問13　答 (4)

イ　誤り．「モノシラン，ジシラン及びホスフィンの容器置場」(自然発火したときの安全措置) に係る技術上の基準で，特殊高圧ガスの容器置場のうち，そのガスが漏えいし自然発火したとき安全なものとしなければならない容器置場は，モノシラン，ジシラン及びホスフィンに係るものに限られている．一般則第26条 (第二種貯蔵所に係る技術上の基準) 第二号で準用する第23条 (容器により貯蔵する場合の技術上の基準) 第1項第三号でさらに準用する一般則第6条 (定置式製造設備に係る技術上の基準) 第1項第四十二号ト参照．

ロ　正しい．「可燃性ガス，特定不活性ガス，酸素及び三フッ化窒素の容器置場」(規模に応じた消火設備の設置)．一般則第6条 (定置式製造設備に係る技術上の基準) 第1項第四十二号ヌ参照．

ハ　正しい．「可燃性ガス及び酸素の容器置場の直射日光遮断措置」(爆風の上方向解放構造)．一般則第6条 (定置式製造設備に係る技術上の基準) 第1項第四十二号ホ参照．

問14　答 (4)

イ　誤り．「可燃性ガス，毒性ガス，特定不活性ガス及び酸素の高圧ガス移動」(注意事項を記載した書面を運転手に交付し，これを携帯させ遵守させること) に係る技術上の基準で，高圧ガスの名称，性状及び移動中の災害防止のために必要な注意事項を記載した書面を運転者に交付し，移動中携行させ，これを遵守させなければならない高圧ガスは，可燃性ガス，毒性ガス，特定不活性ガス及び酸素で，液化窒素は定められていない．一般則第49条（車両に固定した容器による移動に係る技術上の基準等）第1項第二十一号参照．

ロ　正しい．「ガラス等の液面計使用禁止」（可燃性ガス，毒性ガス，特定不活性ガス及び酸素の充てん等容器）．一般則第49条（車両に固定した容器による移動に係る技術上の基準等）第1項第十一号参照．

ハ　正しい．「毒性ガスの移動」（防毒マスク，手袋，資材，薬剤，工具等の携行）．一般則第49条（車両に固定した容器による移動に係る技術上の基準等）第1項第十五号参照．

問15　答（1）

イ　正しい．「毒性ガスの充てん容器等の移動」（木枠又はパッキンの施し）．一般則第50条（その他の場合における移動に係る技術上の基準等）第八号参照．

ロ　誤り．「アルシン又はセレン化水素の移動」（漏えい時の除害措置）に係る技術上の基準で，特殊高圧ガスを移動するとき，その車両に当該ガスが漏えいしたときの除害の措置を講じなければならない特殊高圧ガスは，アルシン又はセレン化水素に限られている．一般則第50条（その他の場合における移動に係る技術上の基準等）第十一号参照．

ハ　誤り．「同一車両積載禁止ガス容器等」（塩素充てん容器等とアセチレン，アンモニア又は水素の充てん容器等）に係る技術上の基準で，塩素の充てん容器及び残ガス容器（容器等）と同一車両に積載してはならない高圧ガスの充てん容器及び残ガス容器（容器等）は，アセチレン，アンモニア又は水素に係るものに限られている．一般則第50条（その他の場合における移動に係る技術上の基準等）第六号本文及びロ参照．

問16　答（4）

イ　誤り．「廃棄の技術上の基準に従うべき高圧ガス」（可燃性ガス，毒性ガス，特定不活性ガス及び酸素に限定）に係るもので，毒性のないアルゴンは，廃棄に係る技術上の基準に従うべき高圧ガスではない．一般則第61条（廃棄に係る技術上の基準に従うべき高圧ガスの指定）参照．

ロ　正しい．「可燃性ガスの廃棄」（火気取扱い場所等を避け，通風の良い場所で少量ずつ）．一般則第62条（廃棄に係る技術上の基準）第二号参照．

ハ　正しい．「酸素及び三フッ化窒素の廃棄」（器具の可燃物除去後実施可能）．一般則第62条（廃棄に係る技術上の基準）第五号参照．

問17　答（1）

イ　正しい．「圧縮天然ガスの充てん容器等の引渡し」（容器再検査期間を6か月以上経過していないものかつその旨の明示のあるもの）．一般則第40条（販売業者等に係る技術上の基準）第三号参照．

ロ　誤り．「販売業者による台帳の備え」（高圧ガスの種類に無関係）に係る技術上の基準で，販売所に高圧ガスの引渡し先の保安状況を明記した台帳を備えなければならない販売業者は，高圧ガスの種類に無関係で，すべての高圧ガスの販売業者である．一般則第40条（販売業者等に係る技術上の基準）第一号参照．

ハ　誤り．「充てん容器等の引渡し」（ガス漏えいのないもので外面に腐食等容器の使用上支障のないもの）に係る技術上の基準で，充てん容器又は残ガス容器の引渡しは，そのガスが漏えいしていないものであっても，外面に容器の使用上支障のある腐食があるものを引き渡してはならない．一般則第40条（販売業者等に係る技術上の基準）第二号参照．

問18　答（4）

イ　正しい．「販売ガスの種類変更（追加も含む）」（遅滞なく都道府県知事等に届出）．法第20条の7（販売するガスの種類の変更）参照．

ロ　誤り．「販売主任者を選任する必要のある高圧ガス」（高圧ガスの種類に制限あり）に係るもので，販売する高圧ガスの種類によって，販売所ごとに販売主任者を選任しなければならない．法第28条（販売主任者及び取扱主任者）第1項及び一般則第72条（販売主任者の選任等）第1項参照．

ハ　正しい．「販売主任者の選任・解任」（遅滞なく都道府県知事等に届出）．法第28条

（販売主任者及び取扱主任者）第3項で準用する第27条の2（保安統括者，保安技術管理者及び保安係員）第5項参照．

問19　答（5）

イ　誤り．「溶接又は熱切断用の周知すべき高圧ガス」（アセチレン，天然ガス又は酸素）に係るもので，二酸化炭素（炭酸ガス）は該当しない．一般則第39条（周知させるべき高圧ガスの指定等）第1項第一号参照．

ロ　正しい．「溶接又は熱切断用の周知すべき高圧ガス」（アセチレン，天然ガス又は酸素）．一般則第39条（周知させるべき高圧ガスの指定等）第1項第一号参照．

ハ　正しい．「溶接又は熱切断用の周知すべき高圧ガス」（アセチレン，天然ガス又は酸素）．一般則第39条（周知させるべき高圧ガスの指定等）第1項第一号参照．

問20　答（2）

イ　誤り．「購入者への必要な周知事項」（消費設備を使用する場所の環境に関する基本的な事項）に係るもので，消費設備を使用する場所の環境に関する基本的な事項については，周知させるべき事項に該当する．一般則第39条（周知させるべき高圧ガスの指定等）第2項第三号参照．

ロ　正しい．「購入者への必要な周知事項」（消費設備の変更に関し注意すべき基本的な事項）．一般則第39条（周知させるべき高圧ガスの指定等）第2項第四号参照．

ハ　誤り．「購入者への必要な周知事項」（災害発生時における緊急措置及び連絡）に係るもので，ガス漏れを感知した場合その他高圧ガスによる災害が発生し，又は発生するおそれがある場合に消費者がとるべき緊急の措置及び販売業者に対する連絡に関する基本的な事項は，周知させるべき事項に該当する．一般則第39条（周知させるべき高圧ガスの指定等）第2項第五号参照．

令和元年度　第一種販売　法令解答解説

問1　答（3）

イ　正しい．「都道府県知事等又は警察官に容器の事故届」（窃盗）．法第63条（事故届）第1項本文及び第二号参照．

ロ　誤り．「移動の技術上の適用規模基準」（下限は無規定）に係るもので，一般高圧ガス保安規則に定められている高圧ガスの移動に係る技術上の基準等に従うべき高圧ガスは，毒性ガスに係るものについてはその規模の下限が定められていない．なお，液化ガスにあっては質量1.5 kg（容積0.15 m^3）を超えるものは貯蔵規制の適用がある．法第15条（貯蔵）第1項，第23条（移動）第1項及び第2項，一般則第19条（貯蔵の規制を受けない容積），第49条（車両に固定した容器による移動に係る技術上の基準）及び第50条（その他の場合における移動に係る技術上の基準）第一号かっこ書参照．

ハ　正しい．「高圧ガス販売事業の届出」（販売所ごとに事業開始の日の20日前まで）．法第20条の4（販売事業の届出）第1項本文参照．

問2　答（4）

イ　誤り．「何人も火器等の取扱制限」（承諾なしの発火性物質の携帯禁止）に係るもので，販売業者がその販売所において指定する場所では何人も火気を取り扱ってはならない．その販売所に高圧ガスを納入する第一種製造者の場合であっても，その販売業者の承諾を得ないで発火しやすいものを携帯してその場所に立ち入ることができない．法第37条（火気等の制限）第1項及び第2項参照．

ロ　正しい．「充てん容器の危険状態」（災害発生防止の応急措置）．法第36条（危険時の措置及び届出）第1項参照．

ハ　正しい．「輸入検査は高圧ガス及び容器」（適合で高圧ガスの移動可能）．法第22条（輸入検査）第1項本文参照．

問3　答（4）

イ　誤り．「法の目的」（高圧ガスの取扱い及び消費の規制及び自主的な活動の促進）に係るもので，高圧ガス保安法は，高圧ガスによる災害を防止して公共の安全を確保する目的のために，高圧ガスの製造，貯蔵，販売，移動その他の取扱及び消費の規制をすることのみではなく，民間事業者及び高圧ガス保安協会による高圧ガスの保安に関する自主的な活動を促進することを定めている．法第1条（目的）参照．

ロ　正しい．「液化酸素3,000 kg（300 m^3）未満の貯蔵」（第二種貯蔵所の貯蔵は不必要）．法第16条（貯蔵所）第1項，令第5条及び項目別編の表1.1参照．

ハ　正しい．「高圧ガスの定義」（三号ガス：液化ガス）．法第2条（定義）第三号参照．

問4　答（2）

イ　誤り．「高圧ガスの定義」（一号ガス：圧縮ガス）に係るもので，常用の温度35℃において圧力が1 MPa以上（本問では1 MPa）となる圧縮ガス（圧縮アセチレンガスを除く）であるものは，現在の圧力にかかわらず高圧ガスである．法第2条（定義）第一号参照．

ロ　誤り．「第二種ガスの第二種貯蔵所」（300 m^3以上1,000 m^3未満）に係るもので，販売業者が高圧ガスの販売のため，容積900 m^3の圧縮アセチレンガス（第二種ガス）を貯蔵するときは，第二種貯蔵所において貯蔵することができる．法第16条（貯蔵所）第1項，令第5条及び項目別編の表1.1参照．

ハ　正しい．「廃棄の技術上の基準に従うべき高圧ガス」（可燃性ガス，毒性ガス，特定不活性ガス及び酸素に限定）．一般則第61条（廃棄に係る技術上の基準に従うべき高圧ガスの指定）参照．

問5　答（3）

イ　正しい．「特定高圧ガス消費の届出」（消費開始の日の20日前までに届出必要）．法第24条の2（消費）第1項参照．

ロ　誤り．「貯蔵所の許可を受けた者が消費する場合」（消費の届出も必要）に係るもので，特定高圧ガス消費者であり，かつ，第一種貯蔵所の所有者でもある者は，その貯蔵について都道府県知事等の許可を受けているが，特定高圧ガスの消費をすることについて都道府県知事等に届出が必要である．

法第16条（貯蔵所）及び第24条の2（消費）第1項参照.

ハ　正しい.「アンモニア取扱主任者の選任資格」（第一種販売主任者免状交付者）. 法第28条（販売主任者及び取扱主任者）第2項及び一般則第73条（取扱主任者の選任）第三号参照.

問6　答（4）

イ　誤り.「液化ガス充てん質量」（刻印等で表示されない）に係るもので，容器に充てんする液化ガスは，刻印等又は自主検査刻印等では，容積のみが表示され充てん質量は所定の計算によって算出される. 法第48条（充てん）第4項第一号及び第二号，容器則第22条（液化ガスの質量の計算方法）参照.

ロ　正しい.「容器の譲渡」（自主検査刻印等又は所定の刻印等で可能）. 法第44条（容器検査）第1項本文及び第一号参照.

ハ　正しい.「刻印等がされなかった容器」（3か月以内にくず化）. 法第56条（くず化その他の処分）第3項参照.

問7　答（2）

イ　誤り.「圧縮ガス充てん容器の刻印の事項」（最高充てん圧力（記号FP，単位メガパスカル），及びM）に係るもので，容器検査に合格した容器であって圧縮ガスを充てんするものには，その容器の最高充てん圧力（記号FP，単位メガパスカル）及びMが刻印されていなければならない. 容器則第8条（刻印等の方式）第1項第十二号参照.

ロ　誤り.「酸素の充てん容器」（容器表面積の1/2以上を黒色，高圧ガスの名称）に係るもので，酸素を充てんする容器に表示をすべき事項のうちには，その容器の表面積の2分の1以上について行う黒色の塗色及びその高圧ガスの名称の明示がある.「液化酸素」が誤り. 容器則第10条（表示の方式）第1項第一号及び第二号イ参照.

ハ　正しい.「バルブ附属品再検査期間」（容器再検査期間と関係あり）. 容器則第27条（附属品再検査の期間）第1項第一号参照.

問8　答（5）

イ　正しい.「貯蔵能力が3,000 kg（300 m^3）未満の特殊高圧ガスの消費施設の減圧設備」（第一種及び第二種の各保安物件までそれぞれ所定の設備距離以上）. 一般則第55条（特定高圧ガスの消費者に係る技術上の基準）第1項第二号参照.

ロ　正しい.「消費施設に係る技術基準」（規模に応じた適切な防消火施設）. 一般則第55条（特定高圧ガスの消費者に係る技術上の基準）第1項第二十七号参照.

ハ　正しい.「配管等の溶接接合の定めのある高圧ガス」（特殊高圧ガス，液化アンモニア及び液化塩素）. 一般則第55条（特定高圧ガスの消費者に係る技術上の基準）第1項第二十三号参照.

問9　答（2）

イ　正しい.「特定高圧ガス以外の高圧ガスで技術上の基準に従うべき高圧ガス」（可燃性ガス，毒ガス，酸素及び空気）. 一般則第59条（その他消費に係る技術上の基準に従うべき高圧ガスの指定）参照.

ロ　正しい.「消費した後の措置」（閉じて容器転倒及びバルブ損傷防止）. 一般則第60条（その他消費に係る技術上の基準）第1項第十六号参照.

ハ　誤り.「溶接等の天然ガスの消費」（漏えい，爆発等の災害防止措置が必要）に係る技術上の基準で，溶接又は熱切断用の天然ガスの消費は，そのガスの漏えい，爆発等による災害を防止するための措置を講じて行うべき定めがある. 一般則第60条（その他消費に係る技術上の基準）第1項第十四号参照.

問10　答（4）

イ　誤り.「一般複合容器」（水中使用禁止）に係る技術上の基準で，一般複合容器は，水中で使用することができない. なお，一般複合容器とは，肉厚の薄い金属容器に繊維を巻き付けて樹脂で繊維を固定平滑仕上げした構造の容器を指す. 一般則第60条（その他消費に係る技術上の基準）第1項第十九号参照.

ロ　正しい.「消費設備の修理・清掃時の措置」（他の部分からのガスの漏えい防止）. 一般則第60条（その他消費に係る技術上の基準）第1項第十七号ニ参照.

ハ　正しい.「高圧ガス（酸素）の消費設備の点検」（使用開始・終了時異常の有無の点検及び1日1回以上）. 一般則第60条（その他

消費に係る技術上の基準）第1項第十八号参照．

問11　答（3）

イ　正しい．「容器置場に置ける物」（計量器等作業に必要な物以外禁止）．一般則第18条（貯蔵の方法に係る技術上の基準）第二号ロで準用する第6条（定置式製造設備に係る技術上の基準）第2項第八号ハ参照．

ロ　誤り．「充てん容器等の置き方」（充てん容器と残ガス容器を区分すること）に係る技術上の基準で，充てん容器等は，充てん容器と残ガス容器をいうが，圧縮空気であっても，充てん容器及び残ガス容器にそれぞれ区分して容器置場に置くべき高圧ガスとして定められている．一般則第18条（貯蔵の方法に係る技術上の基準）第二号ロで準用する第6条（定置式製造設備に係る技術上の基準）第2項第八号イ参照．

ハ　正しい．「可燃性ガス，毒性ガス，特定不活性ガス及び酸素の充てん容器等の置き方」（区分すること）．一般則第18条（貯蔵の方法に係る技術上の基準）第二号ロで準用する第6条（定置式製造設備に係る技術上の基準）第2項第八号ロ参照．

問12　答（1）

イ　正しい．「一般複合容器での貯蔵」（刻印等の年月から15年経過で使用不可）．一般則第18条（貯蔵の方法に係る技術上の基準）第二号へ参照．

ロ　誤り．「可燃性ガス及び毒性ガスの充てん容器等の貯蔵」（通風の良い場所）に係るもので，毒性ガスである液化塩素を貯蔵する場合は，通風の良い場所で行わなければならない．一般則第18条（貯蔵の方法に係る技術上の基準）第二号イ参照．

ハ　誤り．「車両に容器を固定又は積載する貯蔵は禁止」（消防自動車等の例外あり）に係る技術上の基準で，窒素を車両に積載した容器，又は車両に固定した容器により貯蔵することは禁じられているが，消防自動車等の例外がある．一般則第18条（貯蔵の方法に係る技術上の基準）第二号ホ参照．

問13　答（5）

イ　正しい．「可燃性ガス及び酸素の容器置場」（直射日光遮断措置）．一般則第6条（定置式製造設備に係る技術上の基準）第1項第四十二号ホ参照．

ロ　正しい．「可燃性ガス，特定不活性ガス，酸素及び三フッ化窒素の容器置場」（規模に応じた消火設備の設置）．一般則第6条（定置式製造設備に係る技術上の基準）第1項第四十二号ヌ参照．

ハ　正しい．「酸化エチレンの容器置場」（安全かつ速やかに除害するための措置）．一般則第26条（第二種貯蔵所に係る技術上の基準）第二号で準用する第23条（容器により貯蔵する場合の技術上の基準）第1項第三号でさらに準用する一般則第6条（定置式製造設備に係る技術上の基準）第1項第四十二号チ参照．

問14　答（4）

イ　誤り．「移動の開始・終了時の点検」（漏えい等の異常有無）に係る技術上の基準で，質量1,000 kg以上の液化塩素を移動するときは，移動監視者にその移動について監視させ，移動開始時に漏えい等の異常の有無を点検し，移動終了時にも同様の点検を行う必要がある．一般則第49条（車両に固定した容器による移動に係る技術上の基準等）第1項第十三号参照．

ロ　正しい．「液化酸素3,000 kg（300 m^3）以上の移動」（資格のある移動監視者による監視）．一般則第49条（車両に固定した容器による移動に係る技術上の基準等）第1項第十七号本文及びロ（イ）参照．

ハ　正しい．「高圧ガス移動であらかじめ講じるべき事故発生対応事項」（荷送人への連絡措置）．一般則第49条（車両に固定した容器による移動に係る技術上の基準等）第1項第十九号イ参照．

問15　答（2）

イ　誤り．「充てん容器等の車両積載移動」（高圧ガスの種類に関係なく警戒標の掲示）に係る技術上の基準で，販売業者が販売のための二酸化炭素を移動するときは，その車両に警戒標を掲げる必要がある．一般則第50条（その他の場合における移動に係る技術基準等）第一号本文参照．

ロ　正しい．「同一車両積載禁止ガス容器等」（塩素充てん容器等とアセチレン，アンモニア又は水素の充てん容器等）．一般則第50条（その他の場合における移動に係る技術上の基準等）第六号本文及びロ参照．

ハ　誤り．「酸素と可燃性ガスの充てん容器等の同一車両積載移動」（容器等のバルブが相互に向き合わないこと）に係る技術上の基準で，酸素の残ガス容器とメタンの残ガス容器を同一の車両に積載して移動するときは，これらの容器のバルブが相互に向き合わないようにする必要がある．一般則第50条（その他の場合における移動に係る技術上の基準等）第七号参照．

問16　答（3）

イ　正しい．「充てん容器等の加熱方法」（熱湿布使用可能）．一般則第62条（廃棄に係る技術上の基準）第八号イ参照．

ロ　誤り．「残ガス容器の土中埋立て廃棄」（ガスが容器に入ったままでは不可）に係る技術上の基準で，水素ガスの残ガス容器は，水素ガスが容器に存在したままでは容器を土中に埋めて廃棄してはならない．一般則第62条（廃棄に係る技術上の基準）第一号参照．

ハ　正しい．「廃棄の技術上の基準に従うべき高圧ガス」（可燃性ガス，毒性ガス，特定不活性ガス及び酸素に限定）．一般則第61条（廃棄に係る技術上の基準に従うべき高圧ガスの指定）参照．

問17　答（3）

イ　正しい．「販売業者による台帳の備え」（引渡し先の保安状況の明記）．一般則第40条（販売業者等に係る技術上の基準）第一号参照．

ロ　誤り．「充てん容器等の引渡し」（ガス漏えいのないもので外面に腐食等容器の使用上支障のないもの）に係る技術上の基準で，残ガス容器の引渡しであっても，外面に容器の使用上支障のある腐食，割れ，すじ，しわ等があるものを引き渡してはならない．一般則第40条（販売業者等に係る技術上の基準）第二号参照．

ハ　正しい．「圧縮天然ガスの充てん容器等の引渡し」（容器再検査期間を6か月以上経過していないものかつその旨の明示のあるもの）．一般則第40条（販売業者等に係る技術上の基準）第三号参照．

問18　答（2）

イ　正しい．「メタン販売所の販売主任者の選任資格」（甲・乙種化学責任者免状，甲・乙種機械責任者免状又は第一種販売主任者免状の交付と6か月以上の規定ガスの製造又は販売経験）．一般則第72条（販売主任者の選任等）第2項本文及び表参照．

ロ　正しい．「販売ガスの種類変更（追加も含む）」（遅滞なく都道府県知事等に届出）．法第20条の7（販売するガスの種類の変更）参照．

ハ　誤り．「販売主任者の選任・解任」（遅滞なく都道府県知事等に届出）に係るもので，選任していた販売主任者を解任し，新たに販売主任者を選任した場合には，その新たに選任した販売主任者だけではなく，解任についてもその旨を都道府県知事等に届け出なければならない．法第28条（販売主任者及び取扱主任者）第3項で準用する第27条の2（保安統括者，保安技術管理者及び保安係員）第5項参照．

問19　答（1）

イ　正しい．「溶接又は熱切断用の周知すべき高圧ガス」（アセチレン，天然ガス又は酸素）．一般則第39条（周知させるべき高圧ガスの指定等）第1項第一号参照．

ロ　誤り．「溶接又は熱切断用の周知すべき高圧ガス」（アセチレン，天然ガス又は酸素）に係るもので，水素は該当しない．一般則第39条（周知させるべき高圧ガスの指定等）第1項第一号参照．

ハ　誤り．「溶接又は熱切断用の周知すべき高圧ガス」（アセチレン，天然ガス又は酸素）に係るもので，アルゴンは該当しない．一般則第39条（周知させるべき高圧ガスの指定等）第1項第一号参照．

問20　答（4）

イ　誤り．「購入者への必要な周知事項」（消費設備の操作，管理及び点検）に係るもので，「消費設備に関し注意すべき基本的な事項」のうち，「消費設備の操作及び管理」はその周知させるべき事項の一つである．同様に，「消費設備の点検」も，周知させるべき事項に該当する．一般則第39条（周知させるべき高圧ガスの指定等）第2項第二号参照．

ロ　正しい．「購入者への必要な周知事項」（消費設備と高圧ガスの適応性）．一般則第

39条（周知させるべき高圧ガスの指定等）第2項第一号参照.

ハ　正しい.「購入者への必要な周知事項」（災害発生時における緊急措置及び連絡）.一般則第39条（周知させるべき高圧ガスの指定等）第2項第五号参照.

平成30年度　第一種販売　法令解答解説

問1　答（1）

イ　正しい．「帳簿保存期間」（2年間であるが，異常があった場合10年間）．一般則第95条（帳簿）第2項表参照．

ロ　誤り．「盗難容器の届出」（充てん容器又は非充てん容器に無関係）に係るもので，容器が盗まれた場合，その容器に高圧ガスが充てんされていなくても，その容器の所有者又は占有者は，その旨を都道府県知事等又は警察官に届け出なければならない．法第63条（事故届）第1項本文及び第二号参照．

ハ　誤り．「第一種貯蔵所の所有者が液化石油ガスを溶接・切断用として販売」（届出が必要）に係るもので，第一種貯蔵所（1,000 m^3 以上）の所有者が，その貯蔵する液化石油ガスをその貯蔵する場所において溶接又は熱切断用として販売する場合，貯蔵数量が常時5 m^3 以上であるから，その旨を都道府県知事等に届け出なければならない．法第20条の4（販売事業の届出）第二号及び令第6条（販売事業の届出をすることを要しない高圧ガス）参照．

問2　答（4）

イ　誤り．「災害発生防止のための応急措置を講じる者」（高圧ガス関係施設の所有者又は占有者）に係るもので，高圧ガスの貯蔵所が危険な状態となったときに，直ちに，災害の発生の防止のための応急の措置を講じなければならない者は，第一種貯蔵所，第二種貯蔵所又は充てん容器等の所有者又は占有者である．法第36条（危険時の措置及び届出）第1項参照．

ロ　正しい．「何人も火気等の取扱い制限」（指定場所に限定）．法第37条（火気等の制限）第1項参照．

ハ　正しい．「販売事業の全部の譲り渡し」（譲り受けた者は販売業者の地位を承継）．法第20条の4の2（承継）第1項参照．

問3　答（1）

イ　正しい．「法の目的」（公共の安全の確保）．法第1条（目的）参照．

ロ　誤り．「保安教育」（すべての従業者が対象）に係るもので，販売業者は，販売主任者免状の交付を受けている者を含め，その販売所のすべての従業者に対して保安教育を施す必要がある．法第27条（保安教育）第4項参照．

ハ　誤り．「高圧ガスの定義」（三号ガス：液化ガス）に係るもので，圧力が0.2 MPaとなる場合の温度が35℃以下である液化ガスであれば，現在の圧力にかかわらず高圧ガスである．法第2条（定義）第三号参照．

問4　答（2）

イ　誤り．「高圧ガスの定義」（一号ガス：圧縮ガス）に係るもので，温度35℃において圧力が1 MPa以上となる圧縮ガス（圧縮アセチレンガスを除く）であれば，現在の圧力にかかわらず高圧ガスであるが，本問ではその圧力が0.2 MPaなので高圧ガスではない．法第2条（定義）第一号参照．

ロ　誤り．「非密閉容器の高圧ガス」（政令で除外するもの以外適用あり）に係るもので，密閉しないで用いられる容器については，法第40条～第56条の2の2及び第60条～第63条の規定は適用されないが，高圧ガスについては政令で除外するもの以外適用される．法第3条（適用除外）第1項第八号及び第2項参照．

ハ　正しい．「特定高圧ガス消費者」（液化塩素では質量1,000 kg以上の貯蔵能力）．法第24条の2（消費）第1項，第2項及び令第7条（政令で定める種類の高圧ガス）第2項参照．

問5　答（3）

イ　正しい．「第二種ガスの第一種貯蔵所」（1,000 m^3 以上）．法第16条（貯蔵所）第1項，令第5条及び項目別編の表1.1参照．

ロ　正しい．「第一種と第二種ガスの両ガス取扱の貯蔵所の算定式」（$N = 1,000 + (2/3) \times M$：$M$は第一種ガス）．法第16条（貯蔵所）第1項，令第5条，一般則第103条（第一種貯蔵所に係る貯蔵容積の算定方式）及び項目別編の表1.1参照．

ハ　誤り．「第一種ガスの第一種貯蔵所」（3,000 m^3 以上）に係るもので，貯蔵しようとするガスの容積が2,800 m^3 の窒素は第一種ガスで3,000 m^3 未満であるため，第二種貯蔵所に貯蔵することとなる．法第16条（貯蔵所）第1項，令第5条及び項目別編の表1.1参照．

問6　答（3）

イ　誤り．「高圧ガスの容器への充てん条件」（所定の表示も条件）に係るもので，容器に所定の刻印等がされていることは，その容器に高圧ガスを充てんする場合の条件の一つであり，その容器に所定の表示をしてあることも，その条件の一つである．法第48条（充てん）第1項第一号～第三号参照．

ロ　誤り．「容器充てん量」（内容積から算出される質量以下）に係るもので，容器の外面に最高充てん質量は明示する定めはなく，刻印された内容積から計算式により最高充てん質量を算出する．容器則第8条（刻印等の方式）第1項第六号及び第22条（液化ガスの質量の計算の方法）参照．

ハ　正しい．「容器のくず化」（使用不可）．法第56条（くず化その他の処分）第6項参照．

問7　答（3）

イ　正しい．「圧縮ガス充てん容器の刻印の事項」（最高充てん圧力（記号FP，単位メガパスカル）及びM）．容器則第8条（刻印等の方式）第1項第十二号参照．

ロ　正しい．「バルブの刻印事項」（装着される容器の種類）．法第48条（充てん）第1項第三号参照．

ハ　誤り．「溶接容器，超低温容器及びろう付け容器の容器再検査期間」（製造後20年未満では5年，20年以上では2年）に係るもので，溶接容器，超低温容器及びろう付け容器の容器再検査期間は，その容器の製造後20年未満では5年，製造後20年以上では2年である．容器則第24条（容器再検査の期間）第1項第一号参照．

問8　答（5）

イ　正しい．「漏えいガスの滞留するおそれのある場所」（検知かつ警報設備の設置）．一般則第55条（特定高圧ガスの消費者に係る技術上の基準）第1項第二十六号参照．

ロ　正しい．「液化アンモニアの消費施設の減圧設備」（第一種及び第二種の各保安物件までそれぞれ所定の設備距離以上）．一般則第55条（特定高圧ガスの消費者に係る技術上の基準）第1項第二号参照．

ハ　正しい．「特殊高圧ガス，液化アンモニア及び液化塩素の漏えい」（安全，かつ，速やかな除害の実施）．一般則第55条（特定高圧ガスの消費者に係る技術上の基準）第1項第二十二号参照．

問9　答（3）

イ　誤り．「特定高圧ガス以外の高圧ガスで技術上の基準に従うべき高圧ガス」（可燃性ガス，毒性ガス，酸素及び空気）に係る技術上の基準で，消費に係る技術上の基準に従うべき高圧ガスは，可燃性ガス（高圧ガスを燃料として使用する車両において，その車両の燃料の用のみに消費される高圧ガスを除く），毒性ガス，酸素及び空気に限られている．一般則第59条（その他消費に係る技術上の基準に従うべき高圧ガスの指定）参照．

ロ　誤り．「消費した後の措置」（閉じて容器転倒及びバルブ損傷防止）に係る技術上の基準で，アセチレンガスを消費した後は，容器の転倒及びバルブの損傷を防止する措置を講じ，かつ，その容器のバルブは閉じておかなければならない．一般則第60条（その他消費に係る技術上の基準）第1項第十六号参照．

ハ　正しい．「溶接等のアセチレンガスの消費」（逆火，漏えい，爆発等の災害防止措置が必要）．一般則第60条（その他消費に係る技術上の基準）第1項第十三号参照．

問10　答（4）

イ　正しい．「充てん容器等のバルブの取扱」（静かな開閉）．一般則第60条（その他消費に係る技術上の基準）第1項第一号参照．

ロ　誤り．「消費設備の修理・清掃・消費の技術上の基準対象ガス」（可燃性ガス，毒性ガス及び酸素）に係る技術上の基準で，アセチレンガスの消費設備を開放して修理又は清掃をするときは，その消費設備のうち開放する部分に他の部分からガスが漏えいすることを防止するための措置を講じなければならない．同様に，酸素の消費設備についても，その定めがある．一般則第60条（その他消費に係る技術上の基準）第1項第十七号ロ参照．

ハ　正しい．「酸素又は三フッ化窒素の消費」（石油類等可燃性物の除去した後に行う）．

一般則第60条（その他消費に係る技術上の基準）第1項第十五号参照.

問11　答（1）

イ　正しい.「充てん容器等の車両積載貯蔵」（原則禁止であるが消防自動車等の例外あり）. 一般則第18条（貯蔵の方法に係る技術上の基準）第二号ホ参照.

ロ　誤り.「可燃性ガス, 毒性ガス, 特定不活性ガス及び酸素の充てん容器等の置き方」（区分すること）に係る技術上の基準で, 可燃性ガス（本問ではアンモニア）の充てん容器と, 毒性ガス（本問では液化塩素）及び酸素の充てん容器等は, それぞれ区分して容器置場に置かなければならない. 一般則第18条（貯蔵の方法に係る技術上の基準）第二号ロで準用する第6条（定置式製造設備に係る技術上の基準）第2項第八号ロ参照.

ハ　誤り.「可燃性ガス, 毒性ガスの容器置場」（周囲2m以内火気使用禁止かつ引火性・発火性の物の設置禁止）に係る技術上の基準で, 可燃性ガスの容器置場は, 特に定められた措置を講じた場合を除き, その周囲2m以内においては, 火気の使用を禁じ, かつ, 引火性又は発火性の物を置いてはならない. 同様に, 毒性ガスの容器置場についてもその定めがある. 一般則第18条（貯蔵の方法に係る技術上の基準）第一号ロ及び第二号ロで準用する第6条（定置式製造設備に係る技術上の基準）第2項第八号ニ参照.

問12　答（1）

イ　正しい.「可燃性ガスの容器置場への持ち込み」（携帯電燈のみ可能）. 一般則第18条（貯蔵の方法に係る技術上の基準）第二号ロで準用する第6条（定置式製造設備に係る技術上の基準）第2項第八号チ参照.

ロ　誤り.「充てん容器等の温度」（常に40°C以下）に係るもので, 圧縮窒素の残ガス容器を容器置場に置く場合, 高圧ガスの種類に関係なく常に温度40°C以下に保つ定めがある. 一般則第18条（貯蔵の方法に係る技術上の基準）第二号ロで準用する第6条（定置式製造設備に係る技術上の基準）第2項第八号ホ参照.

ハ　誤り.「可燃性ガス及び毒性ガスの充てん容器等の貯蔵」（通風の良い場所）に係る技術上の基準で, 通風の良い場所で貯蔵しなければならないのは, 可燃性ガスと毒性ガスの充てん容器及び残ガス容器（充てん容器等という）に限られている. 一般則第18条（貯蔵の方法に係る技術上の基準）第二号イ参照.

問13　答（4）

イ　正しい.「可燃性ガス及び酸素の容器置場」（1階建であるが, 圧縮水素（20MPa以下）のみ又は酸素のみでは2階建以下）. 一般則第6条（定置式製造設備に係る技術上の基準）第1項第四十二号ロ参照.

ロ　正しい.「可燃性ガス, 特定不活性ガス, 酸素及び三フッ化窒素の容器置場」（規模に応じた消火設備の設置）. 一般則第6条（定置式製造設備に係る技術上の基準）第1項第四十二号ヌ参照.

ハ　誤り.「アンモニアの容器置場」（通風の良い構造及び速やかに除害するための措置）に係る技術上の基準で, アンモニアの容器置場は, そのアンモニアが漏えいしたとき滞留しないような通風の良い構造であっても, 漏えいしたガスを安全に, かつ, 速やかに除害するための措置も講じる必要がある. 一般則第26条（第二種貯蔵所に係る技術上の基準）第二号で準用する第23条（容器により貯蔵する場合の技術上の基準）第1項第三号でさらに準用する一般則第6条（定置式製造設備に係る技術上の基準）第1項第四十二号ヘ及びチ参照.

問14　答（5）

イ　誤り.「移動の開始・終了時の点検」（漏えい等の異常の有無）に係る技術上の基準で, 液化窒素の移動を終了したとき, 漏えい等の異常の有無を点検し, 異常がなかった場合でも, 次回の移動開始時には点検を行う必要がある. 一般則第49条（車両に固定した容器による移動に係る技術上の基準等）第1項第十三号参照.

ロ　正しい.「液化アンモニア3,000kg以上の移動」（資格のある移動監視者による監視）. 一般則第49条（車両に固定した容器による移動に係る技術上の基準等）第1項第十七号本文及びロ（イ）参照.

ハ　正しい.「質量1,000kg以上の液化塩素の車両移動の運転手の数」（連続運転時間により車両1台に2人）．一般則第49条（車両に固定した容器による移動に係る技術上の基準等）第1項第二十号本文及びロ参照．

問15　答（4）

イ　誤り．「充てん容器等の車両積載移動」（高圧ガスの種類に関係なく警戒標の掲示）に係る技術上の基準で，高圧ガス容器を移動するときは，その車両の見やすい箇所に警戒標を掲げなければならない．高圧ガスの種類に無関係に警戒標を掲げなければならない．一般則第50条（その他の場合における移動に係る技術基準等）第一号本文参照．

ロ　正しい．「可燃性ガス，酸素及び三フッ化窒素の充てん容器等の車両移動」（消火設備並びに応急措置に必要な資材・工具の携行）．一般則第50条（その他の場合における移動に係る技術上の基準等）第九号参照．

ハ　正しい．「可燃性ガス，毒性ガス及び酸素の高圧ガス移動」（注意事項を記載した書面を運転手に交付し，これを携帯させ遵守させること）．一般則第50条（その他の場合における移動に係る技術基準等）第十三号で準用する第49条（車両に固定した容器による移動に係る技術上の基準等）第1項第二十一号参照．

問16　答（3）

イ　誤り．「廃棄した後の容器」（バルブは閉じる）に係る技術上の基準で，高圧ガス（酸素）を廃棄した後は，バルブを閉じ，容器の転倒及びバルブの損傷を防止する措置を講じなければならない．一般則第62条（廃棄に係る技術上の基準）第六号参照．

ロ　誤り．「可燃性ガス，毒性ガスまたは特定不活性ガスを継続かつ反復して廃棄する場合」（通風の良い場所及びガス滞留検知措置）に係る技術上の基準で，可燃性ガスを継続かつ反復して廃棄するとき，通風の良い場所で行うとともに，そのガスの滞留を検知するための措置を講じる必要がある．一般則第62条（廃棄に係る技術上の基準）第二号及び第四号参照．

ハ　正しい．「廃棄のため充てん容器等の加熱」（40℃以下となる自動制御装置付き空気調和設備の使用可能）．一般則第62条（廃棄に係る技術上の基準）第八号ハ参照．

問17　答（2）

イ　誤り．「販売業者による台帳の備え」（高圧ガスの種類に無関係）に係る技術上の基準で，販売所に高圧ガスの引渡し先の保安状況を明記した台帳を備えなければならない販売業者は，高圧ガスの種類に無関係で，すべての高圧ガスの販売業者である．一般則第40条（販売業者等に係る技術上の基準）第一号参照．

ロ　正しい．「圧縮天然ガスの一般消費者販売」（配管の気密試験設備の備えが必要）．一般則第40条（販売業者等に係る技術上の基準）第五号参照．

ハ　誤り．「圧縮天然ガスの充てん容器等の引渡し」（容器再検査期間を6か月以上経過していないものかつその旨の明示のあるもの）に係る技術上の基準で，圧縮天然ガスを充てんした容器であって，そのガスが漏えいしていないものであっても，容器が容器再検査の期間を6か月以上経過していないものであって，かつ，その旨を明示したものでなければ，そのガスを引き渡してはならない．一般則第40条（販売業者等に係る技術上の基準）第三号参照．

問18　答（4）

イ　誤り．「販売主任者の選任・解任」（遅滞なく都道府県知事等に届出）に係るもので，販売業者は，高圧ガスの貯蔵を伴わない販売所の販売主任者を選任又は解任したときは，その旨を都道府県知事に届け出る必要がある．法第28条（販売主任者及び取扱主任者）第3項で準用する第27条の2（保安統括者，保安技術管理者及び保安係員）第5項参照．

ロ　正しい．「販売ガスの種類変更（追加も含む）」（遅滞なく都道府県知事等に届出）．法第20条の7（販売するガスの種類の変更）参照．

ハ　正しい．「塩素販売所の販売主任者の選任資格」（甲・乙種化学責任者免状，甲・乙種機械責任者免状又は第一種販売主任者免状の交付と6か月以上の規定ガスの製造又は販売経験）．一般則第72条（販売主任者の選任等）第2項本文及び表参照．

問19　答（3）

イ　正しい．「溶接又は熱切断用の周知すべき高圧ガス」（アセチレン，天然ガス又は酸素）．一般則第39条（周知させるべき高圧ガスの指定等）第1項第一号参照．

ロ　正しい．「溶接又は熱切断用の周知すべき高圧ガス」（アセチレン，天然ガス又は酸素）．一般則第39条（周知させるべき高圧ガスの指定等）第1項第一号参照．

ハ　誤り．「溶接又は熱切断用の周知すべき高圧ガス」（アセチレン，天然ガス又は酸素）に係るもので，二酸化炭素は該当しない．一般則第39条（周知させるべき高圧ガスの指定等）第1項第一号参照．

問20　答（1）

イ　正しい．「購入者への必要な周知事項」（消費設備の変更に関し注意すべき基本的な事項）．一般則第39条（周知させるべき高圧ガスの指定等）第2項第四号参照．

ロ　誤り．「購入者への必要な周知事項」（消費設備を使用する場所の環境に関する基本的な事項）に係るもので，「消費設備を使用する場所の環境に関する基本的な事項」は，周知させるべき事項である．一般則第39条（周知させるべき高圧ガスの指定等）第2項第三号参照．

ハ　誤り．「購入者への必要な周知事項」（消費設備の操作，管理及び点検）に係るもので，「消費設備の操作，管理及び点検に関し注意すべき基本的な事項」は，その周知させるべき事項である．一般則第39条（周知させるべき高圧ガスの指定等）第2項第二号参照．

第 2 章

保安管理技術

2.1 気体の分子量の算出

問題1 【令和5年 問1】

標準状態（0°C，0.1013 MPa）において，体積が 10.2 m^3，質量が 20.1 kg の気体がある．この気体の分子量はおよそいくらか．理想気体として計算せよ．

（1）16　（2）28　（3）44　（4）58　（5）71

解説 すべての気体は標準状態（0°C，0.1013 MPa）で 1 kmol 当たり体積 22.4 m^3 であるから，体積が 10.2 m^3 となるキロモル数を求めると，

$10.2\ m^3/(22.4\ m^3/kmol) = 10.2/22.4$〔kmol〕

となる．この気体のキロモル質量を M〔kg/kmol〕とすれば，次式が成立する．

$10.2/22.4$〔kmol〕$\times M$〔kg/kmol〕$= 20.1$ kg

$M = 20.1 \times 22.4/10.2 \fallingdotseq 44$ kg/kmol

分子量は単位を除いて 44 となる．

以上から（3）が正解．

▶答（3）

問題2 【令和5年 問4】

標準状態（0°C，0.1013 MPa）において，10.0 m^3 の窒素と 10.0 kg のアルゴンを混合したとき，この混合気体の平均分子量はおよそいくらか．ただし，アルゴンの分子量は 40 とし，理想気体として計算せよ．

（1）30　（2）32　（3）34　（4）36　（5）38

解説 混合気体のうち窒素（N_2：分子量 28）が占める気体の割合（モル分率）に窒素の分子量を掛けた値と，アルゴン（Ar：分子量 40）が占める割合にアルゴンの分子量を掛けた値の和が，混合気体の平均分子量となる．

アルゴン 10.0 kg の体積（アルゴン：1 kmol 当たり　質量 40 kg，体積 22.4 m^3）

$10.0\ kg/40\ kg \times 22.4\ m^3 = 5.6\ m^3$

混合気体の体積比

窒素　$10.0\ m^3/(10.0\ m^3 + 5.6\ m^3) = 10.0/15.6$

アルゴン　$5.6\ m^3/(10.0\ m^3 + 5.6\ m^3) = 5.6/15.6$

平均分子量

$10.0/15.6 \times 28 + 5.6/15.6 \times 40 \fallingdotseq 32$

以上から（2）が正解．

▶答（2）

題3

【令和3年 問4】 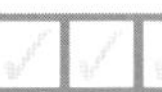

標準状態（0°C，0.1013 MPa）において，5.0 m^3 の窒素と 10.0 m^3 の二酸化炭素を混合すると，この混合気体の平均分子量はおよそいくらか．理想気体として計算せよ．

（1）30　（2）33　（3）36　（4）39　（5）42

解説　窒素と二酸化炭素のモル分率にそれぞれの分子量を掛けて合計したものが平均分子量となる．気体の場合は，気体の含有率がモル分率となる．

窒素（N_2：分子量 28）のモル分率は

$$5.0/(5.0 + 10.0) = 5.0/15.0 \quad ①$$

二酸化炭素（CO_2：分子量 44）のモル分率は

$$10.0/(5.0 + 10.0) = 10.0/15.0 \quad ②$$

平均分子量は，式①と式②から

$$28 \times 5.0/15.0 + 44 \times 10.0/15.0 \fallingdotseq 39$$

となる．

以上から（4）が正解．

▶答（4）

問題4

【令和2年 問1】 

標準状態（0°C，0.1013 MPa）において体積が 7.0 m^3 となる質量 10.0 kg の気体がある．この気体の分子量はおよそいくらか．理想気体として計算せよ．

（1）17　（2）28　（3）32　（4）44　（5）58

解説　1 kmol の気体の体積は標準状態（0°C，0.1013 MPa）で 22.4 m^3 であるから，体積が 7.0 m^3 の気体のキロモル数を求めると，

$$7.0\,m^3/(22.4\,m^3/kmol) = 7.0/22.4\ 〔kmol〕$$

となる．この気体のキロモル質量を M〔kg/kmol〕とすれば，次式が成立する．

$$7.0/22.4\ 〔kmol〕\times M\ 〔kg/kmol〕= 10.0\,kg$$

$$M = 10.0\,kg \times 22.4/7.0\ 〔kmol^{-1}〕= 32\,kg/kmol$$

分子量は単位を取って 32 となる．

以上から（3）が正解．

▶答（3）

問題5

【令和元年 問4】

体積の割合が窒素 60%，水素 40% である混合気体の平均分子量はおよそいくらか．理想気体として計算せよ．

（1）9　（2）12　（3）15　（4）18　（5）21

解説　窒素（N_2）の分子量は 28，水素（H_2）の分子量は 2 であるから，混合気体の平

均分子量は次のように算出される．

$$28 \times 60/100 + 2 \times 40/100 = 17.6 \fallingdotseq 18$$

以上から（4）が正解． ▶答（4）

問題6 【平成30年 問1】

標準状態（0°C，0.1013 MPa）において，$5\,m^3$ のアルゴンと 3 kg の酸素を混合すると，この混合気体の平均分子量はおよそいくらか．ただし，アルゴンの分子量は40とし，理想気体として計算せよ．

（1）33　（2）34　（3）36　（4）38　（5）39

解説 酸素（O_2）の体積を算出する．分子量は，標準状態（0°C，0.1013 MPa）の体積 $22.4\,m^3$ の質量〔kg〕から単位を取ったものである．したがって，$22.4\,m^3$ のうちアルゴン（Ar）が占める割合にアルゴンの分子量40を掛けた値と，酸素が占める割合に酸素の分子量32を掛けた値の和が平均分子量となる．

1）酸素の体積（酸素：$22.4\,m^3/32\,kg$）

$$3\,kg/32\,kg \times 22.4\,m^3 = 2.1\,m^3$$

2）混合気体の体積比

アルゴン　$5\,m^3/(5\,m^3 + 2.1\,m^3) = 5/7.1$

酸素　$2.1\,m^3/(5\,m^3 + 2.1\,m^3) = 2.1/7.1$

3）平均分子量

$$5/7.1 \times 40 + 2.1/7.1 \times 32 \fallingdotseq 38$$

以上から（4）が正解． ▶答（4）

問題7 【平成30年 問4】

標準状態（0°C，0.1013 MPa）において密度が $1.96\,kg/m^3$ である気体の分子量はおよそいくらか．理想気体として計算せよ．

（1）16　（2）17　（3）28　（4）32　（5）44

解説 標準状態（0°C，0.1013 MPa）の気体の場合，$22.4\,m^3$ の質量〔kg〕がキロモル質量〔kg/kmol〕となり，その単位を取ったものが分子量である．

$$1.96\,kg/m^3 \times 22.4\,m^3/kmol \fallingdotseq 44\,kg/kmol$$

したがって，分子量は，単位を取って44となる．

以上から（5）が正解． ▶答（5）

2.2 混合気体の質量の算出

問題1 【令和4年 問1】

標準状態（0°C，0.1013 MPa）で体積 $7.0\,m^3$ を占める酸素と，227 mol の二酸化炭素（炭酸ガス）を混合した．この混合ガスの質量はおよそいくらか．理想気体として計算せよ．

(1) 12 kg　(2) 14 kg　(3) 16 kg　(4) 18 kg　(5) 20 kg

解説 気体であれば，気体の種類に関係なく，標準状態（0°C，0.1013 MPa）における体積 $22.4\,m^3$ は質量 1 kmol に等しい．酸素（O_2：分子量 32）のキロモル質量は 32 kg/kmol であるから，次の関係がある．

酸素：1 kmol 当たり　質量 32 kg，体積 $22.4\,m^3$　①

酸素 $7.0\,m^3$ の質量は，式①から

$7.0\,m^3/22.4\,m^3 \times 32\,kg = 7.0/22.4 \times 32\,kg$　②

二酸化炭素（炭酸ガス，CO_2：分子量 44）のモル質量は 44 g/mol であるから，二酸化炭素 227 mol の質量は，

$227\,mol \times 44\,g/mol = 2.27 \times 4.4\,kg$　③

混合ガスの質量は，式②と式③の合計を算出すればよい．

$7.0/22.4 \times 32\,kg + 2.27 \times 4.4\,kg \fallingdotseq 20\,kg$

以上から（5）が正解．

▶答（5）

問題2 【令和元年 問1】

標準状態（0°C，0.1013 MPa）において，$5.0\,m^3$ の窒素と 300 mol の酸素を混合すると，この混合気体の質量はおよそいくらか．理想気体として計算せよ．

(1) 14 kg　(2) 16 kg　(3) 18 kg　(4) 20 kg　(5) 22 kg

解説 窒素（N_2：分子量 28）1 kmol 当たりの体積と質量　$22.4\,m^3$，28 kg

酸素（O_2：分子量 32）1 kmol 当たりの体積と質量　$22.4\,m^3$，32 kg

なお，気体 1 kmol 当たりの体積は気体の種類にかかわらず $22.4\,m^3$ で，1 kmol 当たりの質量〔kg〕はキロモル質量〔kg/kmol〕に相当する．

以上から次のような計算式で混合気体の質量が算出される．ここで，300 mol = 0.3 kmol である．

$5.0\,m^3/(22.4\,m^3/kmol) \times 28\,kg/kmol + 0.3\,kmol \times 32\,kg/kmol \fallingdotseq 16\,kg$

以上から（2）が正解．

▶答（2）

2.3 原子，分子，元素，化合物および物質の性質

問題 1

【令和5年 問2】 

次のイ，ロ，ハ，ニの記述のうち，正しいものはどれか．

イ．分子は，ヘリウムなどの単原子分子の場合を除き，複数の原子が化学的に結合してできている．

ロ．アセチレンは，2種類の元素からできている混合物である．

ハ．原子量の単位は，g/molである．

ニ．アボガドロの法則によれば，すべての気体1 molは，温度，圧力が同じならば，同一の体積を占める．

(1) イ，ロ　(2) イ，ニ　(3) ロ，ハ　(4) ハ，ニ　(5) イ，ロ，ニ

解説 イ　正しい．分子は，ヘリウムなどの単原子分子の場合を除き，複数の原子が化学的に結合してできている．

ロ　誤り．アセチレン（HC≡CH）は，2種類の元素からできている化合物である．混合物ではない．

ハ　誤り．原子量は，炭素（C）の同位元素^{12}Cの原子1個の質量の相対値を12としたときの，他の原子の相対質量をもって原子の質量を表す値であるから，単位はない．なお，g/molは，原子の数をアボガドロ数（6.02×10^{23}）集めた場合（1 mol）の質量〔g〕をいい，モル質量ともいう．

ニ　正しい．アボガドロの法則によれば，すべての気体1 molは，温度，圧力が同じならば，原子の大きさを無視するから，同一の体積を占める．なお，現実の気体は分子の大きさが異なるため，厳密には同一の体積にはならない．

以上から（2）が正解．

▶答（2）

問題 2

【令和4年 問2】 

次のイ，ロ，ハ，ニの記述のうち，正しいものはどれか．

イ．窒素は，2種類の元素からできている．

ロ．原子量には単位がない．

ハ．二酸化炭素の状態は，臨界温度以下では，温度，圧力の変化によって，液体，気体の2つの間で変化する．

ニ．直接，固体から気体になる状態変化は，昇華である．

(1) イ，ロ　(2) イ，ハ　(3) ロ，ニ　(4) ハ，ニ　(5) ロ，ハ，ニ

解説 イ　誤り．窒素（N_2）は，1種類の元素（N）からできている．

ロ　正しい．原子量は，炭素（C）の同位元素 ^{12}C の原子1個の質量の相対値を12としたときの，他の原子の相対質量をもって原子の質量を表す値であるから，単位はない．なお，質量数とは陽子と中性子の数の合計数である．

ハ　誤り．二酸化炭素の状態は，**図2.1**において，臨界温度（C点）以下では，温度，圧力の変化によって，液体（B点より左側），液体と飽和蒸気（BA間）および気体（A点より右側）の3つの間で変化する．

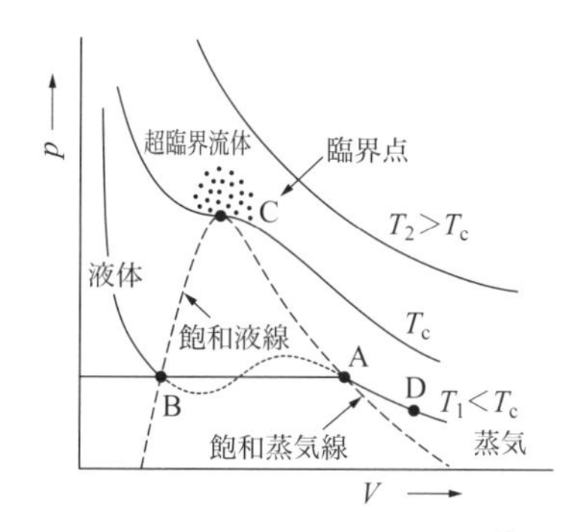

図2.1　実在気体の *pVT* 関係（*p*-*V*）[3]

ニ　正しい．直接，固体から気体になる状態変化は，昇華である．例えば，二酸化炭素（炭酸ガス）の固体（ドライアイス）がよく知られている．

以上から（3）が正解．

▶答（3）

問題3　【令和3年 問2】

次のイ，ロ，ハ，ニの記述のうち，正しいものはどれか．

イ．ある物質があって，その物質の固有の特性を示す最小の基本粒子を原子という．

ロ．分子の種類を元素という．

ハ．二酸化炭素は化合物である．

ニ．アボガドロの法則によれば，すべての気体において，同じ温度，同じ圧力のもとで，同じ体積中に含まれる分子の数は常に同じである．

（1）イ，ロ　（2）ロ，ニ　（3）ハ，ニ　（4）イ，ロ，ハ　（5）イ，ハ，ニ

解説 イ　誤り．ある物質があって，その物質の固有の特性を示す最小の基本粒子を分子という．分子を構成している基本単位を原子という．

ロ　誤り．原子の種類（陽子の数，すなわち原子番号で決まる）を元素という．

ハ　正しい．二酸化炭素（CO_2）は2種類以上の原子で構成されているため，化合物である．

ニ　正しい．アボガドロの法則によれば，すべての気体において，同じ温度，同じ圧力のもとで，同じ体積中に含まれる分子の数は常に同じである．

以上から（3）が正解．

▶答（3）

問題4　【令和2年 問2】

次のイ，ロ，ハ，ニの記述のうち，正しいものはどれか．

イ．空気は，酸素と窒素およびその他の成分の化合物である．
ロ．分子量は，その分子を構成する原子の原子量の和である．
ハ．アボガドロの法則によれば，すべての気体において，同じ体積中に含まれる分子の数は，温度，圧力に関係なく常に同じである．
ニ．ある物質があって，その物質の固有の特性を示す最小の基本粒子を分子という．
(1) イ，ロ　(2) イ，ハ　(3) ロ，ニ　(4) イ，ハ，ニ　(5) ロ，ハ，ニ

解説　イ　誤り．空気は，酸素（20.99%），窒素（78.03%），アルゴン（0.93%）およびその他の成分の混合物である．
ロ　正しい．分子量は，その分子を構成する原子の原子量の和である．
ハ　誤り．アボガドロの法則によれば，すべての気体において，同じ体積中に含まれる分子の数は，同一温度，同一圧力であれば常に同じである（温度および圧力によって異なる）．
ニ　正しい．ある物質があって，その物質の固有の特性を示す最小の基本粒子を分子という．
以上から（3）が正解．

▶答（3）

問題5　【令和元年 問2】

次のイ，ロ，ハ，ニの記述のうち，正しいものはどれか．
イ．プロパンは2種類の元素からできている化合物である．
ロ．酸素1 molの分子の数は，温度が上昇すると増加する．
ハ．ある物質の固有の特性を示す最小の基本粒子を原子という．
ニ．物質の状態は，臨界温度以下では，温度・圧力の変化によって，固体，液体，気体の3つの状態の間で変化する．
(1) イ，ロ　(2) イ，ニ　(3) ロ，ハ　(4) ハ，ニ　(5) イ，ハ，ニ

解説　イ　正しい．プロパン（C_3H_8）は2種類の元素（CとH）からできている化合物である．
ロ　誤り．酸素1 molの分子の数6.02×10^{23}は，温度が上昇しても変化しない．
ハ　誤り．ある物質の固有の特性を示す最小の基本粒子を分子という．分子を構成している基本単位が原子である．
ニ　正しい．物質の状態は，臨界温度以下では，温度・圧力の変化によって，固体，液体，気体の3つの状態の間で変化する（図2.1参照）．
以上から（2）が正解．

▶答（2）

問題6 【平成30年 問2】

次のイ，ロ，ハ，ニの記述のうち，正しいものはどれか．

イ．酸素は2種類の元素からできている．

ロ．アセチレンは炭素と水素の混合物である．

ハ．原子量には単位がない．

ニ．アボガドロの法則によれば，すべての気体において，同じ温度，同じ圧力のもとで，同じ体積中に含まれる分子の数は常に同じである．

(1) イ，ロ　(2) イ，ニ　(3) ロ，ハ　(4) ハ，ニ　(5) イ，ハ，ニ

解説 イ　誤り．酸素（O_2）は1種類の元素（O）からできている．

ロ　誤り．アセチレン（H–C≡C–H）は，炭素（C）と水素（H）の化合物である．

ハ　正しい．原子量は，炭素原子（C）に12という数値を与え，その他の原子の質量は，これを基準として表すから単位がない．

ニ　正しい．アボガドロの法則によれば，すべての気体において，同じ温度，同じ圧力のもとで，同じ体積中に含まれる分子の数は常に同じである．気体では分子と分子の間が分子の大きさに比べてはるかに大きいので分子の大きさに関係しないからである．厳密にはアボガドロの法則は成立しないが，通常，我々の生活では成り立つとして特に問題はない．

以上から（4）が正解．　▶答（4）

2.4 単位および関係用語

問題1 【令和5年 問3】

次のイ，ロ，ハ，ニの記述のうち，単位などについて正しいものはどれか．

イ．絶対圧力は，ゲージ圧力から大気圧を差し引いた圧力である．

ロ．物質1kgの温度を1K上昇させるのに必要な熱量は，それぞれの物質に固有の値となる．

ハ．標準状態（0°C，0.1013MPa）における気体のガス比重は，その気体の分子量と空気の平均分子量との比として求められる．

ニ．セルシウス温度273°Cは，熱力学温度でおよそ0Kである．

(1) イ，ロ　(2) イ，ハ　(3) ロ，ハ　(4) ロ，ニ　(5) ハ，ニ

解説 イ　誤り．絶対圧力は，ゲージ圧力に大気圧を加えた圧力である．

ロ　正しい．物質 1 kg の温度を 1 K 上昇させるのに必要な熱量は，それぞれの物質の比熱が異なるため，それぞれの物質に固有の値となる．

ハ　正しい．標準状態（0°C，0.1013 MPa）における気体のガス比重は，その気体の分子量と空気の平均分子量との比として求められる．

ニ　誤り．セルシウス温度 273°C は，熱力学温度でおよそ 273°C + 273 = 546 K である．

以上から（3）が正解．

▶答（3）

問題 2　【令和 4 年 問 3】

次のイ，ロ，ハ，ニの記述のうち，単位などについて正しいものはどれか．

イ．1 Pa は，物体の単位面積 1 m^2 当たりに 1 N の力が垂直に作用するときの圧力を表す．

ロ．セルシウス温度（°C）は，標準大気圧下における純水の氷点を 0 度，沸点を 100 度として，その間を百等分して 1 度としたものである．

ハ．SI 単位では，熱量の単位としてジュール（J）が用いられ，1 J は 1 N·m である．

ニ．SI 接頭語において，ミリ（m）は 10^{-3} を表し，メガ（M）は 10^6 を表す．

（1）イ，ロ，ハ　（2）イ，ロ，ニ　（3）イ，ハ，ニ
（4）ロ，ハ，ニ　（5）イ，ロ，ハ，ニ

解説　イ　正しい．1 Pa は，物体の単位面積 1 m^2 当たりに 1 N の力が垂直に作用するときの圧力を表す．

ロ　正しい．セルシウス温度（°C）は，標準大気圧下における純水の氷点を 0 度，沸点を 100 度として，その間を百等分して 1 度としたものである．

ハ　正しい．SI 単位では，熱量の単位としてジュール（J）が用いられ，1 J は 1 N·m である．

ニ　正しい．SI 接頭語において，ミリ（m）は 10^{-3} を表し，メガ（M）は 10^6 を表す．

以上から（5）が正解．

▶答（5）

問題 3　【令和 3 年 問 3】

次のイ，ロ，ハ，ニの記述のうち，単位などについて正しいものはどれか．

イ．セルシウス温度 100°C は，熱力学温度（絶対温度）でおよそ 373 K である．

ロ．（力）＝（質量）×（加速度）であるので，1 N は SI 基本単位を用いて表すと 1 kg·m/s^2 となる．

ハ．1 Pa は 1 N/m^2 であり，1,000,000 Pa は 1 MPa である．

ニ．SI 単位では，熱量の単位としてカロリー（cal）が用いられる．

（1）イ，ニ　（2）ロ，ハ　（3）ハ，ニ　（4）イ，ロ，ハ　（5）イ，ロ，ニ

解説 イ　正しい．セルシウス温度100°Cは，熱力学温度（絶対温度）で表すと，273を加えて，およそ373Kである．100°C＋273＝373K

ロ　正しい．(力)＝(質量)×(加速度）であるので，1NはSI基本単位を用いて表すと1kg·m/s²となる．なお，地球上で重力が1Nとなる質量は，（質量)＝(力)/(重力加速度)＝(1kg·m/s²)/(9.8m/s²)≒0.1kg＝100gである．

ハ　正しい．1Paは1N/m²であり，1,000,000Paは1MPaである．

ニ　誤り．SI単位では，熱量の単位としてジュール（J）が用いられる．熱量〔J〕＝力〔N〕×距離〔m〕単位のみで表すと，$N \cdot m = kg \cdot (m/s^2) \cdot m = kg \cdot m^2 \cdot s^{-2}$

以上から（4）が正解．　▶答（4）

問題4　【令和2年 問3】

次のイ，ロ，ハ，ニの記述のうち，単位などについて正しいものはどれか．

イ．絶対温度290Kは，セルシウス温度でおよそ17°Cである．

ロ．1m²当たり1Nの垂直な力が面に作用しているとき，その面における圧力は，1kPaである．

ハ．単位体積の物質の温度を1K上昇させるのに必要な熱量をその物質の比熱容量（比熱）という．

ニ．標準状態（0°C，0.1013MPa）の気体のガス比重は，その気体の分子量と空気の平均分子量の比として求められる．

(1) イ，ロ　(2) イ，ハ　(3) イ，ニ　(4) ハ，ニ　(5) ロ，ハ，ニ

解説 イ　正しい．絶対温度290Kは，セルシウス温度で表すと，273を差し引いて，およそ17°Cである．290K－273＝17°C

ロ　誤り．1m²当たり1Nの垂直な力が面に作用しているとき，その面における圧力は，1Paである．「kPa」が誤り．

ハ　誤り．単位質量の物質の温度を1K上昇させるのに必要な熱量をその物質の比熱容量(比熱)〔J/(kg·K)〕という．「単位体積」が誤り．

ニ　正しい．標準状態（0°C，0.1013MPa）の気体のガス比重は，その気体の分子量と空気の平均分子量（約29）の比として求められる．

以上から（3）が正解．　▶答（3）

問題5　【令和元年 問3】

次のイ，ロ，ハ，ニの記述のうち，単位などについて正しいものはどれか．

イ．セルシウス温度の1度の幅と，熱力学温度（絶対温度）のそれとは異なる．

ロ．絶対圧力は，ゲージ圧力から大気圧を差し引いた圧力である．

ハ．単位質量の物質の温度を1°C上昇させるのに必要な熱量をその物質の比熱容量（比熱）という．

ニ．密度の単位としてkg/m^3を用いた．

（1）イ，ロ　（2）イ，ニ　（3）ロ，ハ　（4）ハ，ニ　（5）ロ，ハ，ニ

解説　イ　誤り．セルシウス温度（°C）の1度の幅と，熱力学温度（絶対温度：K）のそれとは同じである．

ロ　誤り．絶対圧力は，ゲージ圧力に大気圧を加えた圧力である．

ハ　正しい．単位質量の物質の温度を1°C上昇させるのに必要な熱量をその物質の比熱容量（比熱．単位はJ/(kg·°C)またはJ/(kg·K)）という．

ニ　正しい．密度の単位としてkg/m^3を用いる．

以上から（4）が正解．

▶答（4）

題6　【平成30年 問3】

次のイ，ロ，ハ，ニの記述のうち，単位などについて正しいものはどれか．

イ．1Nの力を質量1kgの物体に作用させると$1\,m/s^2$の加速度を生じる．

ロ．1Paは物体の単位面積$1\,cm^2$当たりに1Nの力が垂直に作用するときの圧力を表す．

ハ．【J/(kg·K)】という単位は，1kgの物質の温度を1K変化させるのに必要な熱量を表すときに使用される．

ニ．セルシウス温度0°Cを熱力学温度（絶対温度）に換算すると，およそ−273Kとなる．

（1）イ，ハ　（2）ロ，ハ　（3）ロ，ニ　（4）ハ，ニ　（5）イ，ロ，ハ

解説　イ　正しい．加速度をX〔m/s^2〕とすると，$1\,N = 1\,kg \times X$〔m/s^2〕で，$X = 1\,N/1\,kg = 1\,m/s^2$となる．

ロ　誤り．1Paは，物体の単位面積$1\,m^2$当たりに1Nの力が垂直に作用するときの圧力を表す．

ハ　正しい．J/(kg·K)という単位は，1kgの物質の温度を1K変化させるのに必要な熱量を表すときに使用される．

ニ　誤り．セルシウス温度0°Cを熱力学温度（絶対温度）に換算すると，$T = 273 + t$に$t = 0$を代入して，$T = 273\,K$となる．

以上から（1）が正解．

▶答（1）

2.5 ガス密度の算出

問題1 【令和3年 問1】

標準状態（0°C，0.1013 MPa）における塩素の密度はおよそいくらか．理想気体として計算せよ．ただし，塩素の分子量は71とする．

(1) 1.6 kg/m³　(2) 2.0 kg/m³　(3) 3.2 kg/m³
(4) 6.3 kg/m³　(5) 7.1 kg/m³

解説 塩素（Cl_2）の分子量が71であるならば，モル質量は71 kg/kmolである．1 kmolは22.4 m³であるから，塩素の密度kg/m³は，次のように算出される．

$71\,\mathrm{kg}/22.4\,\mathrm{m}^3 \fallingdotseq 3.2\,\mathrm{kg/m}^3$

以上から（3）が正解．

▶答（3）

問題2 【令和2年 問4】

窒素の標準状態（0°C，0.1013 MPa）における密度はおよそいくらか．理想気体として計算せよ．

(1) 0.7 kg/m³　(2) 1.3 kg/m³　(3) 1.5 kg/m³
(4) 1.8 kg/m³　(5) 2.0 kg/m³

解説 標準状態（0°C，0.1013 MPa）であるから，窒素（N_2：分子量28）1 kmol当たりの質量（28 kg）を1 kmol当たりの体積22.4 m³で除して算出する．

$28\,\mathrm{kg}/22.4\,\mathrm{m}^3 \fallingdotseq 1.3\,\mathrm{kg/m}^3$

以上から（2）が正解．

▶答（2）

2.6 気体の体積の算出

問題1 【令和5年 問5】

酸素が，内容積40 Lの容器に，温度11°C，ゲージ圧力7.0 MPaで充てんされている．この酸素の標準状態（0°C，0.1013 MPa）における体積はおよそ何m³か．理想気体として計算せよ．ただし，充てん時の大気圧は0.1013 MPaとする．

(1) 2.1 m³　(2) 2.3 m³　(3) 2.5 m³　(4) 2.7 m³　(5) 2.9 m³

解説 この酸素の標準状態（0°C，0.1013 MPa）における体積は，内容積40 Lに，圧力を0.1013 MPaに換算するため$(7.0 + 0.1013)$ MPa/0.1013 MPaを掛け，温度を0°Cに補正するため 273 K/(11 + 273) K を掛ければよい.

$$40\,\mathrm{L} \times (7.0 + 0.1013)\,\mathrm{MPa}/0.1013\,\mathrm{MPa} \times 273\,\mathrm{K}/(11 + 273)\,\mathrm{K} \fallingdotseq 2{,}700\,\mathrm{L} = 2.7\,\mathrm{m}^3$$

以上から（4）が正解.　▶答（4）

問題2　【令和4年 問4】

標準状態（0°C，0.1013 MPa）において，8.0 kg の酸素と 7.0 kg の窒素を混合したとき，この混合気体の体積はおよそいくらか．理想気体として計算せよ．

（1）$6\,\mathrm{m}^3$　（2）$8\,\mathrm{m}^3$　（3）$11\,\mathrm{m}^3$　（4）$15\,\mathrm{m}^3$　（5）$20\,\mathrm{m}^3$

解説　標準状態では，酸素（O_2：分子量 32，モル質量 32 g/mol），窒素（N_2：分子量 28，モル質量 28 g/mol）はそれぞれ次の関係がある.

酸素：1 kmol 当たり　質量 32 kg，体積 $22.4\,\mathrm{m}^3$　①

窒素：1 kmol 当たり　質量 28 kg，体積 $22.4\,\mathrm{m}^3$　②

式①から酸素 8.0 kg の体積は，

$$8.0\,\mathrm{kg}/32\,\mathrm{kg} \times 22.4\,\mathrm{m}^3 = 8.0/32 \times 22.4\,\mathrm{m}^3 \quad ③$$

式②から窒素 7.0 kg の体積は，

$$7.0\,\mathrm{kg}/28\,\mathrm{kg} \times 22.4\,\mathrm{m}^3 = 7.0/28 \times 22.4\,\mathrm{m}^3 \quad ④$$

である．したがって，これらの混合気体の体積は

$$\text{式③} + \text{式④} = 8.0/32 \times 22.4 + 7.0/28 \times 22.4 \fallingdotseq 11\,\mathrm{m}^3 \quad ⑤$$

である.

以上から（3）が正解.

(別解)

酸素と窒素の各モル数を求めて，その合計の値に $22.4\,\mathrm{m}^3/\mathrm{kmol}$ を掛ければよい.

酸素のモル数

$$8.0\,\mathrm{kg}/(32\,\mathrm{kg/kmol}) = 8.0/32\,[\mathrm{kmol}] \quad ⑥$$

窒素のモル数

$$7.0\,\mathrm{kg}/(28\,\mathrm{kg/kmol}) = 7.0/28\,[\mathrm{kmol}] \quad ⑦$$

混合気体の体積

$$(\text{式⑥} + \text{式⑦}) \times 22.4\,\mathrm{m}^3/\mathrm{kmol} = (8.0/32 + 7.0/28) \times 22.4\,\mathrm{m}^3 \fallingdotseq 11\,\mathrm{m}^3 \quad ⑧$$

なお，式⑤と式⑧は同じ式となっていることに留意.

以上から（3）が正解.　▶答（3）

問題3　【令和4年 問5】

標準状態（0°C，0.1013 MPa）で $3.0\,\mathrm{m}^3$ の酸素がある．この酸素を温度 22°C，ゲージ圧力 13.0 MPa の状態で充てんするために必要な容器の内容積はおよそいくら

か．理想気体として計算せよ．ただし，充てん時の大気圧は0.1013 MPaとする．

(1) 20 L　(2) 25 L　(3) 30 L　(4) 35 L　(5) 40 L

解説 ボイル-シャルルの法則 $P_1V_1/T_1 = P_2V_2/T_2$ の式を使用する．

ここに，P：絶対圧力〔MPa〕，V：体積〔m^3〕，T：絶対温度〔K〕

ここで，

$$P_1 = 0.1013\,\text{MPa},\ V_1 = 3.0\,\text{m}^3,\ T_1 = (0 + 273)\,\text{K} = 273\,\text{K},$$
$$P_2 = (13.0 + 0.1013)\,\text{MPa},\ T_2 = (22 + 273)\,\text{K} = 295\,\text{K}$$

以上の数値を代入して，V_2 を算出する．

$$V_2 = P_1V_1/T_1 \times T_2/P_2 = 0.1013 \times 3.0/273 \times 295/13.1013\,[\text{m}^3] \fallingdotseq 25 \times 10^{-3}\,\text{m}^3 = 25\,\text{L}$$

以上から (2) が正解．　▶答 (2)

問題4　【令和3年 問5】

内容積47 Lの容器に，温度12°C，ゲージ圧力10.0 MPaで充てんされた窒素がある．この窒素の標準状態（0°C，0.1013 MPa）における体積はおよそ何m^{3}か．理想気体として計算せよ．ただし，大気圧は0.1013 MPaとする．

(1) 4.0 m^3　(2) 4.5 m^3　(3) 5.0 m^3　(4) 5.5 m^3　(5) 6.0 m^3

解説 次のボイル-シャルルの式を使用する．

$$P_1V_1/T_1 = P_2V_2/T_2 \quad ①$$

ここに，P：絶対圧力〔MPa〕，V：体積〔m^3〕，T：絶対温度〔K〕

式①を変形する．

$$V_2 = P_1V_1/T_1 \times T_2/P_2 \quad ②$$

式②に与えられた値を代入する．ゲージ圧力は大気圧を加えて絶対圧力に変換する．

$$P_1 = 10.0 + 0.1013 = 10.1013\,\text{MPa},\ V_1 = 47\,\text{L} = 0.047\,\text{m}^3,$$
$$T_1 = 12 + 273 = 285\,\text{K},\ P_2 = 0.1013\,\text{MPa},\ T_2 = 273\,\text{K}$$
$$V_2 = P_1V_1/T_1 \times T_2/P_2 = 10.1013 \times 0.047/285 \times 273/0.1013 \fallingdotseq 4.5\,\text{m}^3$$

以上から (2) が正解．　▶答 (2)

問題5　【令和2年 問5】

標準状態（0°C，0.1013 MPa）で7.0 m^{3}の窒素がある．この窒素を温度35°C，圧力20.0 MPa（絶対圧力）の状態で充てんするために必要な容器の内容積はおよそいくらか．理想気体として計算せよ．

(1) 20 L　(2) 25 L　(3) 30 L　(4) 35 L　(5) 40 L

解説 ボイル-シャルルの法則 $P_1V_1/T_1 = P_2V_2/T_2$ の式を使用する．
ここに，P：絶対圧力〔MPa〕，V：体積〔m^3〕，T：絶対温度〔K〕
ここで，

$P_1 = 0.1013\,\mathrm{MPa}$，$V_1 = 7.0\,\mathrm{m^3}$，$T_1 = (0 + 273)\,\mathrm{K} = 273\,\mathrm{K}$

$P_2 = 20.0\,\mathrm{MPa}$，$T_2 = (35 + 273)\,\mathrm{K} = 308\,\mathrm{K}$

以上の数値を代入して，V_2 を算出する．

$V_2 = P_1V_1/T_1 \times T_2/P_2 = 0.1013 \times 7.0/273 \times 308/20.0$〔m^3〕$\fallingdotseq 0.040\,\mathrm{m^3} = 40\,\mathrm{L}$

以上から（5）が正解．

▶答（5）

問題6

【令和元年 問5】

内容積 40 L の容器に，温度 23°C，ゲージ圧力 4.0 MPa で充てんされた酸素がある．この酸素の標準状態（0°C，0.1013 MPa）における体積はおよそ何 m^3 か．大気圧は 0.1013 MPa とし，理想気体として計算せよ．

（1）1.1 m^3 （2）1.3 m^3 （3）1.5 m^3 （4）1.7 m^3 （5）1.9 m^3

解説 圧力を 0.1013 MPa（1 気圧）に換算するために内容積 40 L に (4.0 + 0.1013) MPa/0.1013 MPa を掛け，0°C に温度補正するために 273 K/(23 + 273) K を掛ければ算出される．

$40\,\mathrm{L} \times 4.1013\,\mathrm{MPa}/0.1013\,\mathrm{MPa} \times 273\,\mathrm{K}/(23 + 273)\,\mathrm{K} \fallingdotseq 1{,}500\,\mathrm{L} = 1.5\,\mathrm{m^3}$

以上から（3）が正解．

▶答（3）

問題7

【平成30年 問5】

標準状態（0°C，0.1013 MPa）で 4.50 m^3 の窒素がある．この窒素を 20°C，19.5 MPa（絶対圧力）の状態で充てんするために必要な容器の内容積はおよそいくらか．理想気体として計算せよ．

（1）20 L （2）25 L （3）30 L （4）35 L （5）40 L

解説 標準状態（0°C，0.1013 MPa）で 4.5 m^3 の窒素を 20°C，19.5 MPa の体積にすればよい．体積は絶対温度に比例し，絶対圧力に反比例するから，次式から算出される．

$4.50\,\mathrm{m^3} \times (20 + 273)\,\mathrm{K}/273\,\mathrm{K} \times 0.1013\,\mathrm{MPa}/19.5\,\mathrm{MPa} \fallingdotseq 0.025\,\mathrm{m^3} = 25\,\mathrm{L}$

以上から（2）が正解．

▶答（2）

固体，液体，気体の性質

問題1 【令和5年 問6】

次のイ，ロ，ハ，ニの記述のうち，液化ガスの性質などについて正しいものはどれか．

イ．ガスは，その臨界温度以下であれば，標準大気圧下での沸点より高い温度領域でも，圧縮により液化することができる．

ロ．物質に出入りする熱量のうち，状態変化にだけ関わる熱量を潜熱という．

ハ．単一物質の液化ガスの沸騰が起こる温度は，液化ガスの液面に加わる圧力に関係なく一定である．

ニ．容器に充てんされた単一物質の液化ガスの蒸気圧は，容器内に液体が存在し，かつ，温度が一定であれば，液体の量の多少に関係なく一定である．

(1) イ，ロ　(2) イ，ニ　(3) ロ，ハ　(4) ハ，ニ　(5) イ，ロ，ニ

解説 イ　正しい．ガスは，その臨界温度以下であれば，標準大気圧下での沸点より高い温度領域でも，圧縮により液化することができる（図2.1参照）．

ロ　正しい．物質に出入りする熱量のうち，状態変化（相変化）にだけ関わる熱量を潜熱という．物質の状態変化（相変化）のないときに出入りする熱量を顕熱という．

ハ　誤り．単一物質の液化ガスの沸騰が起こる温度は，液化ガスの液面に加わる圧力に関係し，圧力が高くなればなるほど沸点は高くなる．

ニ　正しい．容器に充てんされた単一物質の液化ガスの蒸気圧は，容器内に液体が存在し，かつ，温度が一定であれば，液体の量の多少に関係なく一定である．　▶答 (5)

問題2 【令和4年 問6】

次のイ，ロ，ハ，ニの記述のうち，正しいものはどれか．

イ．液化ガスの沸点は，液面に加わる圧力を高くすると上昇する．

ロ．温度一定のもとで物質の状態変化（相変化）に伴い出入りする熱量を，顕熱という．

ハ．液体は，圧力一定のもとで温度が変化すると，それに応じて体積も変化する．

ニ．同一温度で蒸気圧が異なる液化ガスの混合物を密閉した容器に充てんすると，液相の組成と気相の組成は異なる．

(1) イ，ロ　(2) イ，ニ　(3) ロ，ハ　(4) ハ，ニ　(5) イ，ハ，ニ

解説 イ　正しい．液化ガスの沸点は，液面に加わる圧力と蒸発する蒸気圧が同一に

なったとき沸騰するから，圧力を高くすると上昇する．

ロ　誤り．温度一定のもとで物質の状態変化（相変化）に伴い出入りする熱量を，潜熱と言い，相変化を伴わないで出入りする熱量を顕熱という．

ハ　正しい．液体は，圧力一定のもとで温度が変化すると，それに応じて体積も変化する．

ニ　正しい．同一温度で蒸気圧が異なる液化ガスの混合物を密閉した容器に充てんすると，液相の組成と気相の組成は異なる．

以上から（5）が正解．

▶答（5）

問題3 【令和3年 問6】

次のイ，ロ，ハ，ニの記述のうち，正しいものはどれか．

イ．ガスは，その臨界温度を超えた温度ではいくら圧力を加えても液化しない．

ロ．蒸発熱，凝縮熱のように，温度一定のまま状態変化（相変化）に伴って出入りする熱量を，総称して潜熱という．

ハ．容器に充てんされた単一物質の液化ガスの蒸気圧は，温度が一定であればその液体の充てん量が多いほど高い．

ニ．容器に混合物の液化ガスが充てんされているとき，一般に液相部の組成と気相部の組成は異なる．

（1）イ，ロ　（2）ロ，ハ　（3）ハ，ニ　（4）イ，ロ，ニ　（5）イ，ハ，ニ

解説　イ　正しい．ガスは，その臨界温度（図2.1においてC点）を超えた温度ではいくら圧力を加えても液化しない．

ロ　正しい．蒸発熱，凝縮熱のように，温度一定のまま状態変化（相変化）に伴って出入りする熱量を，総称して潜熱という．なお，例えば水の温度が10°Cから20°Cになるように，状態変化（相変化）がないときに出入りする熱量を顕熱という．

ハ　誤り．容器に充てんされた単一物質の液化ガスの蒸気圧は，温度が一定であればその液体の充てん量にかかわらず同じである．

ニ　正しい．容器に混合物の液化ガスが充てんされているとき，一般に液相部の組成と気相部の組成は，混合物の沸点の相違のため異なる．

以上から（4）が正解．

▶答（4）

問題4 【令和2年 問6】

次のイ，ロ，ハ，ニの記述のうち，正しいものはどれか．

イ．一定温度の下で単一成分のガスに圧力を加えて液化を行う場合，温度はそのガスの臨界温度以下でなければならない．

ロ．液化ガス容器内の液体は，温度が変化しても体積は変化しないので，容器内に液

化ガスが液体で100%満たされていても圧力上昇による危険性はない.
ハ. 液化ガスの沸点は, 液面に加わる圧力が高くなるほど高くなる.
ニ. 物質に出入りする熱量のうち, 状態変化（相変化）を伴わずに出入りする熱量を顕熱という.

(1) イ, ロ　(2) イ, ハ　(3) ロ, ニ　(4) イ, ハ, ニ　(5) ロ, ハ, ニ

解説 イ　正しい. 一定温度の下で単一成分のガスに圧力を加えて液化を行う場合, 温度はそのガスの臨界温度以下でなければならない（図2.1参照）.

ロ　誤り. 液化ガス容器内の液体は, 温度が変化すると体積が変化するので, 容器内に液化ガスが液体で100%満たされていると圧力上昇による危険性がある.

ハ　正しい. 液化ガスの沸点は, 液面に加わる圧力が高くなるほど高くなる.

ニ　正しい. 物質に出入りする熱量のうち, 状態変化（相変化）を伴わずに出入りする熱量を顕熱という. なお, 状態変化を伴って出入りする熱量を潜熱という.

以上から（4）が正解.

▶答（4）

問題5

【令和元年 問6】

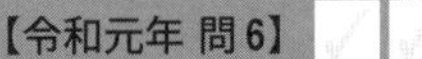

次のイ, ロ, ハ, ニの記述のうち, 正しいものはどれか.
イ. 気体は, その臨界温度を超えた温度においても圧縮すれば液化する.
ロ. LPガスのような混合物の飽和蒸気圧は, 液相の温度に加え液相の組成によっても変化する.
ハ. 気体の酸素は, 標準大気圧下でも沸点以下に冷却すれば液化が始まる.
ニ. 温度一定のまま, 物質が状態変化（相変化）するときに出入りする熱量を, 顕熱という.

(1) イ, ロ　(2) イ, ハ　(3) イ, ニ　(4) ロ, ハ　(5) ロ, ハ, ニ

解説 イ　誤り. 気体は, その臨界温度を超えた温度においては, 圧縮しても液化しない. 臨界温度以下でなければ, 液化しない（図2.1参照）.

ロ　正しい. LPガスのような混合物の飽和蒸気圧は, 液相の温度に加え液相の組成によっても変化する.

ハ　正しい. 気体の酸素は, 標準大気圧下でも沸点以下に冷却すれば液化が始まる.

ニ　誤り. 温度一定のまま, 物質が状態変化（相変化）するときに出入りする熱量を, 潜熱という. なお, 物質が状態変化しないときに出入りする熱量を顕熱という.

以上から（4）が正解.

▶答（4）

問題6 【平成30年 問6】

次のイ，ロ，ハ，ニの記述のうち，正しいものはどれか．

イ．単一物質の液化ガスの蒸気圧は，温度が一定であればその液体の量が多いほど低くなる．

ロ．気体はその臨界温度を超えると圧縮しても液化しない．

ハ．液化ガスの沸点は，液面に加わる圧力が高くなるほど高くなる．

ニ．LPガスのように混合物の液化ガスが密閉した容器に充てんされ，液相部と気相部が存在しているときは，一般に液相部の組成と気相部の組成は同じである．

(1) イ，ロ　(2) イ，ニ　(3) ロ，ハ　(4) ハ，ニ　(5) ロ，ハ，ニ

解説 イ　誤り．単一物質の液化ガスの蒸気圧は，温度が一定であれば，その液体の量が多くても一定である．蒸気圧は温度だけで定まるためである．

ロ　正しい．気体はその臨界温度（図2.1のC点）を超えると圧縮しても液化しない．

ハ　正しい．液化ガスの沸点は，液面に加わる圧力が高くなるほど高くなる．

ニ　誤り．LPガスのように混合物の液化ガスが密閉した容器に充てんされ，液相部と気相部が存在しているときは，一般に液相部の組成と気相部の組成は異なる．

以上から（3）が正解．　▶答（3）

2.8 燃焼と爆発

問題1 【令和5年 問7】

次のイ，ロ，ハ，ニの記述のうち，燃焼と爆発について正しいものはどれか．

イ．アセチレン，酸化エチレン，モノゲルマンは，分解爆発性ガスである．

ロ．25°C，0.1013 MPaにおける単位質量当たりの総発熱量は，水素のほうがメタンに比べて大きい．

ハ．同一の温度と圧力のもとでは，可燃性ガスと酸素との混合気体の爆発範囲（vol%）は，可燃性ガスと空気との混合気体のそれに比べて狭くなる．

ニ．断熱圧縮による温度上昇は，発火源となることはない．

(1) イ，ロ　(2) イ，ハ　(3) ロ，ニ　(4) ハ，ニ　(5) イ，ロ，ハ

解説 イ　正しい．アセチレン（$HC \equiv CH$），酸化エチレン（CH_2-O-CH_2），モノゲルマン（GeH_4）は，分解爆発性ガスである．

ロ　正しい．25°C，0.1013 MPaにおける単位質量当たりの総発熱量（水分の凝縮熱も含

めた値）は，水素（142 MJ/kg）の方がメタン（56 MJ/kg）に比べて大きい．なお，単位体積当たりではメタン（40 MJ/m^3_N）の方が水素（13 MJ/m^3_N）より大きい．

ハ　誤り．同一の温度と圧力のもとでは，可燃性ガスと酸素との混合気体の爆発範囲〔vol%〕は，可燃性ガスと空気との混合気体のそれに比べて広くなる．

ニ　誤り．断熱圧縮による温度上昇は，発火源となることがある．

以上から（1）が正解．　▶答（1）

問題2　【令和4年 問7】

次のイ，ロ，ハ，ニの記述のうち，燃焼と爆発について正しいものはどれか．

イ．発火点が常温以下のガスは，常温の大気中に流出すると発火する危険性があり，一般に自然発火性ガスとよばれている．

ロ．紫外線，レーザー光などの光も，可燃性混合ガスの発火源となることがある．

ハ．常温，0.1013 MPaにおける空気中の爆発範囲（燃焼範囲）は，メタンより水素のほうが広い．

ニ．25°C，0.1013 MPaにおける単位質量当たりの総発熱量は，水素よりプロパンのほうが大きい．

（1）イ，ロ，ハ　（2）イ，ロ，ニ　（3）イ，ハ，ニ
（4）ロ，ハ，ニ　（5）イ，ロ，ハ，ニ

解説　イ　正しい．発火点が常温以下のガスは，常温の大気中に流出すると発火する危険性があり，一般に自然発火性ガスと呼ばれている．

ロ　正しい．紫外線，レーザー光などの光も，可燃性混合ガスの発火源となることがある．塩素と水素のガスを等量混合させ日光を当てると，爆発的に激しく反応して塩化水素が生成する．

ハ　正しい．常温，0.1013 MPaにおける空気中の爆発範囲（燃焼範囲）は，メタン（5〜15 vol%）より水素（4〜75 vol%）の方が広い（後出の表2.2参照）．

ニ　誤り．25°C，0.1013 MPaにおける単位質量当たりの総発熱量（水分の凝縮熱も含めた値）は，水素（142 MJ/kg）の方がプロパン（50 MJ/kg）より大きい．なお，単位体積当たりでは，水素（13 MJ/m^3）の方がプロパン（99 MJ/m^3）より小さい．

以上から（1）が正解．　▶答（1）

問題3　【令和3年 問7】

次のイ，ロ，ハ，ニの記述のうち，燃焼と爆発について正しいものはどれか．

イ．常温，0.1013 MPa，空気中においては，水素ガスが爆ごうを起こす可能性のある濃度範囲（爆ごう範囲）は，その爆発範囲より狭くなる．

ロ．25°C，0.1013 MPa において，水素の単位体積当たりの総発熱量は，メタンのそれに比べて大きい．
ハ．発火点が常温以下のガスは，常温の大気中に流出すると発火する危険性がある．
ニ．一酸化炭素は，常温，大気圧の空気中では，燃焼，爆発することはない．
(1) イ，ロ　(2) イ，ハ　(3) ロ，ハ　(4) イ，ロ，ハ　(5) イ，ハ，ニ

解説 イ　正しい．常温，0.1013 MPa，空気中においては，水素ガスが爆ごう（火炎の伝ぱ速度がそのガスの中での音速よりも大きくなる現象：衝撃波を伴う）を起こす可能性のある濃度範囲（爆ごう範囲：空気中 18.3 ～ 59 vol%）は，その爆発範囲（燃焼範囲：空気中 4.0 ～ 75.0 vol%）より狭くなる（**表 2.1** および**表 2.2** 参照）．

表 2.1　代表的な可燃性ガスの爆ごう限界 [3]
（常温，大気圧，空気中，管内）

可燃性ガス	爆ごう限界〔vol%〕	
	下限界	上限界
メタン	6.5	12
プロパン	2.6	7.4
ブタン	2.0	6.2
エチレン	3.3	14.7
プロピレン	3.6	10.4
アセチレン	4.2	50
ベンゼン	1.6	5.6
水素	18.3	59

表 2.2　主なガスの爆発範囲〔vol%〕 [1]
（空気中，0.1013 MPa，常温）

ガス名	爆発範囲	
	下限界	上限界
水　素	4	75
メタン	5	15
エチレン	2.7	36
アセチレン	2.5	100*
プロパン	2.1	9.5
ブタン	1.8	8.4
一酸化炭素	12.5	74
アンモニア	15	28

* アセチレンは空気と混合しなくても分解爆発を起こすので，上限界値は 100% である．

ロ　誤り．25°C，0.1013 MPa において，水素の単位体積当たりの総発熱量（13 $MJ/m^3{}_N$）は，メタンのそれ（40 $MJ/m^3{}_N$）に比べて小さい．

ハ　正しい．発火点が常温以下のガスは，常温の大気中に流出すると発火する危険性がある．

ニ　誤り．一酸化炭素は，常温，大気圧の空気中では，爆発範囲（燃焼範囲）が 12.5 ～ 74.0% であるから燃焼・爆発することがある（表 2.2 参照）．

以上から（2）が正解．

▶答（2）

題 4　【令和 2 年 問 7】

次のイ，ロ，ハ，ニの記述のうち，燃焼と爆発について正しいものはどれか．

イ．水素は，常温，標準大気圧，空気中において，アセチレンより爆発範囲（燃焼範囲）が広い．
ロ．プロパンが酸素と反応して完全燃焼すると，二酸化炭素と水が生成される．
ハ．火炎の伝ぱ速度が可燃性混合ガス中の音速よりも大きいものを，爆ごうという．
ニ．一般に，炭化水素（気体）では，同じ温度，圧力における単位体積当たりの総発熱量は，分子量の大きなものの方が大きい．
(1) イ，ハ　(2) イ，ニ　(3) ロ，ニ　(4) イ，ロ，ハ　(5) ロ，ハ，ニ

解説 イ　誤り．水素は，常温，標準大気圧，空気中において，アセチレンより爆発範囲（燃焼範囲）が狭い（表 2.2 参照）．水素：4.0 ～ 75.0 vol%，アセチレン：2.5 ～ 100 vol%

ロ　正しい．プロパン（C_3H_8）が酸素と反応して完全燃焼すると，二酸化炭素と水が生成される．

$$C_3H_8 + 5O_2 \rightarrow 3CO_2 + 4H_2O$$

ハ　正しい．火炎の伝ぱ速度が可燃性混合ガス中の音速よりも大きいものを，爆ごうという．

ニ　正しい．一般に，炭化水素（気体）では，同じ温度，圧力における単位体積当たりの総発熱量は，分子量の大きなものの方が，原子の数が多いので大きい．

以上から（5）が正解．　▶答（5）

問題5　【令和元年 問7】

次のイ，ロ，ハ，ニの記述のうち，燃焼と爆発について正しいものはどれか．
イ．断熱圧縮による昇温は，発火源とはならない．
ロ．単位質量当たりの総発熱量は，メタンに比べ水素のほうが大きい．
ハ．自然発火性ガスは，酸素や空気などの支燃物がなくても分解反応によって分解爆発を起こす性質をもったガスである．
ニ．水素は，常温，標準大気圧，空気中において，アセチレンより爆発範囲（燃焼範囲）が狭い．
(1) イ，ロ　(2) イ，ハ　(3) イ，ニ　(4) ロ，ハ　(5) ロ，ニ

解説 イ　誤り．断熱圧縮による昇温は，発火源となることがある．

ロ　正しい．単位質量当たりの総発熱量は，メタン（56 MJ/kg）に比べ水素（142 MJ/kg）の方が大きい．なお，単位体積当たりではメタン（40 MJ/m^3）の方が水素（13 MJ/m^3）より大きい．

ハ　誤り．自然発火性ガスは，酸素や空気などの支燃物があり，この混合ガスの温度が上

がると，点火源なくても酸化反応が徐々に始まり，その発熱により発火する性質をもったガスである．

ニ　正しい．水素（爆発範囲 4.0 ～ 75.0 vol%）は，常温，標準大気圧，空気中において，アセチレン（2.5 ～ 100 vol%）より爆発範囲（燃焼範囲）が狭い（表 2.2 参照）．

以上から（5）が正解．　▶答（5）

問題 6　【平成 30 年 問 7】 

次のイ，ロ，ハ，ニの記述のうち，正しいものはどれか．

イ．アセチレンは，発火源があると，支燃物がなくても分解反応によって多量の熱を発生して火炎を生じるおそれのあるガスである．

ロ．発火点が −10°C のガスであれば，20°C の大気中に流出しても発火することはない．

ハ．換気の悪い空間でブタンを燃焼させると一酸化炭素が発生することがある．

ニ．常温，標準大気圧（0.1013 MPa）下において，体積の割合がプロパン 30%，空気 70% である混合気体は爆発範囲内にある．

（1）イ，ロ　（2）イ，ハ　（3）ロ，ハ　（4）ハ，ニ　（5）イ，ロ，ニ

解説　イ　正しい．アセチレンは，発火源があると，支燃物がなくても分解反応によって多量の熱を発生して火炎を生じるおそれのあるガスである．

ロ　誤り．発火点が −10°C のガスであれば，20°C の大気中に流出すると発火することがある．

ハ　正しい．換気の悪い空間でブタン（C_4H_{10}）を燃焼させると，空気不足で一酸化炭素（CO）が発生することがある．

ニ　誤り．常温，標準大気圧（0.1013 MPa）下において，体積の割合がプロパン 30%，空気 70% である混合気体は，爆発範囲が 2.1 ～ 9.5 vol% であるから爆発範囲外になる（表 2.2 参照）．

以上から（2）が正解．　▶答（2）

2.9 容器

問題 1　【令和 5 年 問 8】 

次のイ，ロ，ハ，ニの記述のうち，容器について正しいものはどれか．

イ．継目なし容器の材料の一つにクロムモリブデン鋼があげられる．

ロ．溶接容器は，主として高圧の水素，窒素などの圧縮ガスを充てんするために用い

られている.

ハ. 継目なし容器の使用形態には，単体容器による方法，カードル（枠組容器）による方法などがある.

ニ. 超低温容器は，外部からの熱の侵入を極力防ぐ措置として，内槽と外槽とで構成され，その間は断熱材が充填あるいは積層され，かつ，真空引きされている.

(1) イ，ロ　(2) イ，ハ　(3) ロ，ニ　(4) イ，ハ，ニ　(5) ロ，ハ，ニ

解説 イ　正しい．継目なし容器（**図 2.2** 参照）の材料の一つにクロムモリブデン鋼があげられる．

(a) 継目なし（底部凹形）容器

(b) 長尺容器の例

図 2.2　継目なし容器の例 [1)]

ロ　誤り．溶接容器は，主としてLPガスやフルオロカーボンなどの低圧の液化ガス用あるいは溶解アセチレン用に使用されている（後出の図2.4参照）．

ハ　正しい．継目なし容器の使用形態には，単体容器による方法，カードル（枠組容器：後出の図2.19参照）による方法などがある．

ニ　正しい．超低温容器（**図 2.3** 参照）は，外部からの熱の侵入を極力防ぐ措置として，内槽と外槽とで構成され，その間は断熱材が充てんあるいは積層され，かつ，真空引きされている．

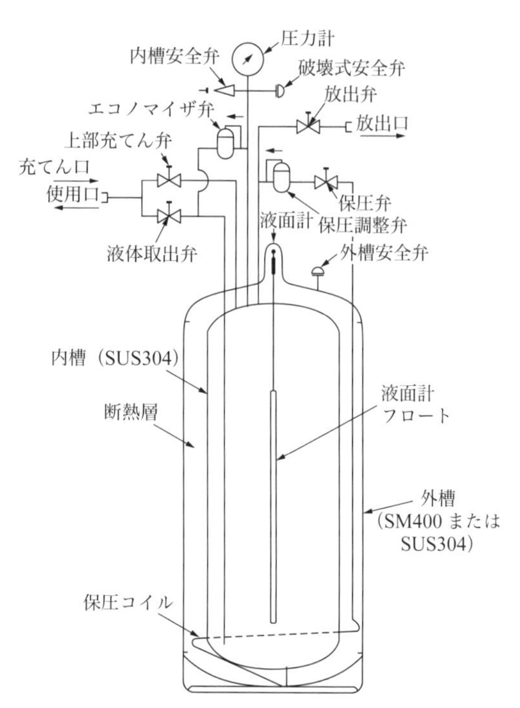

図 2.3　可搬式超低温容器の構造[1)]

以上から（4）が正解.

▶答（4）

問題 2　【令和 4 年 問 8】

次のイ，ロ，ハ，ニの記述のうち，容器について正しいものはどれか.

イ. 容器は，その構造上，継目なし容器，溶接容器，ろう付け容器，繊維強化プラスチック複合容器，超低温容器などに分類できる.

ロ. 継目なし容器の主な製造方法として，マンネスマン式，エルハルト式などがある.

ハ. 胴部に縦方向の溶接継手がなく，胴部に円周方向の溶接継手が一ヶ所ある容器は，三部構成容器である.

ニ. 繊維強化プラスチック複合容器（フルラップ容器）とは，厚い炭素鋼ライナーの胴部に，鋼よりも引張強さが大きく，長い繊維をすき間なく巻きつけ，エポキシ樹脂を含浸した容器である.

(1) イ，ロ　(2) イ，ハ　(3) ロ，ハ　(4) ロ，ニ　(5) ハ，ニ

解説　イ　正しい. 容器は，その構造上，継目なし容器，溶接容器，ろう付け容器，繊維強化プラスチック複合容器，超低温容器などに分類できる.

ロ　正しい．継目なし容器の主な製造方法として，マンネスマン式（鋼管の両端を鍛造で成形加工する方式（M式またはスパン式）），エルハルト式（鋼塊やアルミニウム合金塊などを押し出しなどで成形加工する方式）などがある．

ハ　誤り．胴部に縦方向の溶接継手がなく，胴部に円周方向の溶接継手が一か所ある容器は，二部構成容器である．なお，三部構成容器は，胴部に縦方向溶接継手と鏡板の溶接継手を有するものである（**図 2.4** 参照）．

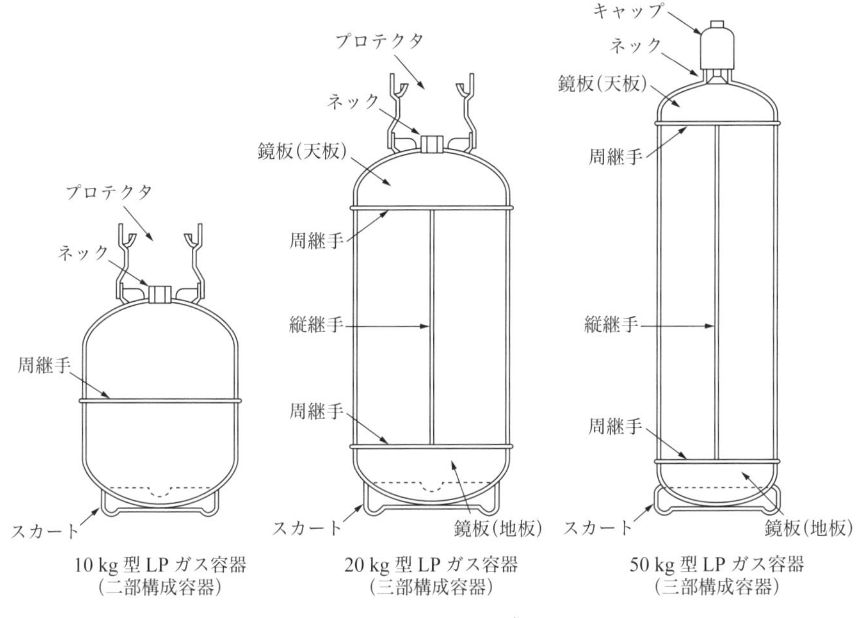

図 2.4　LP ガス容器 [2)]

ニ　誤り．繊維強化プラスチック複合容器（フルラップ容器）とは，アルミニウム合金製ライナーの外側に，鋼よりも引張強さが大きく，長い繊維をすき間なく巻きつけ，エポキシ樹脂を含浸した容器である．「炭素鋼ライナーの胴部」が誤り．

以上から（1）が正解．　▶答（1）

問題 3　【令和 3 年 問 8】

次のイ，ロ，ハ，ニの記述のうち，容器について正しいものはどれか．

イ．溶接容器は，主として高圧の水素，窒素などの圧縮ガスを充てんするために用いられている．

ロ．繊維強化プラスチック複合容器のフルラップ容器は，鋼製継目なし容器に比べ，最高充てん圧力，内容積が同じ場合，質量は約 1/2 と軽量である．

ハ．アルミニウム合金は，継目なし容器，溶接容器の材料として使用されている．
ニ．継目なし容器は，二部構成または三部構成で製造されている．
(1) イ，ロ　(2) イ，ハ　(3) イ，ニ　(4) ロ，ハ　(5) ハ，ニ

解説 イ　誤り．溶接容器は，主としてLPガスやフルオロカーボンなどの低圧の液化ガス用あるいは溶解アセチレン用に使用されている．

ロ　正しい．繊維強化プラスチック複合容器のフルラップ容器は，鋼製継目なし容器に比べ，最高充てん圧力，内容積が同じ場合，質量は約1/2と軽量である．

ハ　正しい．アルミニウム合金は，継目なし容器，溶接容器の材料として使用されている．

ニ　誤り．継目なし容器は，溶接継手のない容器である．なお，二部構成の容器は図2.4の左端の容器で縦方向に溶接継手がないものであり，三部構成の容器は図2.4の真中と右端の容器で，縦方向に溶接継手のあるものをいう．

以上から（4）が正解．

▶答（4）

問題4　【令和2年 問8】

次のイ，ロ，ハ，ニの記述のうち，容器について正しいものはどれか．

イ．継目なし容器の使用形態には，単体容器による方法，カードル（枠組容器）による方法などがある．
ロ．継目なし容器の製造方法は，マンネスマン式だけである．
ハ．胴部に縦方向の溶接による継目を有し，鏡部と胴部の間に周方向の溶接による継目を有する容器は，二部構成容器である．
ニ．アルミニウム合金製ライナーの外側に，エポキシ樹脂を含浸した，鋼よりも引張強さの大きい長い繊維を巻きつけた容器は，繊維強化プラスチック（FRP）複合容器である．
(1) イ，ロ　(2) イ，ハ　(3) イ，ニ　(4) ロ，ハ　(5) ロ，ニ

解説 イ　正しい．継目なし容器の使用形態には，単体容器による方法（図2.2参照），カードル（枠組容器）（後出の図2.19参照）および集合装置方式（後出の図2.18参照）などがある．

ロ　誤り．継目なし容器の製造方法は，鋼管の両端を鍛造で成形加工するマンネスマン式（M式またはスパン式），鋼塊やアルミニウム合金塊などを押し出しなどで成形加工するエルハルト式およびその他の方法がある．

ハ　誤り．胴部に縦方向の溶接による継目を有し，鏡部と胴部の間に周方向の溶接による継目を有する容器は，三部構成容器である（図2.4参照）．

ニ　正しい．アルミニウム合金製ライナーの外側に，エポキシ樹脂を含浸した，鋼よりも

引張強さの大きい長い繊維を巻きつけた容器は，繊維強化プラスチック（FRP）複合容器である．

以上から（3）が正解．　▶答（3）

問題5 【令和元年 問8】

次のイ，ロ，ハ，ニの記述のうち，容器について正しいものはどれか．

イ．ステンレス鋼製継目なし容器は，半導体製造などに使用されるガスを充てんする容器として容器内面の平滑度，清浄さ，耐食性などが要求される場合に使用される．

ロ．溶接容器は，内容積が120 L未満の容器だけに用いられるものであり，タンクローリのような大型の容器には使用されない．

ハ．炭素鋼は，溶接容器の材料として使用されている．

ニ．超低温容器は，液化酸素，液化窒素などの超低温の液化ガスを充てんするため，二重殻構造とし断熱措置を施した容器である．

（1）イ，ロ　（2）ロ，ハ　（3）ハ，ニ　（4）イ，ロ，ニ　（5）イ，ハ，ニ

解説　イ　正しい．ステンレス鋼製継目なし容器は，半導体製造などに使用されるガスを充てんする容器として容器内面の平滑度，清浄さ，耐食性などが要求される場合に使用される．

ロ　誤り．溶接容器は，内容積が120 L未満の容器だけでなく，液化塩素の1 t容器，LPガスの500 kg容器などの中型のポータブル容器のほか，車両に固定した容器（タンクローリおよびトレーラ用容器）および鉄道車両に固定した容器（タンク車用容器）のような大型のものまで使用される．

ハ　正しい．炭素鋼は，溶接容器の材料として使用されている．

ニ　正しい．超低温容器（図2.3参照）は，液化酸素，液化窒素などの超低温の液化ガスを充てんするため，二重殻構造とし断熱措置を施した容器である．

以上から（5）が正解．　▶答（5）

問題6 【平成30年 問8】

次のイ，ロ，ハ，ニの記述のうち，容器について正しいものはどれか．

イ．溶接容器には，二部構成容器はあるが，三部構成容器はない．

ロ．アルミニウム合金は，継目なし容器の材料として使用されている．

ハ．溶接容器は，主としてLPガスやフルオロカーボンなどの低圧の液化ガス用あるいは，溶解アセチレン用に使用される．

ニ．救急用の空気呼吸器用容器に使用されている繊維強化プラスチック複合容器（フルラップ容器）の質量は，最高充てん圧力，内容積が同じ場合，鋼製継目なし容器

の質量に比べおよそ1/2である.

(1) イ, ロ　(2) イ, ハ　(3) ハ, ニ　(4) イ, ロ, ニ　(5) ロ, ハ, ニ

解説 イ　誤り. 溶接容器には, 二部構成容器と三部構成容器がある. 二部構成容器（カプセルタイプ容器）は, 胴部に縦方向の溶接継手がなく, 胴部あるいは胴部端部に円周方向の継手があるものをいう. 三部構成容器は, 胴部に縦方向溶接継手と鏡板の周溶接継手を有するものである（図2.4参照）.

ロ　正しい. アルミニウム合金は, 継目なし容器の材料として使用されている.

ハ　正しい. 溶接容器は, 主としてLPガスやフルオロカーボンなどの低圧の液化ガス用あるいは, 溶解アセチレン用に使用される.

ニ　正しい. 救急用の空気呼吸器用容器に使用されている繊維強化プラスチック複合容器（フルラップ容器）の質量は, 最高充てん圧力, 内容積が同じ場合, 銅製継目なし容器の質量に比べおよそ1/2である.

以上から（5）が正解.　▶答（5）

2.10 安全弁

問題1　【令和元年 問9】

次のイ, ロ, ハ, ニの記述のうち, 容器バルブの安全弁について正しいものはどれか.

イ. シアン化水素, 三フッ化塩素のバルブには, 安全弁がついていない.

ロ. 破裂板と溶栓の併用式の安全弁は, 破裂板の疲労による破裂圧力の低下を防ぐため, 安全弁の吹出し孔内に可溶合金を充てんして, 圧力による破裂板のふくらみを抑えている.

ハ. 破裂板式安全弁の破裂板の材料には, 銅, ニッケルなどが使用されている.

ニ. 溶解アセチレン容器の溶栓式安全弁が作動した場合, ガスの噴出方向は容器の軸心に対して直角である.

(1) イ, ロ　(2) ハ, ニ　(3) イ, ロ, ハ
(4) イ, ハ, ニ　(5) ロ, ハ, ニ

解説 イ　正しい. シアン化水素, 三フッ化塩素のバルブには, 安全弁を付けないことになっている.

ロ　正しい. 破裂板と溶栓の併用式の安全弁は, 破裂板の疲労による破裂圧力の低下を防

ぐため，安全弁の吹出し孔内に可溶合金を充てんして，圧力による破裂板のふくらみを抑えている.

ハ　正しい．破裂板式安全弁の破裂板の材料には，銅，ニッケルなどが使用されている.

ニ　誤り．溶解アセチレン容器の溶栓式安全弁が作動した場合，ガスの噴出方向は容器の軸心に対して30°以内の上向きである.

以上から（3）が正解.　▶答（3）

題2　【平成30年 問9】 

次のイ，ロ，ハ，ニの記述のうち，容器用バルブに装着されている安全弁について正しいものはどれか.

イ．溶栓（可溶合金，ヒューズメタル）式安全弁は，容器温度が規定温度に達した場合，可溶合金が溶融して容器内のガスを外部に放出する.

ロ．ばね（スプリング）式安全弁は，容器内圧力が上昇し，安全弁の吹始め圧力に達すると容器内のガスを外部に放出し，それによって吹止まり圧力まで容器内圧力が下がればガスの放出を停止する.

ハ．安全弁は，装着されている容器用バルブが閉のときには作動するが，開のときには作動しない.

ニ．安全弁の種類には，ばね式のほか，破裂板（ラプチャディスク）式と溶栓式があるが，破裂板と溶栓の併用式はない.

(1) イ，ロ　(2) イ，ハ　(3) ロ，ハ　(4) ロ，ニ　(5) ハ，ニ

解説　イ　正しい．溶栓（可溶合金，ヒューズメタル）式安全弁は，容器温度が規定温度に達した場合，可溶合金が溶融して容器内のガスを外部に放出する.

ロ　正しい．ばね（スプリング）式安全弁は，容器内圧力が上昇し，安全弁の吹始め圧力に達すると容器内のガスを外部に放出し，それによって吹止まり圧力まで容器内圧力が下がればガスの放出を停止する.

ハ　誤り．安全弁は，装着されている容器用バルブの開閉にかかわらず，容器内の圧力が上昇した場合に作動する.

ニ　誤り．ばね（スプリング）式のほか，安全弁の種類には，破裂板式（ラプチャディスク），溶栓式があり，破裂板と溶栓の併用式もある．この併用式は，破裂板の疲労による破裂圧力低下を防ぐため，安全弁の吹出し孔内に可溶合金を充てんして，破裂板の圧力によるふくらみを抑え，安全性を高めた方式である.

以上から（1）が正解.　▶答（1）

2.11 容器用バルブおよびその安全弁

問題1　【令和5年 問9】

次のイ，ロ，ハ，ニの記述のうち，容器バルブについて正しいものはどれか．

イ．容器バルブには，容器取付部と充てん口部があって，その間に弁を動かして流路を開閉する機構が設けられている．

ロ．容器取付部のねじが平行ねじのものは，アルミニウム合金の容器に使用されている場合が多い．

ハ．ヨーク形バルブは，圧力調整器を充てん口部のねじに取り付けるタイプの容器バルブである．

ニ．開閉機構部のガス漏れ防止の方式のうち，パッキン式は，金属の薄板によりガスの流入室と開閉操作室を完全に分離したものである．

(1) イ，ロ　(2) イ，ハ　(3) イ，ニ　(4) ロ，ハ　(5) ハ，ニ

解説　イ　正しい．容器バルブには，容器取付部と充てん口部があって，その間に弁を動かして流路を開閉する機構が設けられている（図2.5参照）．

ロ　正しい．容器取付部のねじが平行ねじのものは，アルミニウム合金の容器に使用されている場合が多い．

ハ　誤り．ヨーク形バルブは，圧力調整器を充てん口部に，ねじなしで枠にしっかりと取り付けるタイプの容器バルブである．溶解アセチレン容器，医療用小容器およびスクーバ容器等にはヨーク形バルブが用いられている．

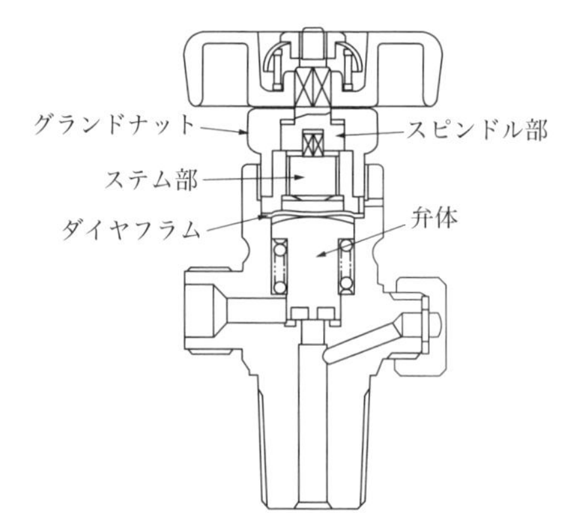

図2.5　一般高圧用バルブ（ダイヤフラム）

ニ　誤り．「金属の薄板によりガスの流入室と開閉操作室を完全に分離したもの」は，ダイヤフラム式のバルブである．なお，パッキンは，往復運動や回転運動のしゅう動部に使用するものをいい，ガスケットは静止接合面に挿入するものをいう．

以上から（1）が正解．

▶答（1）

問題2　【令和5年 問10】

次のイ，ロ，ハ，ニの記述のうち，容器バルブの安全弁について正しいものはどれか．

イ．シアン化水素や三フッ化塩素の容器には，破裂板（ラプチャディスク）式安全弁が用いられている．
ロ．容器に直接安全装置があるときは，容器バルブに安全弁がなくてもよい．
ハ．溶解アセチレン容器の溶栓（可溶合金）式安全弁が作動した場合，ガスの噴出方向は容器の軸心に対して直角となる．
ニ．ばね（スプリング）式安全弁は，容器内圧力が上昇して安全弁の吹始め圧力に達すると，容器内のガスを外部に放出し，それによって容器内圧力が吹止まり圧力まで下がれば，放出を停止する．
(1) イ，ロ　(2) イ，ハ　(3) イ，ニ　(4) ロ，ハ　(5) ロ，ニ

解説 イ　誤り．毒ガスであるシアン化水素や三フッ化塩素の容器には，破裂板（ラプチャディスク）式安全弁が用いられない．
ロ　正しい．容器に直接安全装置があるときは，容器バルブに安全弁がなくてもよい．
ハ　誤り．溶解アセチレン容器の溶栓（可溶合金）式安全弁が作動した場合，ガスの噴出方向は容器の軸心に対して30°以内の上向きとなる．
ニ　正しい．ばね（スプリング）式安全弁は，容器内圧力が上昇して安全弁の吹始め圧力に達すると，容器内のガスを外部に放出し，それによって容器内圧力が吹止まり圧力まで下がれば，放出を停止する．
以上から（5）が正解．　▶答（5）

問題3　【令和4年 問9】

次のイ，ロ，ハ，ニの記述のうち，容器バルブについて正しいものはどれか．
イ．ダイヤフラム式バルブは，ダイヤフラムによりガスの流入室と開閉操作室が完全に分離されている．
ロ．開閉機構部の気密性を保持する方式には，ダイヤフラム式のほか，パッキン式，バックシート式などがあるが，Oリング式はない．
ハ．充てん口のねじに，めねじは使用されていない．
ニ．容器取付部のねじには，テーパねじと平行ねじがある．
(1) イ，ロ　(2) イ，ハ　(3) イ，ニ　(4) ロ，ハ　(5) ハ，ニ

解説 イ　正しい．ダイヤフラム式バルブは，ダイヤフラムによりガスの流入室と開閉操作室が完全に分離されている（図2.5参照）．
ロ　誤り．開閉機構部の気密性を保持する方式には，ダイヤフラム式のほか，パッキン式，バックシート式などがあり，Oリング式もある．
ハ　誤り．充てん口のねじには，一般におねじが使用されるが，LPガス用にはめねじが

使用されている．

ニ　正しい．容器取付部のねじには，テーパねじ（先に向かってだんだん細くなるねじ）と平行ねじ（細くならず同形のままのねじ）がある．多くはテーパねじである．

以上から（3）が正解．　▶答（3）

問題4　【令和4年 問10】

次のイ，ロ，ハ，ニの記述のうち，容器バルブの安全弁について正しいものはどれか．

イ．安全弁は，容器の安全を保つため，容器バルブの開閉状態にかかわらず作動する．

ロ．安全弁の種類には，ばね式のほか，破裂板（ラプチャディスク）式と溶栓式があるが，破裂板と溶栓の併用式はない．

ハ．溶栓式安全弁は，容器温度が上昇し規定温度に達した場合に，安全弁内部の可溶合金（ヒューズメタル）が溶融して容器内のガスを放出する．

ニ．LPガス用容器バルブの安全弁は，主に破裂板（ラプチャディスク）式のものが使用されている．

(1) イ，ロ　(2) イ，ハ　(3) ロ，ハ　(4) ロ，ニ　(5) ハ，ニ

解説　イ　正しい．安全弁は，容器の安全を保つため，容器バルブの開閉状態にかかわらず作動する．

ロ　誤り．安全弁の種類には，ばね（スプリング）式のほか，破裂板（ラプチャディスク）式，溶栓式があり，破裂板と溶栓の併用式もある．この併用式は，破裂板の疲労による破裂圧力低下を防ぐため，安全弁の吹出し孔内に可溶合金を充てんして，破裂板の圧力による膨らみを抑え，安全性を高めた方式である．

ハ　正しい．溶栓式安全弁は，容器温度が上昇し規定温度に達した場合に，安全弁内部の可溶合金（ヒューズメタル）が溶融して容器内のガスを放出する．

ニ　誤り．LPガス用容器バルブの安全弁は，主にばね（スプリング）式のものが使用されている．

以上から（2）が正解．　▶答（2）

問題5　【令和3年 問9】

次のイ，ロ，ハ，ニの記述のうち，容器バルブについて正しいものはどれか．

イ．ヨーク式バルブは，充てん口のねじに圧力調整器を取り付けるタイプの容器バルブである．

ロ．容器取付部のねじが平行ねじである容器バルブは，アルミニウム合金の容器に使用される場合が多い．

ハ. 容器バルブの充てん口にはねじのあるものとないものがあり，また，そのねじの種類には，おねじとめねじがある.

ニ. 容器バルブの開閉機構部のシール方式は，パッキン式，バックシート式の2種類に限られる.

(1) イ，ハ　(2) イ，ニ　(3) ロ，ハ　(4) イ，ロ，ニ　(5) ロ，ハ，ニ

解説 イ　誤り. ヨーク式バルブは，充てん口にねじがないもので，圧力調整器は枠にしっかりと取り付けるタイプの容器バルブである.

ロ　正しい. 容器取付部のねじが平行ねじである容器バルブは，アルミニウム合金の容器に使用される場合が多い. なお，平行ねじ（記号ではG表記）とは，根本から先までねじの太さが変わらない形状のねじで，おねじ（平行おねじ）も受け側（平行めねじ）も記号は同じGである.

ハ　正しい. 容器バルブの充てん口にはねじのあるものとないものがあり，また，そのねじの種類には，おねじとめねじがある.

ニ　誤り. 容器バルブの開閉機構部のシール方式は，パッキン式，バックシート式のほか，Oリング式やダイヤフラム式もある. パッキン式は，開閉軸の周囲にプラスチック等のパッキンを置き気密性を保持するもの，バックシート式は，開閉軸の背後部にパッキンを置き，スプリングまたはガス圧によりシールするもの，Oリング式は，弁体にOリングを設け，開閉操作の際の気密性をOリングにより保持するもの，ダイヤフラム式は，金属の薄板によりガスの流入室と開閉操作室を完全に分離したものである.

以上から（3）が正解.

▶答（3）

問題6　【令和3年 問10】

次のイ，ロ，ハ，ニの記述のうち，容器バルブの安全弁について正しいものはどれか.

イ. 破裂板と溶栓の併用式安全弁は，破裂板の疲労による破裂圧力の低下を防ぐため，安全弁の吹出し孔内に可溶合金を充てんして，通常状態における圧力による破裂板のふくらみを抑えている.

ロ. 破裂板式安全弁の破裂板の材料には，銅，ニッケルおよび銀などが使用されている.

ハ. シアン化水素，三フッ化塩素の容器バルブには，破裂板と溶栓の併用式安全弁が使用されている.

ニ. 容器バルブに装着される安全弁は，その容器バルブが開のときには作動しない.

(1) イ，ロ　(2) イ，ハ　(3) イ，ニ　(4) ロ，ハ　(5) ハ，ニ

解説 イ　正しい．破裂板と溶栓の併用式安全弁は，破裂板の疲労による破裂圧力の低下を防ぐため，安全弁の吹出し孔内に可溶合金を充てんして，通常状態における圧力による破裂板のふくらみを抑えている．

ロ　正しい．破裂板式安全弁の破裂板の材料には，銅，ニッケルおよび銀などが使用されている．

ハ　誤り．シアン化水素，三フッ化塩素の容器バルブには，安全弁を使用しないことになっている．

ニ　誤り．容器バルブに装着される安全弁は，その容器バルブが開のときでも閉のときでも作動することとなっている．

以上から（1）が正解．　▶答（1）

問題7　【令和2年 問9】

次のイ，ロ，ハ，ニの記述のうち，容器バルブについて正しいものはどれか．

イ．ダイヤフラム式のバルブは，金属の薄板（ダイヤフラム）によりガスの流入室と開閉操作室を完全に分離したバルブである．

ロ．ガスの流入口を開閉する弁は，弁体（バルブステム）とも呼ばれ，ハンドルなどの操作により開閉軸（スピンドル）が回転することにより上下される．

ハ．充てん口のねじにより圧力調整器を取り付けるタイプのバルブは，ヨーク式と呼ばれている．

ニ．容器取付部がテーパねじのバルブは，アルミニウム合金の容器に使用される場合が多い．

(1) イ，ロ　(2) イ，ハ　(3) ハ，ニ　(4) イ，ロ，ニ　(5) ロ，ハ，ニ

解説 イ　正しい．ダイヤフラム式のバルブは，金属の薄板（ダイヤフラム）によりガスの流入室と開閉操作室を完全に分離したバルブである（図2.5参照）．

ロ　正しい．ガスの流入口を開閉する弁は，弁体（バルブステム）とも呼ばれ，ハンドルなどの操作により開閉軸（スピンドル）が回転することにより上下される．

ハ　誤り．充てん口にねじがなく圧力調整器を枠にしっかりと取り付けるタイプのバルブは，ヨーク式と呼ばれている．なお，ねじのあるものはオスねじタイプとメスねじタイプの2種類がある．

ニ　誤り．容器取付部のねじは，平行ねじとテーパねじの2種類があるが，平行ねじのバルブは，アルミニウム合金の容器に使用される場合が多い．

以上から（1）が正解．　▶答（1）

問題 8 【令和2年 問10】

次のイ，ロ，ハ，ニの記述のうち，容器バルブの安全弁について正しいものはどれか．

イ．容器バルブの安全弁は，容器バルブが閉のときには作動するが，開のときには作動しない．

ロ．破裂板（ラプチャディスク）式安全弁が作動すると，容器内圧力が大気圧と同じになるまでガスが放出される．

ハ．溶栓式安全弁は，容器温度が上昇し規定温度に達した場合に，安全弁内部の可溶合金（ヒューズメタル）が溶融してガスが放出される．

ニ．LPガス用の容器バルブの安全弁には，主にばね（スプリング）式が用いられている．

(1) イ，ロ　(2) イ，ハ　(3) ハ，ニ　(4) イ，ロ，ニ　(5) ロ，ハ，ニ

解説 イ　誤り．容器バルブの安全弁は，容器バルブの開閉にかかわらず，容器内の圧力が上昇した場合に作動する．

ロ　正しい．破裂板（ラプチャディスク）式安全弁が作動すると，容器内圧力が大気圧と同じになるまでガスが放出される．

ハ　正しい．溶栓式安全弁は，容器温度が上昇し規定温度に達した場合に，安全弁内部の可溶合金（ヒューズメタル）が溶融してガスが放出される．

ニ　正しい．LPガス用の容器バルブの安全弁には，主にばね（スプリング）式が用いられている．

以上から（5）が正解．　▶答（5）

問題 9 【令和元年 問10】

次のイ，ロ，ハ，ニの記述のうち，容器バルブについて正しいものはどれか．

イ．ガスの入口（容器取付部）が平行ねじのものは，アルミニウム合金の容器に使用される場合が多い．

ロ．溶解アセチレン用のバルブの材料には，純銅を使用してはならない．

ハ．可燃性ガス用のバルブには，必ずハンドルがついている．

ニ．ハンドルのついていないバルブを閉める際，所定のレンチがなかったので，アームの長いレンチを使用し，通常より強く閉めた．

(1) イ，ロ　(2) イ，ハ　(3) イ，ニ　(4) ロ，ハ　(5) ハ，ニ

解説 イ　正しい．ガスの入口（容器取付部）のねじは，テーパねじと平行ねじの2種類があるが，平行ねじのものは，アルミニウム合金の容器に使用される場合が多い．

ロ　正しい．溶解アセチレン用のバルブの材料には，純銅を使用すると，銅アセチリド（Cu_2C_2）が生成するため，使用してはならない．

ハ　誤り．可燃性ガス用のバルブには，ハンドルがついていないものもある．

ニ　誤り．ハンドルのついていないバルブを閉める際，所定のレンチがなかった場合，アームの適切なレンチを使用し，通常より強く閉めないようにすることが重要である．強く閉めすぎると弁座シートを損傷し，ガス漏れの原因となる．

以上から（1）が正解．　▶答（1）

問題10　【平成30年 問10】

次のイ，ロ，ハ，ニの記述のうち，容器用バルブについて正しいものはどれか．

イ．容器取付部（容器との接続部）が平行ねじのものは，アルミニウム合金の容器に使用される場合が多い．

ロ．開閉機構には，パッキン式，バックシート式，Oリング式などがあり，ダイヤフラム式はない．

ハ．医療用小容器用バルブや溶解アセチレン容器用バルブなどのヨーク式バルブは，充てん口にねじがない．

ニ．充てん口のねじに，めねじは使用されていない．

（1）イ，ロ　（2）イ，ハ　（3）ロ，ハ　（4）ハ，ニ　（5）イ，ロ，ニ

解説　イ　正しい．容器取付部（容器との接続部）のねじは，テーパねじと平行ねじの2種類があるが，平行ねじのものは，アルミニウム合金の容器に使用される場合が多い．

ロ　誤り．開閉機構には，パッキン式，バックシート式，Oリング式などがあり，ダイヤフラム式もある．パッキン式は，開閉軸の周囲にプラスチック等のパッキンを置き気密性を保持するもの，バックシート式は，開閉軸の背後部にパッキンを置き，スプリングまたはガス圧によりシールするもの，Oリング式は，弁体にOリングを設け，開閉操作の際の気密性をOリングにより保持するもの，ダイヤフラム式は，金属の薄板によりガスの流入室と開閉操作室を完全に分離したものである．

ハ　正しい．医療用小容器用バルブや溶解アセチレン容器用などのヨーク式バルブは，充てん口部にねじがない．これらは圧力調整器を枠にしっかりと取り付けて用いるようになっている．

ニ　誤り．充てん口部がねじ式のものは，一般におねじであるが，LPガス用はめねじである．

以上から（2）が正解．　▶答（2）

2.12 圧力調整器

題1 【令和5年 問11】

次のイ，ロ，ハ，ニの記述のうち，高圧用圧力調整器について正しいものはどれか．

イ．高圧用圧力調整器の圧力調整ハンドルを緩めていくと弁と弁座が密着し流路が閉になる．

ロ．酸素容器バルブに取り付ける高圧用圧力調整器は，可燃性ガス用圧力調整器が誤って使用されないように，取付部のねじが左ねじとなっている．

ハ．高圧用圧力調整器を容器バルブに取り付けたあと，圧力調整器に供給されるガスの圧力が徐々に上がるように容器バルブを静かに開いた．

ニ．高圧用圧力調整器の調整圧力を所定の圧力に設定したのち，低圧圧力計の指針の上昇が続いたがそのまま使用した．

(1) イ，ロ　(2) イ，ハ　(3) イ，ニ　(4) ロ，ハ　(5) ハ，ニ

解説 イ　正しい．高圧用圧力調整器の圧力調整ハンドルを緩めていくと弁と弁座が密着し流路が閉になる（**図2.6**参照）．

ロ　誤り．酸素容器バルブに取り付ける高圧用圧力調整器は，可燃性ガス用圧力調整器（一般に左ねじ）が誤って使用されないように，取付部のねじが右ねじとなっている．なお，アンモニアは例外で右ねじ，ヘリウムは不燃性ガスであるが左ねじである．

ハ　正しい．高圧用圧力調整器を容器バルブに取り付けたあと，圧力調整器に供給されるガスの圧力が徐々に上がるように容器バルブを静かに開く．

ニ　誤り．高圧用圧力調整器の調整圧力を所定の圧力に設定したのち，低圧圧力計の指針の上昇が続く場合，使用を中止し，設定圧力範囲で停止するか確認する．指針が上がり続けている場合は，その調整器の使用を止めて交換する．

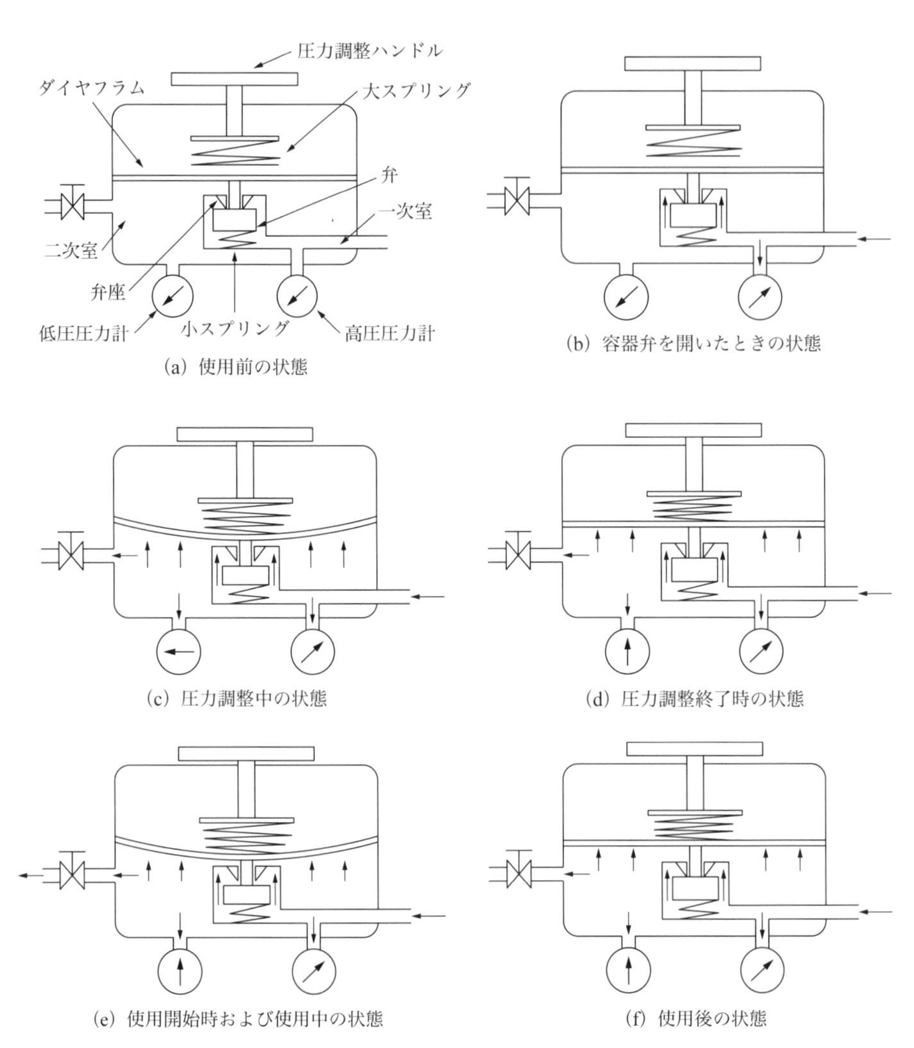

図 2.6　圧力調整器の作動説明図 [1)]

以上から（2）が正解.　　▶答（2）

問題 2　【令和 4 年 問 11】

次のイ，ロ，ハ，ニの記述のうち，高圧用圧力調整器の取扱いについて正しいものはどれか.

イ．高圧用圧力調整器を容器バルブに取り付けた後，最初に圧力調整ハンドルを右に回して十分に押し込み，次に容器バルブを開けた.

ロ．容器バルブに高圧用圧力調整器を取り付ける前に，圧力調整ハンドルを緩めて圧力調整器のシート（弁座）とバルブ（弁）を閉の状態にした．

ハ．高圧用圧力調整器のシート（弁座）とバルブ（弁）の状態を閉にする操作をしたときに一次側から二次側にガスが流れ続けていたが，そのまま使用した．

ニ．容器バルブに取り付けた高圧用圧力調整器の一次側に圧力計があれば，その圧力計で容器内圧力を確認することができる．

(1) イ，ロ　(2) イ，ハ　(3) ロ，ハ　(4) ロ，ニ　(5) イ，ハ，ニ

解説 イ　誤り．正しくは，高圧用圧力調整器を容器バルブに取り付けた後，最初に容器バルブを開け（一次室に高圧のガスが供給され，一次室の圧力が容器の充てん圧力と等しくなる），次に圧力調整ハンドルを右に回して十分に押し込む（大スプリングを介して弁が押し下げられ，弁座とのすき間からガスが二次室に供給され，低圧圧力計の表示が次第に上昇する）．容器バルブと圧力調整ハンドルの操作が逆である（図2.6参照）．

ロ　正しい．容器バルブに高圧用圧力調整器を取り付ける前に，圧力調整ハンドルを緩めて圧力調整器のシート（弁座）とバルブ（弁）を閉の状態にする．

ハ　誤り．高圧用圧力調整器のシート（弁座）とバルブ（弁）の状態を閉にする操作をしたときに一次側から二次側にガスが流れ続けている場合，その調整器の使用を止める．

ニ　正しい．容器バルブに取り付けた高圧用圧力調整器の一次側に圧力計があれば，その圧力計で容器内圧力を確認することができる．

以上から（4）が正解．

▶答（4）

問題3　【令和3年 問11】

次のイ，ロ，ハ，ニの記述のうち，高圧用圧力調整器について正しいものはどれか．

イ．一般に，圧力調整器の圧力計の表示はゲージ圧力で表されている．

ロ．圧力調整器の圧力設定後，二次側（低圧側）圧力計の指針が上昇を続けていたので，その圧力調整器の使用を中止した．

ハ．圧力調整器の弁（バルブ）と弁座（シート）の状態を閉にするため，圧力調整ハンドルを左に廻して緩めた．

ニ．窒素用に長年使用していた圧力調整器を，酸素用に用いた．

(1) イ，ロ　(2) イ，ニ　(3) ロ，ハ　(4) ロ，ニ　(5) イ，ロ，ハ

解説 イ　正しい．一般に，圧力調整器の圧力計の表示はゲージ圧力で表されている．

ロ　正しい．圧力調整器の圧力設定後，二次側（低圧側）圧力計の指針が上昇を続けている場合，その圧力調整器の使用を中止する．

ハ　正しい．圧力調整器の弁（バルブ）と弁座（シート）の状態を閉にするためには，圧

力調整ハンドルを左に廻して緩める．図2.6に示すように，小スプリングが弁を押し上げ，弁と弁座の状態が閉となる．

ニ　誤り．窒素用に長年使用していた圧力調整器は，酸素用に使用できない．窒素用では，可燃性のパッキンやガスケットは使用できるが，酸素用に使用すると危険である．

以上から（5）が正解．　▶答（5）

問題4　【令和2年 問11】

次のイ，ロ，ハ，ニの記述のうち，高圧用圧力調整器（容器用）について正しいものはどれか．

イ．調整器は，容器内の高圧ガスを使用する機器に応じた適正な圧力まで減圧し，一定の圧力で供給する器具である．

ロ．調整器を容器バルブに取り付けた後，圧力調整ハンドルを右回しで十分に押し込み，容器バルブを開けた．

ハ．容器バルブに取り付けた調整器の一次側（高圧側）に圧力計があれば，その圧力計を容器内圧力の確認に使用することができる．

ニ．酸素ガスに用いる調整器は，ガス供給側（上流側）の取付部のねじが左ねじで統一されており，可燃性ガスに用いる調整器と誤用されないようになっている．

（1）イ，ロ　（2）イ，ハ　（3）ハ，ニ　（4）イ，ロ，ニ　（5）ロ，ハ，ニ

解説　イ　正しい．調整器は，容器内の高圧ガスを使用する機器に応じた適正な圧力まで減圧し，一定の圧力で供給する器具である（図2.6参照）．

ロ　誤り．調整器を容器バルブに取り付けた後，容器バルブを開けると，一次室に高圧のガスが供給され一次室の圧力は容器の充てん圧力と等しくなる．次に圧力調整ハンドルを右回しで十分に押し込むと，大スプリングを介して弁が押し下げられ，弁座とのすき間からガスが二次室に供給され，低圧圧力計の表示が次第に上昇する．圧力調整ハンドルと容器バルブの操作の順序が逆である．

ハ　正しい．容器バルブに取り付けた調整器の一次側（高圧側）に圧力計があれば，その圧力計を容器内圧力の確認に使用することができる（図2.6参照）．

ニ　誤り．酸素ガスに用いる調整器は，ガス供給側（上流側）の取付部のねじが右ねじで統一されており，可燃性ガスに用いる調整器（左ねじ）と誤用されないようになっている．なお，例外として，アンモニアは可燃性であるが右ねじであり，ヘリウムは不燃性であるが左ねじである．

以上から（2）が正解．　▶答（2）

問題5

【令和元年 問11】

次のイ，ロ，ハ，ニの記述のうち，高圧用圧力調整器について正しいものはどれか．

イ．容器バルブに調整器を取り付ける前に，圧力調整ハンドルを緩めてシート（弁座）とバルブ（弁）を閉の状態にした．

ロ．水素に使用していた調整器を酸素に使用した．

ハ．可燃性ガス用調整器の入口側取付けねじは，全て右ねじになっている．

ニ．調整器の圧力設定後に低圧圧力計の指針が上昇を続けている場合は，その調整器の使用をやめる．

(1) イ，ロ　(2) イ，ニ　(3) ロ，ハ　(4) ハ，ニ　(5) ロ，ハ，ニ

解説 イ　正しい．容器バルブに調整器を取り付ける前に，圧力調整ハンドルを緩めてシート（弁座）とバルブ（弁）を閉の状態にする．

ロ　誤り．水素に使用していた調整器（左ねじ使用）は酸素（右ねじ使用）に使用しない．左ねじ使用を右ねじ使用と誤ることがある．

ハ　誤り．可燃性ガス用調整器の入口側取付けねじは，一般に左ねじである．ただし，例外として，アンモニアは可燃性であるが右ねじである．酸素も含めてその他のガスは右ねじである．ただし，例外として，ヘリウムは不燃性であるが左ねじである．

ニ　正しい．調整器の圧力設定後に低圧圧力計の指針が上昇を続けている場合は，その調整器の使用をやめる．

以上から（2）が正解．

▶答（2）

問題6

【平成30年 問11】

次のイ，ロ，ハ，ニの記述のうち，高圧用の圧力調整器について正しいものはどれか．

イ．圧力調整ハンドルを反時計回りに回して緩めることにより，弁（バルブ）と弁座（シート）の状態が開になる．

ロ．圧力調整器の弁と弁座の状態を閉にしたが，一次側（高圧側）から二次側にガスが流れていたので，その調整器の使用をやめて交換した．

ハ．容器バルブに取り付けた圧力調整器の一次側に圧力計があれば，その圧力計を容器内圧力の確認に使用することができる．

ニ．圧力調整器を容器バルブへ取り付けるためのねじは，酸素ガス用では左ねじ，可燃性ガス用では右ねじで統一されている．

(1) イ，ロ　(2) イ，ニ　(3) ロ，ハ　(4) ハ，ニ　(5) イ，ロ，ハ

解説 イ　誤り．図2.6において圧力調整ハンドルを反時計回りに回して緩めることに

より，小スプリングが弁を押し上げるため，弁（バルブ）と弁座（シート）の状態が閉になる．

ロ　正しい．圧力調整器の弁と弁座の状態を閉にしたが，一次側（高圧側）から二次側にガスが流れている場合，その調整器の使用をやめて交換する．

ハ　正しい．容器バルブに取り付けた圧力調整器の一次側に圧力計があれば，その圧力計を容器内圧力の確認に使用することができる．

ニ　誤り．圧力調整器を容器バルブへ取り付けるためのねじは，酸素ガス用では右ねじで統一されている．可燃性ガス用では一般に左ねじであるが，例外として，アンモニアは可燃性であるが右ねじである．酸素も含めてその他のガスは右ねじである．ただし，例外として，ヘリウムは不燃性であるが左ねじである．

以上から（3）が正解．　▶答（3）

2.13 圧力計

問題1　【令和4年 問12】

次のイ，ロ，ハ，ニの記述のうち，圧力計について正しいものはどれか．

イ．大気圧をゼロとしている圧力計の示す値は，ゲージ圧力である．

ロ．マノメータは，低圧のガスの圧力測定に用いられる．

ハ．マノメータは，ガス圧液面と大気圧液面との高低差からガスの絶対圧力を測定することができる．

ニ．歪ゲージを用いたデジタル表示圧力計は，ブルドン管圧力計と比較して振動や衝撃による影響を受けにくい．

（1）イ，ハ　（2）イ，ニ　（3）ロ，ハ　（4）イ，ロ，ニ　（5）ロ，ハ，ニ

解説　イ　正しい．大気圧をゼロとしている圧力計の示す値は，ゲージ圧力（大気圧を差し引いた圧力）である．

ロ　正しい．マノメータ（**図2.7**参照）は，低圧のガスの圧力測定に用いられる．

ハ　誤り．マノメータは，ガス圧液面と大気圧液面との高低差からガスの絶対圧力を測定することはできない．大気圧との差が読み取れるだけである．

ニ　正しい．歪ゲージ（圧力によって金属抵抗体の変形に伴う金属抵抗の変化を利用したもの）を用いたデジタル表示圧力計は，ブルドン管圧力計（**図2.8**参照：断面がだ円形または平円形の中空の管を円弧状に曲げたブルドン管を利用し，ガスの圧力により管が変形したときの変位を拡大して表示する圧力計）と比較して振動や衝撃による影響を受

けにくい．

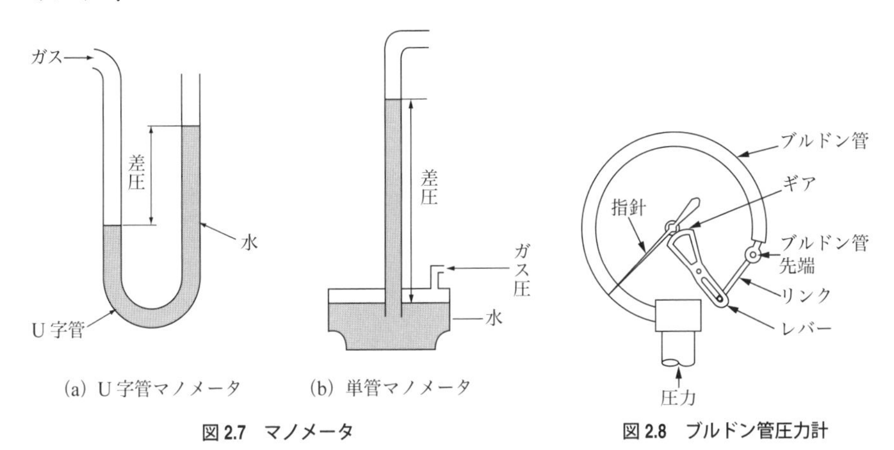

(a) U字管マノメータ　(b) 単管マノメータ

図2.7　マノメータ　図2.8　ブルドン管圧力計

以上から（4）が正解．

▶答（4）

問題2 【令和2年 問12】

次のイ，ロ，ハ，ニの記述のうち，圧力計について正しいものはどれか．

イ．目盛板上の表示が大気圧をゼロとしている圧力計の示す値は，ゲージ圧力である．

ロ．マノメータは，水などの液柱の高さで圧力を検知するもので，低圧のガスの圧力測定に用いられる．

ハ．歪ゲージを用いたデジタル表示圧力計は，可動部分がなく，ブルドン管圧力計と比較して振動や衝撃の影響を受けにくい．

ニ．ブルドン管圧力計は，使用圧力範囲内であれば，ブルドン管の材質に関係なくすべてのガスに使用できる．

(1) イ，ロ　(2) ロ，ニ　(3) ハ，ニ　(4) イ，ロ，ハ　(5) イ，ハ，ニ

解説 イ　正しい．目盛板上の表示が大気圧をゼロとしている圧力計の示す値は，ゲージ圧力である．ゲージ圧力に大気圧を加えた圧力を絶対圧力という．

ロ　正しい．マノメータは，水などの液柱の高さで圧力を検知するもので，低圧のガスの圧力測定に用いられる．

ハ　正しい．歪ゲージ（金属抵抗材料の伸び縮みで抵抗が増加・減少することを利用したもの）を用いたデジタル表示圧力計は，可動部分がなく，ブルドン管圧力計（断面がだ円形または平円形の中空の管を円弧状に曲げたブルドン管を利用し，ガスの圧力により管が変形したときの変位を拡大して表示する圧力計）と比較して振動や衝撃の影響を受けにくい．ブルドン管圧力計については，図2.8参照．

ニ　誤り．ブルドン管圧力計は，使用圧力範囲内であっても，ブルドン管の材質に関係して使用ガスに制限がある．アンモニアや塩素では耐食性材料でなければならない．酸素用では油脂類の付着は厳禁であり，アセチレン用では銅の含有量が62％以上の銅合金の使用はできない．

以上から（4）が正解．

▶答（4）

問題3　【令和元年 問12】

次のイ，ロ，ハ，ニの記述のうち，圧力計について正しいものはどれか．

イ．マノメータを用いると，ガス側液面と大気側液面との高低差から絶対圧力を読み取ることができる．

ロ．マノメータには，U字管のものと単管のものとがある．

ハ．ブルドン管圧力計は，断面がだ円形または平円形の中空の管を円弧状に曲げたブルドン管を利用し，ガスの圧力により管が変形したときの変位を拡大して表示する機構がとられている．

ニ．歪ゲージを用いたデジタル表示圧力計の利点の一つに過負荷に対する耐性がある．

（1）イ，ハ　（2）イ，ニ　（3）ロ，ハ　（4）イ，ロ，ニ　（5）ロ，ハ，ニ

解説　イ　誤り．マノメータを用いると，ガス側液面と大気側液面との高低差から絶対圧力を読み取ることはできない．高低差は，大気圧との差が読み取れるだけである．

ロ　正しい．マノメータには，U字管のものと単管のものとがある（図2.7参照）．

ハ　正しい．ブルドン管圧力計（図2.8参照）は，断面がだ円形または平円形の中空の管を円弧状に曲げたブルドン管を利用し，ガスの圧力により管が変形したときの変位を拡大して表示する機構がとられている．

ニ　正しい．歪ゲージ（金属抵抗材料の伸び縮みで抵抗が増加・減少することを利用したもの）を用いたデジタル表示圧力計の利点の一つに過負荷に対する耐性がある．その他，ブルドン管のように繰り返し荷重を受けないので耐久性がある，可動部分がない，素材の選択で腐食性ガスにも利用可能，小型・軽量などの利点がある．

以上から（5）が正解．

▶答（5）

2.14 計測計（圧力計，液面計，温度計，流量計，ガス濃度，その他）

問題1　【令和5年 問12】

次のイ，ロ，ハ，ニの記述のうち，液面計，圧力計について正しいものはどれか．

イ．液面計は，液化ガスの貯槽などに設け，液位を測定することによって，貯蔵量，受入量，払出量の確認などの管理に用いられる．

ロ．差圧式液面計は，液面に浮かべたフロートの上下動を金属テープなどを介して指示計に伝えることにより液面の高さを知るものである．

ハ．歪ゲージを用いたデジタル表示圧力計は，ブルドン管圧力計と比較して振動や衝撃の影響を受けやすい．

ニ．腐食性のガスに用いるブルドン管圧力計のブルドン管は，それぞれのガスに応じた耐食性の材料が用いられる．

(1) ハ　(2) イ，ロ　(3) イ，ハ　(4) イ，ニ　(5) ロ，ニ

解説 イ　正しい．液面計は，液化ガスの貯槽などに設け，液位を測定することによって，貯蔵量，受入量，払出量の確認などの管理に用いられる．

ロ　誤り．差圧式液面計（**図 2.9** 参照）は，低温液化ガス貯槽などの底部にかかる液化ガスの圧力を測定し，液面の高さを知るものである．なお，「液面に浮かべたフロートの上下動を金属テープなどを介して指示計に伝えることにより液面の高さを知るもの」は，フロート液面計（**図 2.10** 参照）である．

ハ　誤り．歪ゲージ（圧力による金属抵抗体の変形に伴う電気抵抗の変化を利用したもの）を用いたデジタル表示圧力計は，ブルドン管圧力計（図 2.8 参照：断面がだ円形または平円形の中空の管を円弧状に曲げたブルドン管を利用し，ガスの圧力により管が変形したときの変位を拡大して表示する圧力計）と比較して振動や衝撃の影響を受けにくい．

ニ　正しい．腐食性のガスに用いるブルドン管圧力計のブルドン管は，それぞれのガスに応じた耐食性の材料が用いられる．

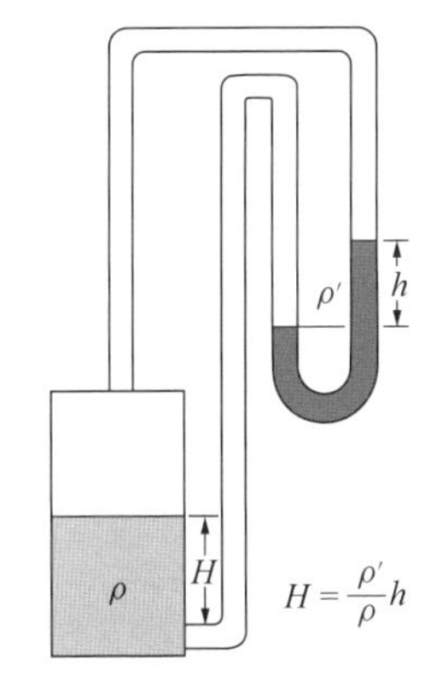

図 2.9　差圧式液面計の原理

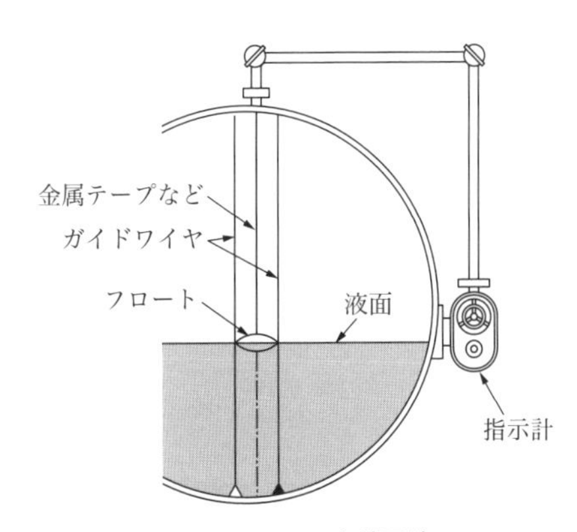

図 2.10　フロート液面計

以上から (4) が正解．　▶答 (4)

問題2

【令和5年 問13】

次のイ，ロ，ハ，ニの記述のうち，温度計，流量計について正しいものはどれか．

イ．ガラス製温度計は，液体の体積が温度により変化することを利用した温度計である．

ロ．熱電温度計は，熱起電力を利用した温度計である．

ハ．オリフィスメータは，差圧式流量計に分類される．

ニ．容積式流量計は，流体の流れる管内にベンチュリ管を挿入して流量を測定するものである．

(1) イ，ロ　(2) ロ，ハ　(3) ハ，ニ　(4) イ，ロ，ハ　(5) イ，ハ，ニ

解説　イ　正しい．ガラス製温度計は，液体の体積が温度により変化することを利用した温度計である．

ロ　正しい．熱電温度計は，2種類の金属線の両端を接続し，両接点を異なった温度に保ち，発生する熱起電力を利用した温度計である（**図2.11**参照）．

ハ　正しい．オリフィスメータ（**図2.12**参照）は，差圧式流量計に分類される．

ニ　誤り．容積式流量計は，**図2.13**に示すように一定容積の升（ます）に流体を充満させて，それを流出口に送り出す構造で，升の計量回数により容積流量を測定する．「流体の流れる管内にベンチュリ管（**図2.14**参照）を挿入して流量を測定するもの」は，差圧式流量計である．

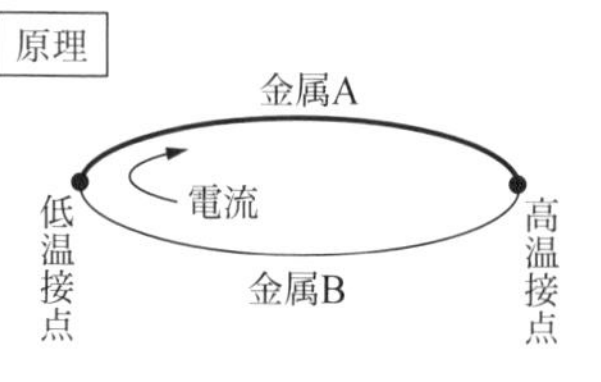

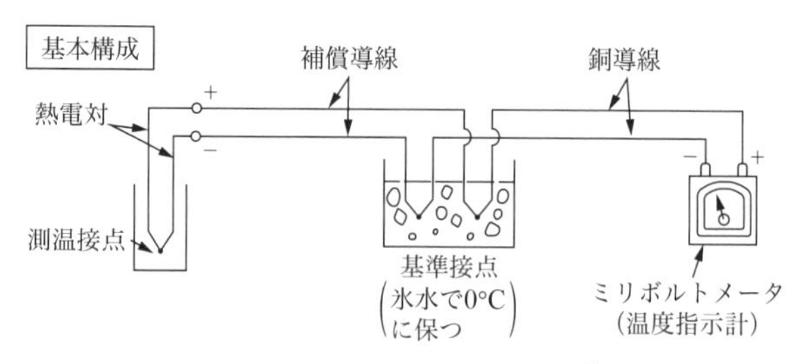

図2.11　熱電温度計の基本的構成[4)]

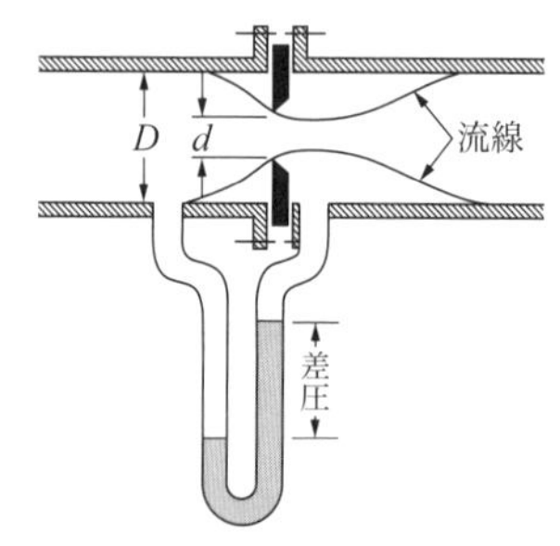

図2.12　オリフィスメータの原理

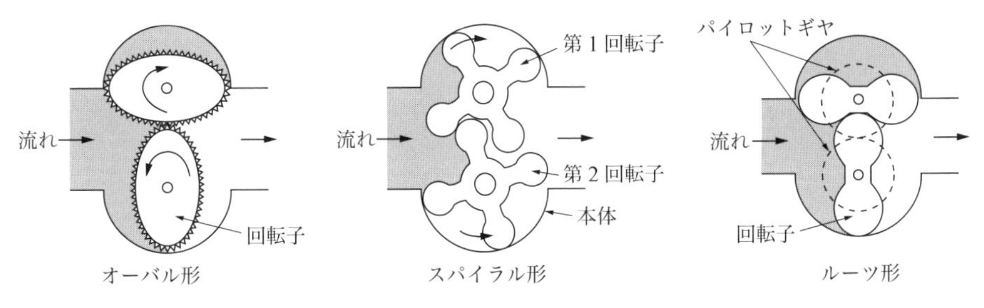

図 2.13　容積式流量計

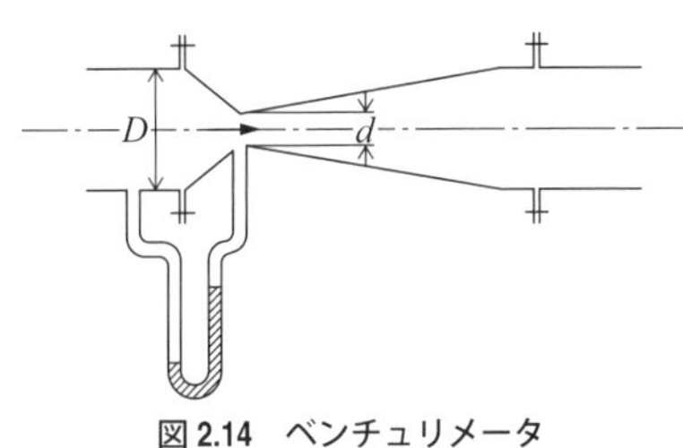

図 2.14　ベンチュリメータ

以上から（4）が正解.　　▶答（4）

題 3　**【令和 4 年 問 13】**

次のイ，ロ，ハ，ニの記述のうち，温度計，流量計，液面計について正しいものはどれか.

イ. 抵抗温度計は，温度が上がると金属の電気抵抗が増大することを利用したものである.

ロ. 流量計は，測定原理の違いにより，容積式流量計，差圧式流量計，面積式流量計などがあり，ベンチュリメータは，容積式流量計に分類される.

ハ. オリフィスメータは，差圧式流量計に分類される.

ニ. 平形ガラス液面計は，クリンガー式液面計ともいわれ，反射式と透視式がある.

(1) イ，ロ　(2) ロ，ニ　(3) ハ，ニ　(4) イ，ロ，ハ　(5) イ，ハ，ニ

解説　イ　正しい. 抵抗温度計は，温度が上がると金属の電気抵抗（白金を使用した場合の測定範囲は −200 ～ 500℃）が増大することを利用したものである.

ロ　誤り. 流量計は，測定原理の違いにより，容積式流量計（図 2.13 参照），差圧式流量計（図 2.12 および図 2.14 参照），面積式流量計（**図 2.15** 参照）などがあり，ベンチュリメータは，差圧式流量計に分類される.

ハ　正しい. オリフィスメータ（図 2.12 参照）は，差圧式流量計に分類される.

ニ　正しい．平形ガラス液面計は，クリンガー式液面計ともいわれ，反射式と透視式がある（**図 2.16**および**図 2.17**参照）．

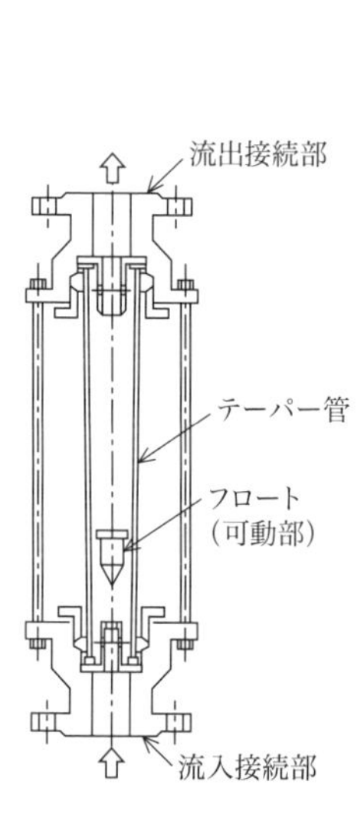

図 2.15　フロート形面積式流量計

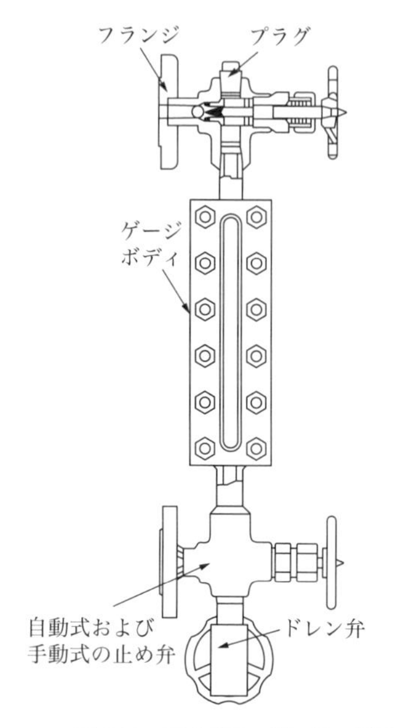

図 2.16　平形ガラス液面計の外観

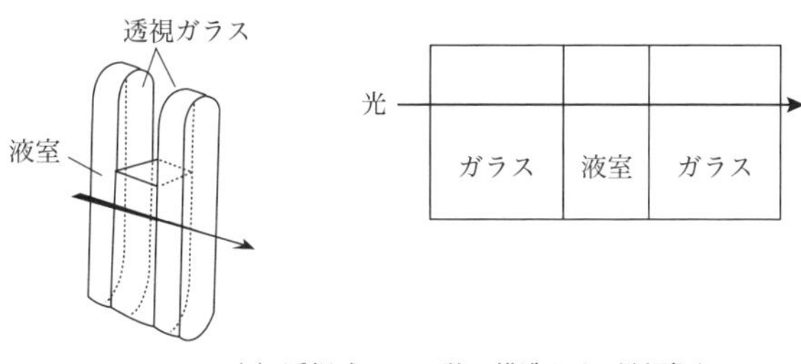

(a) 透視式レベル計の構造および断面図

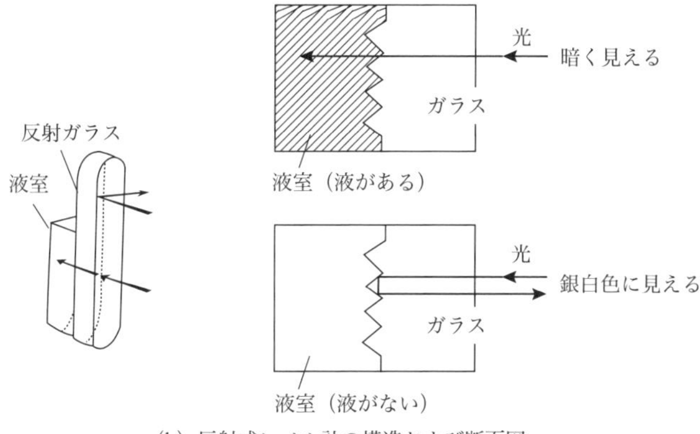

(b) 反射式レベル計の構造および断面図

図 2.17　平形ガラス液面計（透視式と反射式）

以上から（5）が正解.

▶答（5）

問題 4　【令和 3 年 問 12】

次のイ，ロ，ハ，ニの記述のうち，圧力計，液面計について正しいものはどれか.

イ．ブルドン管圧力計は，ガスの圧力によるブルドン管の変位（変形量）を拡大して表示する機構を有している.

ロ．歪ゲージを用いたデジタル表示圧力計の利点の 1 つとして，過負荷に対する耐性がある.

ハ．丸形ガラス管液面計は，クリンガー式液面計ともいわれ，反射式と透視式がある.

ニ．差圧式液面計は，液面に浮かべたフロートの上下動を金属テープなどを介して指示計に伝えることにより液面の高さを知るものである.

(1) イ，ロ　(2) イ，ニ　(3) ハ，ニ　(4) イ，ロ，ハ　(5) ロ，ハ，ニ

 イ　正しい. ブルドン管圧力計（図 2.8 参照）は，ガスの圧力によるブルドン管

の変位（変形量）を拡大して表示する機構を有している．なお，ブルドン管は，断面がだ円形または平円形の中空の管を円弧状に曲げたものである．

ロ　正しい．歪ゲージを用いたデジタル表示圧力計の利点の1つとして，過負荷に対する耐性がある．

ハ　誤り．平形ガラス液面計は，クリンガー式液面計ともいわれ，反射式と透視式がある（図2.16および図2.17参照）．

ニ　誤り．差圧式液面計（図2.9参照）は，低温液化ガス貯槽などの底部にかかる液化ガスの圧力を測定し，液面の高さを知るものである．なお，液面に浮かべたフロートの上下動を金属テープなどを介して指示計に伝えることにより液面の高さを知るものは，フロート液面計（図2.10参照）である．

以上から（1）が正解．

▶答（1）

問題5　【令和3年 問13】

次のイ，ロ，ハ，ニの記述のうち，温度計，流量計について正しいものはどれか．

イ．熱電温度計は，金属の電気抵抗が温度により変化することを利用している．

ロ．ガラス製温度計は，液体の体積が温度により変化することを利用している．

ハ．流量計は，測定原理の違いにより，容積式流量計，差圧式流量計，面積式流量計などがある．

ニ．ベンチュリメータは，差圧式流量計に分類される．

（1）イ，ロ　（2）イ，ニ　（3）ハ，ニ　（4）イ，ロ，ハ　（5）ロ，ハ，ニ

解説　イ　誤り．熱電温度計（図2.11参照）は，2種の金属線の両端を接合し，両接点を異なった温度に保つと起電力が生じることを利用する方式である．「金属の電気抵抗が温度により変化することを利用している」方式は，抵抗温度計である．

ロ　正しい．ガラス製温度計は，液体の体積が温度により変化することを利用している．

ハ　正しい．流量計は，測定原理の違いにより，容積式流量計（図2.13参照），差圧式流量計（図2.12および図2.14参照），面積式流量計（図2.15参照）などがある．

ニ　正しい．ベンチュリメータ（図2.14参照）は，差圧式流量計に分類される．

以上から（5）が正解．

▶答（5）

問題6　【令和2年 問13】

次のイ，ロ，ハ，ニの記述のうち，温度計，流量計，液面計について正しいものはどれか．

イ．抵抗温度計は，熱起電力を利用して温度を測定するものである．

ロ．容積式流量計には，回転子の形状により，オーバル形，スパイラル形，ルーツ形

などがある．
ハ．ベンチュリメータは，面積式流量計である．
ニ．液面計には，平形ガラス液面計，フロート液面計，差圧式液面計などがある．
(1) イ，ロ　(2) イ，ハ　(3) イ，ニ　(4) ロ，ハ　(5) ロ，ニ

解説 イ　誤り．抵抗温度計は，温度が上がると金属の電気抵抗が増大することを利用して温度を測定するものである．熱起電力を利用して温度を測定するものは，熱電温度計で，2種の金属線の両端を接合し，両接点を異なった温度に保つと起電力が生じることを利用する（図2.11参照）．

ロ　正しい．容積式流量計には，回転子の形状により，オーバル形，スパイラル形，ルーツ形などがある（図2.13参照）．

ハ　誤り．ベンチュリメータは，図2.14に示すように差圧式流量計である．

ニ　正しい．液面計には，平形ガラス液面計，フロート液面計，差圧式液面計などがある．平形ガラス液面計（図2.16参照）は，ゲージボディにボルトで取り付けた平形ガラスを入れ，上下のバルブを開けると液化ガスが入り貯槽などの液面位と同じ位置に液面が静止し，液面の高さを得る方式である．フロート液面計は，図2.10に示すようにタンク内のフロートの上下を指示計に伝えて液面の高さを得る方式で，主に球形貯槽に設けられている．差圧式液面計は，図2.9に示すように貯槽の底部の圧力を測定して，液面の高さを得る方式である．

以上から（5）が正解．　▶答（5）

問題7　【令和元年 問13】

次のイ，ロ，ハ，ニの記述のうち，液面計，温度計，流量計について正しいものはどれか．
イ．フロート液面計は，低温液化ガス貯槽などの底部にかかる液化ガスの圧力を測定して，液面の高さを知るものである．
ロ．ガラス製温度計は，液体の体積が温度により変化することを利用した温度計である．
ハ．容積式流量計には，回転子の形状により，オーバル形，スパイラル形，ルーツ形などがある．
ニ．オリフィスメータは，面積式流量計である．
(1) イ，ロ　(2) イ，ハ　(3) ロ，ハ　(4) ロ，ニ　(5) イ，ハ，ニ

解説 イ　誤り．フロート液面計は，低温液化ガス貯槽などの液面にフロートを浮かべ，液面の上下に伴うフロートの動きを，金属テープなどを介して指示計に伝えるもの

である（図2.10参照）.

ロ　正しい．ガラス製温度計は，液体の体積が温度により変化することを利用した温度計である．

ハ　正しい．容積式流量計には，回転子の形状により，オーバル形，スパイラル形，ルーツ形などがある（図2.13参照）.

ニ　誤り．オリフィスメータは，図2.12に示すように，中心に小さい絞り穴を持つ板（オリフィス板）を挿入し流体を流すと，図のように圧力差が生じ，流速はこの圧力差の平方根に比例する関係から流量を求める差圧式流量計である．

以上から（3）が正解．　▶答（3）

問題8　【平成30年 問12】

次のイ，ロ，ハ，ニの記述のうち，保安機器・設備について正しいものはどれか．

イ．マノメータは，液柱の高さで圧力を測定するもので，低圧のガスに用いられる．

ロ．抵抗温度計は，熱起電力を利用して温度を測定する．

ハ．ベンチュリメータは，面積式流量計である．

ニ．ガス漏えい検知警報設備は，検知素子を用いてガス濃度を測定し，警報を発する設備である．

(1) イ　(2) イ，ロ　(3) イ，ニ　(4) ロ，ハ　(5) ハ，ニ

解説　イ　正しい．マノメータ（図2.7参照）は，液柱の高さで圧力を表示するもので，大気圧以下の低圧のガスに用いられる．

ロ　誤り．抵抗温度計は，温度が上がると金属の電気抵抗が増大することを利用して温度を測定する．熱起電力を利用して温度を測定するものは，熱電温度計で，2種の金属線の両端を接合し，両接点を異なった温度に保つと起電力が生じることを利用する（図2.11参照）.

ハ　誤り．ベンチュリメータは，図2.14のように絞りと拡大をもつ形状で，流体が流れると圧力差が生じこの値から流速を算出して流量を求める差圧式流量計である．面積式流量計は，図2.15に示すようにテーパ管内に置かれたフロートが流量の変化に応じて上下に動くようになっている流量計である．

ニ　正しい．ガス漏えい検知警報設備は，検知素子（金属酸化物の半導体）を用いてガス濃度を測定し，警報を発する設備である．

以上から（3）が正解．　▶答（3）

2.15 高圧ガス消費の形態，付帯設備

問題1 【令和5年 問14】

次のイ，ロ，ハ，ニの記述のうち，高圧ガスの消費に関する形態，付帯設備について正しいものはどれか．

イ．圧縮ガスの単体容器による供給においてガスの消費量が増加したので，集合装置による方式（マニホールド方式）に変更した．

ロ．大型長尺容器を複数本枠組みして車両に固定したものは，液化ガスを全容器に安全に均一に充てんすることができるので液化ガスの大量消費に適している．

ハ．超低温容器は，低温の液化ガスを長期間貯蔵しても侵入熱による自然蒸発（圧力上昇）を起こさずガスの損失がない．

ニ．温水を熱媒体とする蒸発器の熱交換器には，一般的に蛇管式（シェルアンドコイル式）が用いられるが，ほかに二重管式，多管式なども用いられる．

(1) イ，ロ　(2) イ，ハ　(3) イ，ニ　(4) ロ，ニ　(5) ハ，ニ

解説 イ　正しい．圧縮ガスの単体容器による供給においてガスの消費量が増加した場合，集合装置による方式（マニホールド方式：**図2.18**参照）に変更することは適切である．

ロ　誤り．大型長尺容器を複数本枠組みして車両に固定したものは，液化ガスにすることが困難なガス（圧縮ガス）の大量消費に適している．

ハ　誤り．超低温容器は，低温の液化ガスを長期間貯蔵すると，どのような断熱方式をとっても侵入熱による自然蒸発（圧力上昇）を起こす．

ニ　正しい．温水を熱媒体とする蒸発器の熱交換器には，一般的に蛇管式（シェルアンドコイル式）が用いられるが，ほかに二重管式，多管式なども用いられる．

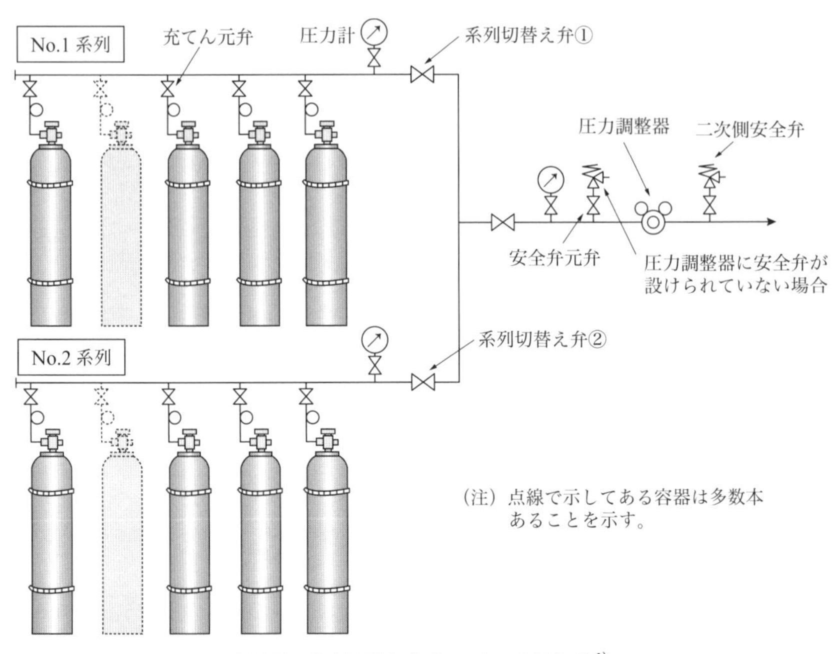

図 2.18　集合装置方式（マニホールド方式）[1]

以上から（3）が正解.　　　　▶答（3）

問題 2　【令和 4 年 問 14】

次のイ，ロ，ハ，ニの記述のうち，高圧ガスの消費に関する形態，付帯設備について正しいものはどれか.

イ．消費量が単体容器による場合よりも多いアセチレンの供給に，集合装置による方式（マニホールド方式）は適していない.

ロ．大型長尺容器を枠組みして車両に固定したものは，圧縮ガスの大量消費に対する供給用に適している.

ハ．スターフィンチューブは，大気を熱源とする気化装置の熱交換器には適していない.

ニ．2 段式圧力調整器，パイロット式圧力調整器は，圧力調整器の二次圧力の変動を小さくすることに適している.

（1）イ，ロ　（2）イ，ハ　（3）イ，ニ　（4）ロ，ニ　（5）ハ，ニ

解説　イ　誤り．消費量が単体容器による場合よりも多いアセチレンの供給に，集合装置による方式（マニホールド方式：図 2.18 参照）は適している.

ロ　正しい．大型長尺容器を枠組みして車両に固定したものは，圧縮ガスの大量消費に対する供給用に適している（**図 2.19** 参照）．

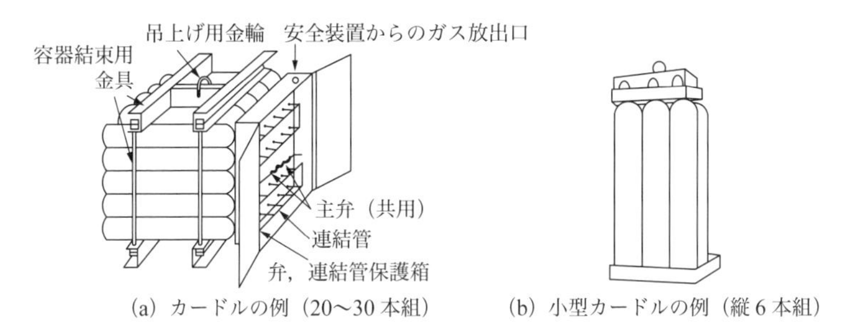

図 2.19　長尺枠組み容器（カードル）の例 [1)]

ハ　誤り．スターフィンチューブは，大気を熱源とする気化装置の熱交換器に適している．

ニ　正しい．2 段式圧力調整器（**図 2.20** 参照）は，一段目の調整器による圧力が二段目の調整器への一次側圧力となる方式であり，パイロット式圧力調整器（**図 2.21** 参照）は，一次圧の変動による調整圧力の変動を，パイロット調整器からの圧力を用いることで小さくする方式であり，いずれも圧力調整器の二次圧力の変動を小さくすることに適している．

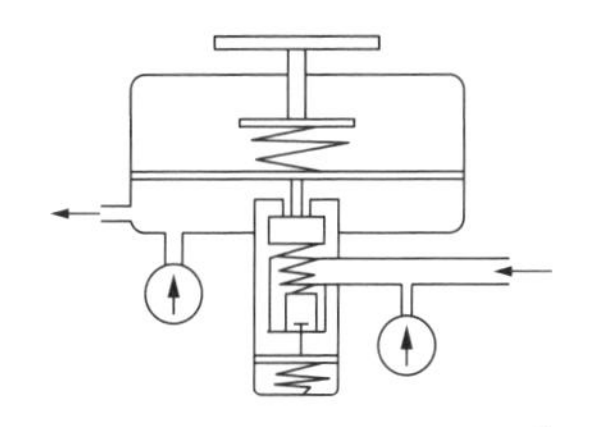

図 2.20　二段調整器（二段式） [1)]

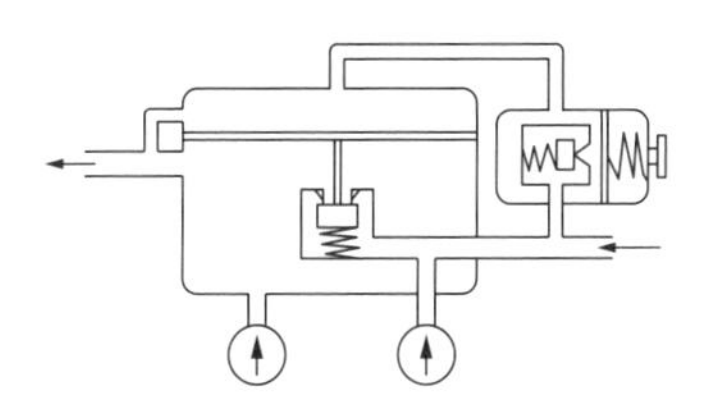

図 2.21　一段調整器（パイロット式） [1)]

以上から（4）が正解．　　　　▶ 答（4）

問題 3　【令和 3 年 問 14】

次のイ，ロ，ハ，ニの記述のうち，高圧ガスの消費に関する形態，付帯設備について正しいものはどれか．

イ．消費量が多いアセチレンの供給に，集合装置による方法を用いた．

ロ．温水を熱媒体とする蒸発器（気化器）の熱交換器には，主にスターフィンチューブが用いられている．

ハ．特殊高圧ガスを収納するシリンダーキャビネットには，内部をのぞくための窓やガス漏えい検知警報設備などが設けられている．

ニ．超低温容器は，低温の液化ガスを長期間貯蔵しても侵入熱による自然蒸発を起こさないので，その液化ガスを損失なく貯蔵できる．

(1) イ，ロ　(2) イ，ハ　(3) イ，ニ　(4) ロ，ニ　(5) ハ，ニ

解説 イ　正しい．消費量が多いアセチレンの供給には，集合装置による方法を用いる（図 2.18 参照）．

ロ　誤り．温水を熱媒体とする蒸発器（気化器）の熱交換器には，主に蛇管式（シェルアンドコイル式）が用いられる．なお，スターフィンチューブは，液化ガスをガス状で消費する場合，大気を熱源とする蒸発器（気化器）であり，大気に触れる面積を大きくするため，星形のフィンをチューブに取り付けたものである．

ハ　正しい．特殊高圧ガスを収納するシリンダーキャビネット（**図 2.22** 参照）には，内部を目視できる構造となっている．その他，キャビネット内部圧力は外部より低いこと，ガス漏えい検知警報設備の設置，必要な保安電力の確保，配管の緊急遮断装置の設置，配管接続部および機器類の容易な点検などが考慮されている．

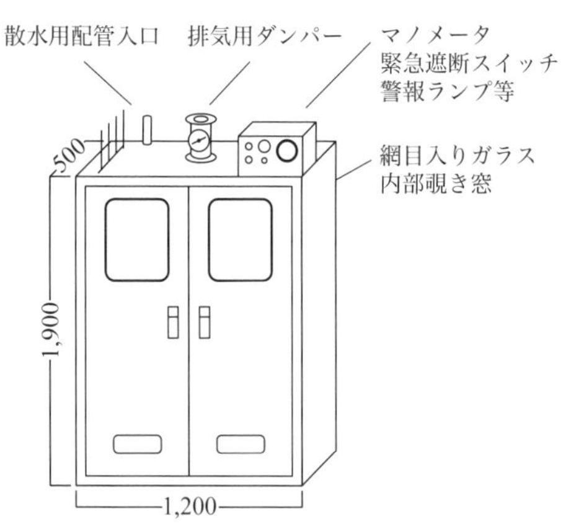

図 2.22　シリンダーキャビネットの外観図例 [1)]

ニ　誤り．超低温容器に充てんされている液化ガスは，長期間保存すると，どのような断熱方式をとっても侵入熱による自然蒸発を起こす．

以上から（2）が正解．

▶答（2）

問題 4　【令和 2 年 問 14】

次のイ，ロ，ハ，ニの記述のうち，高圧ガスの消費の形態および消費のための付帯設備について正しいものはどれか．

イ．アセチレンは，単体容器により供給できる量よりも消費量が多くなる場合は，集合装置による方法（マニホールド方式）で供給される．

ロ．スターフィンチューブは，大気を熱源とする気化装置の熱交換器に用いられる．
ハ．CE（コールドエバポレータ）は，外気から貯槽への侵入熱により，内部に貯蔵している低温の液化ガスの一部を気化し，貯槽の内部圧力を一定に保ちながら液化ガスを送り出すものである．
ニ．二次圧力の変動をより少なくする減圧装置としては，一段式圧力調整器が適している．

(1) イ，ロ　(2) イ，ハ　(3) イ，ニ　(4) ロ，ニ　(5) ハ，ニ

解説　イ　正しい．アセチレンは，単体容器により供給できる量よりも消費量が多くなる場合は，集合装置による方法（マニホールド方式）で供給される．

ロ　正しい．スターフィンチューブは，大気を熱源とする気化装置の熱交換器に用いられる．

ハ　誤り．CE（コールドエバポレータ）は，貯槽の内部圧力を一定に保ちながら液化ガスを送り出し，送ガス蒸発器を用い熱源または外気との温度差を利用して消費現場に供給する方式である（**図 2.23** 参照）．

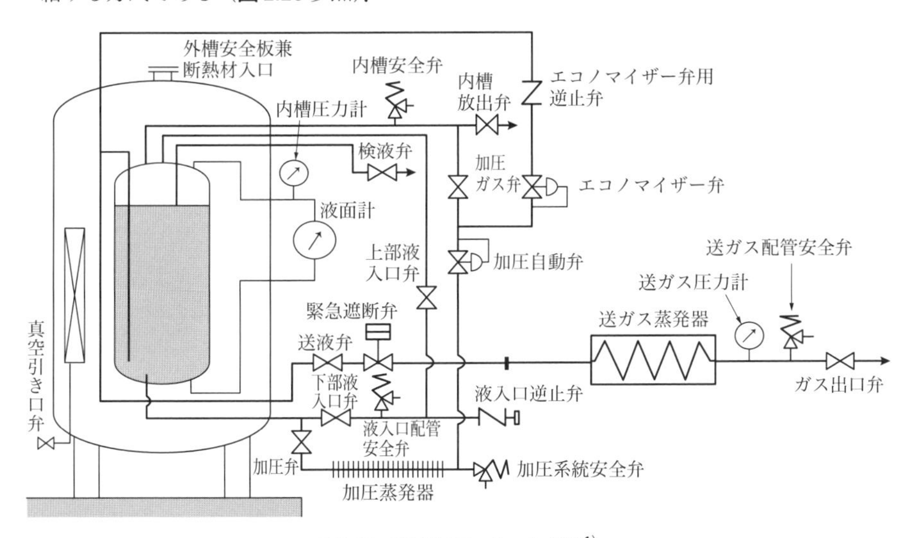

図 2.23　CE のフローシートの例[1)]

ニ　誤り．二次圧力の変動をより少なくする減圧装置としては，二段式圧力調整器が適している．二段式圧力調整器は，一段目の調整器による圧力が二段目の調整器の一次側圧力となり，ガス供給圧力の変動があっても二段目の調整器への供給圧力はほぼ一定となり，調整圧力の変動がほとんど見られない．

以上から（1）が正解．　▶答（1）

問題5　【令和元年 問14】

次のイ，ロ，ハ，ニの記述のうち，高圧ガスの消費に関する形態，付帯設備について正しいものはどれか．

イ．圧縮ガスの供給において，ガスの消費量が増加したので，単体容器による方法から集合装置による方法（マニホールド方式）に変更した．

ロ．温水を熱媒体とする蒸発器の熱交換器としては，蛇管式（シェルアンドコイル式）が一般的に用いられる．

ハ．CE（コールドエバポレータ）方式は，炭酸ガスの供給には用いられない．

ニ．大型長尺容器を複数本枠組みして車両に固定したものは，液化ガスの大量消費に対する供給用に適している．

（1）イ，ロ　（2）イ，ハ　（3）ロ，ハ　（4）ロ，ニ　（5）ハ，ニ

解説　イ　正しい．圧縮ガスの供給において，ガスの消費量が増加した場合，単体容器による方法から集合装置による方法（マニホールド方式：図2.18参照）に変更する．

ロ　正しい．温水を熱媒体とする蒸発器の熱交換器としては，蛇管式（シェルアンドコイル式）が一般的に用いられる．

ハ　誤り．CE（コールドエバポレータ）方式は，外気との温度差を利用して，内部に貯蔵している低温の液化ガスの一部を気化させる加圧蒸発器により，貯槽の圧力を一定に保って液化ガスを送り出すガスの供給方式で，炭酸ガスの供給にも用いられる（図2.23参照）．

ニ　誤り．大型長尺容器を複数本枠組みして車両に固定したものは，液化することが困難なガス（圧縮ガス）の大量消費に対する供給用に適している（図2.19参照）．

以上から（1）が正解．　▶答（1）

問題6　【平成30年 問14】

次のイ，ロ，ハ，ニの記述のうち，高圧ガスの消費に関する形態，廃棄について正しいものはどれか．

イ．CE（コールドエバポレータ）方式は，内部に貯蔵している低温の液化ガスの一部を気化させる加圧蒸発器により，貯槽の圧力を一定に保って液化ガスを送りだす．

ロ．消費量が多いアセチレンの供給に，集合装置による方法（マニホールド方式）は適していない．

ハ．容器収納筒（デバルバー）は，毒性ガスが漏えいしている容器や腐食してガス名の判別できない容器などを内部に収納し，専門の業者によって安全に処理するため

のものである.

ニ. 酸素の廃棄に使用する器具には，発火事故の原因となる可燃性のパッキンやガスケットなどは用いない.

(1) イ，ロ　(2) イ，ハ　(3) ロ，ニ　(4) イ，ハ，ニ　(5) ロ，ハ，ニ

解説 イ　正しい. CE（コールドエバポレータ）方式は，外気との温度差を利用して，内部に貯蔵している低温の液化ガスの一部を気化させる加圧蒸発器により，貯槽の圧力を一定に保って液化ガスを送りだす（図2.23参照）.

ロ　誤り. 消費量の多いアセチレンの供給に，数本ないし数10本の容器を1本の主管に接続した集合装置による方法（マニホールド方式：図2.18参照）は適している.

ハ　正しい. 容器収納筒（デバルバー）は，毒性ガスが漏えいしている容器や腐食してガス名の判別できない容器などを内部に収納し，専門の業者によって安全に処理するためのものである.

ニ　正しい. 酸素の廃棄に使用する器具には，発火事故の原因となる可燃性のパッキン（可動部に使用するシール材）やガスケット（非可動部に使用するシール材）などは用いない.

以上から（4）が正解.　▶答（4）

2.16 高圧ガスの取扱（販売，移動も含む）

問題1　【令和5年 問15】

次のイ，ロ，ハ，ニの記述のうち，高圧ガスの取扱いなどについて正しいものはどれか.

イ. アセチレンを消費するときに，その容器を立てて転倒防止措置を講じて使用した.

ロ. 不燃性ガスに使用した圧力調整器の設定圧力が同じだったので，そのまま酸素に転用した.

ハ. 使用済みの容器は，必ず容器バルブを閉止し，容器バルブ保護用のキャップを取り付けておく.

ニ. 容器に圧力調整器を取り付けて使用するときは，圧力調整ハンドルが設定圧力に対応した所定の位置まで締め込まれていることを確認したのち，容器バルブを静かに開ける.

(1) イ，ロ　(2) イ，ハ　(3) イ，ニ　(4) ロ，ニ　(5) ハ，ニ

解説 イ　正しい．アセチレンは，容器内に密に充てん成型された多孔質に浸潤させたアセトンまたはジメチルホルムアミドに加圧溶解された状態であるため，アセチレン容器は必ず立てて転倒防止措置を講じて使用する．

ロ　誤り．不燃性ガスに使用した圧力調整器の設定圧力が同じであっても，そのまま酸素に転用してはならない．酸素用の圧力調整器を使用する．

ハ　正しい．使用済みの容器は，必ず容器バルブを閉止し，容器バルブ保護用のキャップを取り付けておく．

ニ　誤り．容器に圧力調整器を取り付けて使用するときは，圧力調整ハンドルが設定圧力に対応した所定の位置まで緩んでいることを確認したのち，容器バルブを静かに開ける．

以上から（2）が正解．

▶答（2）

問題2　【令和4年 問15】

次のイ，ロ，ハ，ニの記述のうち，高圧ガスの取扱いなどについて正しいものはどれか．

イ．水素配管の気密試験にヘリウムを使用した．

ロ．ヘリウム配管の気密試験にヘリウムを使用した．

ハ．不燃性ガスに使用した圧力調整器を酸素用にそのまま流用した．

ニ．液化窒素の配管に炭素鋼鋼管を使用した．

（1）イ，ロ　（2）イ，ハ　（3）イ，ニ　（4）ロ，ニ　（5）ハ，ニ

解説 イ　正しい．水素配管の気密試験には不活性ガスであるヘリウムを使用する．

ロ　正しい．ヘリウム配管の気密試験にはヘリウムを使用する．

ハ　誤り．不燃性ガスに使用した圧力調整器を酸素用にそのまま流用してはならない．酸素用の圧力調整器を使用する．

ニ　誤り．液化窒素の配管には炭素鋼鋼管を使用しない．炭素鋼鋼管はボイラーなどの高温で使用する．液化窒素（沸点 −196°C）では18-8ステンレス鋼を使用する（**図2.24**参照）．

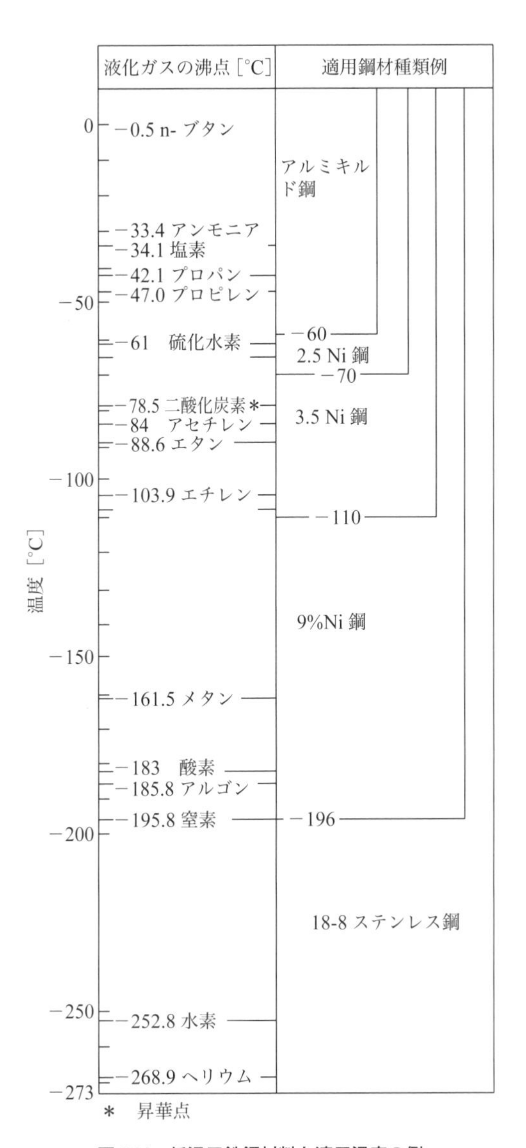

図 2.24　低温用鉄鋼材料と適用温度の例

以上から（1）が正解.　▶答（1）

問題 3　【令和 3 年 問 15】

次のイ，ロ，ハ，ニの記述のうち，高圧ガスの取扱いなどについて正しいものはどれか.

イ. アセチレン容器を横置きにして歯止めをして使用した.

ロ. 毒性ガスは, 刺激臭があり, 微量の漏えいでも容易に確認することができる.

ハ. 窒素を水素配管の内部清掃（吹かし）に使用した.

ニ. 容器内では大気と同じ温度の液化ガスであっても, 大気中に放出すると低温になるので, 液化ガスの放出時には凍傷に注意する.

(1) イ, ロ　(2) イ, ハ　(3) イ, ニ　(4) ロ, ニ　(5) ハ, ニ

解説 イ　誤り. アセチレン容器内のアセチレンは, 容器内に密に充てん成型された多孔質に浸潤させたアセトンまたはジメチルホルムアミドに加圧溶解された状態であるため, アセチレン容器は必ず立てて使用する.

ロ　誤り. 毒性ガスは, 例えば一酸化炭素（CO）のように, 刺激臭があるとは限らない.

ハ　正しい. 窒素は不活性ガスであるため, 水素配管の内部清掃（吹かし）に使用できる.

ニ　正しい. 容器内では大気と同じ温度の液化ガスであっても, 大気中に放出すると, 周囲から蒸発熱を奪い低温になるので, 液化ガスの放出時には凍傷に注意する.

以上から（5）が正解.

▶答（5）

問題 4　【令和 2 年 問 15】

次のイ, ロ, ハ, ニの記述のうち, 高圧ガスの取扱いなどについて正しいものはどれか.

イ. 窒素を水素配管の内部清掃（吹かし）に使用した.

ロ. ブルドン管圧力計が附属している圧力調整器を容器に取り付けて高圧ガスを消費する際, 圧力計の正面の目盛板に顔を近づけ, 指針を見ながら容器バルブを静かに開けた.

ハ. 液化酸素の配管に銅管を使用した.

ニ. ガスが漏えいし着火した場合は, 容器または貯槽のバルブを閉止してガスの漏えいを止めてから, 消火器で消火する. ただし, 消火しなければバルブの操作ができないときは, 消火してから速やかにバルブを閉止する.

(1) イ, ロ　(2) イ, ニ　(3) ロ, ハ　(4) ロ, ニ　(5) イ, ハ, ニ

解説 イ　正しい. 窒素は水素配管の内部清掃（吹かし）に使用できる.

ロ　誤り. ブルドン管圧力計が附属している圧力調整器を容器に取り付けて高圧ガスを消費する際は, 圧力計の正面の目盛板に顔を近づけないようにして, 指針を見ながら容器バルブを静かに開ける.

ハ　正しい. 液化酸素の配管に銅管を使用できる. アルミニウム合金や 18-8 ステンレス

鋼なども使用できる.

ニ　正しい. ガスが漏えいし着火した場合は, 容器または貯槽のバルブを閉止してガスの漏えいを止めてから, 消火器で消火する. ただし, 消火しなければバルブの操作ができないときは, 消火してから速やかにバルブを閉止する.

以上から (5) が正解.　▶答 (5)

問題5 【令和元年 問15】

次のイ, ロ, ハ, ニの記述のうち, 高圧ガスの取扱いなどについて正しいものはどれか.

イ. 使用済み容器 (ガスの使用が済んだ容器) は, 必ず容器バルブを閉じバルブ保護キャップを取り外しておく.

ロ. 水素は, 漏えいすると発火燃焼の危険性はあるが, 毒性はないので高濃度のガスを吸入しても人体に危険はない.

ハ. 付近で火災が発生したので, 延焼のおそれのない容器に, 放射熱による温度上昇を防止するため, 注水冷却した.

ニ. ヘリウム配管の気密試験にヘリウムを使用した.

(1) イ, ロ　(2) イ, ハ　(3) ロ, ハ　(4) ロ, ニ　(5) ハ, ニ

解説　イ　誤り. 使用済み容器 (ガスの使用が済んだ容器) は, 若干の残圧 (0.1 MPa 以上) を残し, 必ず容器バルブを閉じバルブ保護キャップを取り付けておく.

ロ　誤り. 水素は, 漏えいすると発火燃焼の危険性がある. 毒性はないが, 高濃度のガスを吸入すると, 酸素欠乏による窒息を起こす.

ハ　正しい. 付近で火災が発生した場合, 延焼のおそれのない容器に, 放射熱による温度上昇を防止するため, 注水冷却する. なお, 延焼のおそれのある場合には, 容器を速やかに安全な場所に搬出する. 搬出できないときには容器に注水して冷却する.

ニ　正しい. ヘリウム配管の気密試験に不燃性のヘリウムを使用することができる.

以上から (5) が正解.　▶答 (5)

問題6 【平成30年 問13】

次のイ, ロ, ハ, ニの記述のうち, 高圧ガスの販売, 充てん, 移動について正しいものはどれか.

イ. 販売の形態には, 充てん容器による販売, タンクローリなどによる販売, 導管による販売などがある.

ロ. 高圧ガスを販売業者が所有する容器により販売する場合は, 販売業者は, 使用済み容器が返却されずに放置されることのないように, 帳簿によって十分な容器管理

を行わなければならない.

ハ. 誤って，規定された充てん量を超えて容器に液化ガスを充てんしてしまうと，容器の温度が上昇した場合，液膨張により容器内が液で満たされ圧力が急激に上昇することがある.

ニ. 内容積47Lの継目なし容器に容器バルブを保護するためのキャップを装着したので，容器を胴部が地盤面に接するように倒し，転がして移動した.

(1) イ，ロ　(2) イ，ハ　(3) ロ，ニ　(4) ハ，ニ　(5) イ，ロ，ハ

解説 イ　正しい. 販売の形態には，充てん容器による販売，タンクローリなどによる販売，導管による販売などがある.

ロ　正しい. 高圧ガスを販売業者が所有する容器により販売する場合は，販売業者は，使用済み容器が返却されずに放置されることのないように，帳簿によって十分な容器管理を行わなければならない.

ハ　正しい. 誤って，規定された充てん量を超えて容器に液化ガスを充てんしてしまうと，容器の温度が上昇した場合，液膨張により容器内が液で満たされ圧力が急激に上昇することがある.

ニ　誤り. 容器の種類に関係なく，容器を移動するときは，容器バルブを保護するためのキャップを装着し，1本ずつ傾けて容器の底の縁で転がすか，できれば専用のボンベキャリーを使用する. 容器を胴部が地盤面に接するように倒し，転がして移動してはならない.

以上から（5）が正解.

▶答（5）

問題7　【平成30年 問15】

次のイ，ロ，ハ，ニの記述のうち，高圧ガスの取扱いなどについて正しいものはどれか.

イ. 液化窒素を取り扱う際，専用の革手袋と保護めがねを使用した.

ロ. ヘリウムを水素配管の気密試験に使用した.

ハ. アセチレン容器を横置きにして歯止めを施し，使用した.

ニ. 毒性ガスには刺激臭があるため，微量の漏えいでも容易に気付くことができる.

(1) イ，ロ　(2) イ，ハ　(3) イ，ニ　(4) ロ，ハ　(5) ハ，ニ

解説 イ　正しい. 液化窒素を取り扱う際，専用の革手袋と保護めがねを使用する.

ロ　正しい. 水素配管の気密試験には，窒素やヘリウムなどの不活性ガスを使用する. 可燃性ガス，毒性ガスおよび酸素は使用してはならない.

ハ　誤り. アセチレンは，容器内に密に充てん成型された多孔質に浸潤させたアセトンま

たはジメチルホルムアミドに加圧溶解された状態であるため，アセチレン容器は必ず立てて使用する．

ニ　誤り．例えば一酸化炭素のように，毒性ガスに刺激臭があるとは限らないため，大量に漏えいしても気付かないことがある．

以上から（1）が正解．　▶答（1）

2.17 各種高圧ガスの特徴

2.17.1 酸素

問題1　【令和5年 問16】

次のイ，ロ，ハ，ニの記述のうち，酸素について正しいものはどれか．

イ．気体は，同一の温度，圧力，体積において空気よりわずかに重く，無色，無臭である．

ロ．支燃性であり，液化酸素だけでも衝撃を与えると燃焼する．

ハ．同一の可燃性ガスを標準状態のもとで燃焼させるとき，空気中より酸素中のほうが，発火温度は高くなる．

ニ．化学的に非常に活性があり，空気中では燃焼しない物質でも，酸素中では燃焼することがある．

(1) イ，ロ　(2) イ，ハ　(3) イ，ニ　(4) ロ，ニ　(5) ハ，ニ

解説　イ　正しい．酸素（O_2：分子量32）の気体は，同一の温度，圧力，体積において空気（分子量29）よりわずかに重く，無色，無臭である．

ロ　誤り．酸素は支燃性であるため，液化酸素だけでは衝撃を与えても燃焼しない．

ハ　誤り．同一の可燃性ガスを標準状態のもとで燃焼させるとき，空気中より酸素中の方が，発火温度（自然発火が起こる最低の温度）は低くなる．

ニ　正しい．化学的に非常に活性があり，空気中では燃焼しない物質でも，酸素中では燃焼することがある．

以上から（3）が正解．　▶答（3）

問題2　【令和4年 問16】

次のイ，ロ，ハ，ニの記述のうち，酸素について正しいものはどれか．

イ．可燃性ガスを燃焼させるとき，空気に酸素を加え酸素の割合を大きくすると，発火温度は高くなる．

ロ．液化酸素の配管材料に，アルミニウム合金を使用した．

ハ. 未使用で「禁油」の表示があるブルドン管圧力計を酸素設備に取り付けた.
ニ. 作業環境中の酸素濃度が空気中の酸素濃度に比べて低いときには酸素欠乏症の危険があるが，高いときには人体に悪影響を及ぼすことはない.
(1) イ，ロ　(2) イ，ハ　(3) ロ，ハ　(4) ロ，ニ　(5) ハ，ニ

解説 イ　誤り. 可燃性ガスを燃焼させるとき，空気に酸素を加え酸素の割合を大きくすると，発火温度（自然発火が起こる最低の温度）は低くなる.
ロ　正しい. 液化酸素の配管材料には，アルミニウム合金（その他，銅，18-8ステンレス鋼）を使用する.
ハ　正しい. 未使用で「禁油」の表示があるブルドン管圧力計を酸素設備に取り付けることができる.
ニ　誤り. 作業環境中の酸素濃度が空気中の酸素濃度に比べて低いときには酸素欠乏症の危険があり，高いときにも人体に悪影響（高濃度中毒症状）を及ぼす.
以上から（3）が正解.
▶答（3）

問題3　【令和3年 問16】

次のイ，ロ，ハ，ニの記述のうち，酸素について正しいものはどれか.
イ. 気体は，無色，無臭で，同一圧力，温度，体積において空気より軽い.
ロ. 液化酸素の配管に銅管を使用した.
ハ. 支燃性で，また，液化酸素だけでも燃焼する.
ニ. 同一の可燃性ガスを燃焼させるとき，空気中より酸素中のほうが，爆発範囲は広くなり，発火に必要なエネルギーの最小値は小さくなる.
(1) イ，ロ　(2) イ，ハ　(3) イ，ニ　(4) ロ，ニ　(5) ハ，ニ

解説 イ　誤り. 酸素の気体（分子量32）は，無色，無臭で，同一圧力，温度，体積において空気（分子量29）より分子量が大きいためわずかに重い.
ロ　正しい. 液化酸素の配管には，低温脆性を示さない銅管，アルミニウム合金，18-8ステンレス鋼などを使用することができる.
ハ　誤り. 酸素は支燃性であるが，液化酸素だけでは燃焼しない.
ニ　正しい. 同一の可燃性ガスを燃焼させるとき，空気中より酸素中の方が，爆発範囲は広くなり，発火に必要なエネルギーの最小値は小さくなる.
以上から（4）が正解.
▶答（4）

問題4　【令和2年 問16】

次のイ，ロ，ハ，ニの記述のうち，酸素について正しいものはどれか.

イ．爆発範囲内にある可燃性混合ガスに局部的にエネルギーを与えることにより発火させることができる．これに必要な最小エネルギーは，空気中より酸素中の方が小さくなる．

ロ．空気中に体積でおよそ21％含まれ，気体は淡青色で無臭である．

ハ．液化酸素が充てんされている超低温容器内の残液量は，容器内の圧力からボイル-シャルルの法則により計算できる．

ニ．酸素ガスに使用する圧力計を購入する際，禁油の表示があるブルドン管圧力計を選定した．

(1) イ，ロ　(2) イ，ハ　(3) イ，ニ　(4) ロ，ニ　(5) ハ，ニ

解説 イ　正しい．爆発範囲内にある可燃性混合ガスに局部的にエネルギーを与えることにより発火させることができる．これに必要な最小エネルギーは，空気中より酸素中の方が小さくなる．

ロ　誤り．空気中に体積でおよそ21％含まれ，気体は無色で無臭である．なお，液体酸素は淡青色である．

ハ　誤り．容器内の圧力からボイル-シャルルの法則により計算できる場合は，圧縮ガスのみの場合である．液化ガスには適用できない．なお，ボイル-シャルルの法則は，一定量の気体の体積Vは，圧力Pに反比例し絶対温度Tに比例するというものであり，$P_1V_1/T_1 = P_2V_2/T_2$で表される．

ニ　正しい．酸素ガスに使用する圧力計を購入する際は，禁油の表示があるブルドン管圧力計を選定する．

以上から（3）が正解．

▶答（3）

問題5　【令和元年 問16】

次のイ，ロ，ハ，ニの記述のうち，酸素について正しいものはどれか．

イ．気体は無色，無臭で，同一圧力，温度，体積において空気よりわずかに重く，沸点は標準大気圧下で−183.0℃である．

ロ．支燃性で，着火源があれば酸素だけでも燃焼する．

ハ．酸素設備に使用する圧力計に，「禁油」の表示があるブルドン管圧力計を用いた．

ニ．可燃性ガスを燃焼させるとき，空気に酸素を加え酸素の割合を大きくすると，爆発範囲（燃焼範囲）は広くなり発火温度は高くなる．

(1) イ，ロ　(2) イ，ハ　(3) イ，ニ　(4) ロ，ニ　(5) ハ，ニ

解説 イ　正しい．酸素（O_2：分子量32）は，気体は無色，無臭で，同一圧力，温度，体積において空気（分子量29）より分子量がわずかに大きいためわずかに重く，

沸点は標準大気圧下で−183.0°Cである．

ロ　誤り．支燃性（他の物質を燃焼させることができるガス）であるため，着火源があっても酸素だけでは燃焼しない．

ハ　正しい．酸素設備に使用する圧力計は，「禁油」の表示があるブルドン管圧力計を用いる．

ニ　誤り．可燃性ガスを燃焼させるとき，空気に酸素を加え酸素の割合を大きくすると，爆発範囲（燃焼範囲）が広くなり，また発火温度は低下する．

以上から（2）が正解．

▶答（2）

問題6　【平成30年 問16】

次のイ，ロ，ハ，ニの記述のうち，酸素について正しいものはどれか．

イ．可燃性ガスを燃焼させるとき，空気に酸素を加え酸素の割合を大きくすると火炎温度，発火温度はともに上昇する．

ロ．作業環境中の酸素の濃度が低いときは酸素欠乏症に注意する必要があるが，酸素の濃度が高いときは人体に対する影響に注意する必要はない．

ハ．酸素は支燃性であるため，酸素だけでは燃焼も爆発も起こらない．

ニ．液化酸素の配管に銅管を使用した．

(1) イ，ロ　(2) イ，ハ　(3) イ，ニ　(4) ロ，ニ　(5) ハ，ニ

解説　イ　誤り．可燃性ガスを燃焼させるとき，空気に酸素を加え酸素の割合を大きくすると火炎温度は上昇するが，発火温度は低下する．

ロ　誤り．作業環境中の酸素の濃度が低いときは酸素欠乏症に注意する必要があり，酸素の濃度が高いときは高濃度中毒症状に注意する必要がある．

ハ　正しい．酸素は支燃性であるため，酸素だけでは燃焼も爆発も起こらない．

ニ　正しい．液化酸素の配管には，低温脆性を示さない銅管，アルミニウム合金，18-8ステンレス鋼などを使用することができる．

以上から（5）が正解．

▶答（5）

2.17.2　可燃性ガス

問題1　【令和5年 問17】

次のイ，ロ，ハ，ニの記述のうち，可燃性ガスについて正しいものはどれか．

イ．水素が空気中で燃焼するとき，炎はほとんど無色で，水と二酸化炭素を生成する．

ロ．水素とアセチレンの爆発範囲（vol%；常温，大気圧，空気中）を比較すると，水素のほうがアセチレンより広い．

ハ．気体のメタンは，同一の温度，圧力，体積において空気より軽く，無色，無臭である．

ニ．溶解アセチレンは，容器に内蔵した多孔質物に浸潤させたアセトンまたはジメチルホルムアミドの溶剤に，アセチレンを加圧し溶解させたものである．

(1) イ，ロ　(2) イ，ハ　(3) ロ，ハ　(4) ロ，ニ　(5) ハ，ニ

解説 イ　誤り．水素（H_2）が空気中で燃焼するとき，炎はほとんど無色で，水のみを生成する．

$$H_2 + 1/2O_2 \rightarrow H_2O$$

ロ　誤り．水素とアセチレン（HC≡CH）の爆発範囲（vol%；常温，大気圧，空気中）を比較すると，水素（4.0～75.0 vol%）よりもアセチレン（2.5～100 vol%）の方がより広い（表2.2参照）．なお，アセチレンは，空気と混合しなくても分解爆発が起こりうるので，上限界値は100% である．

ハ　正しい．気体のメタン（CH_4）は，同一の温度，圧力，体積において空気より軽く，無色，無臭である．

ニ　正しい．溶解アセチレンは，容器に内蔵した多孔質物に浸潤させたアセトンまたはジメチルホルムアミドの溶剤に，アセチレンを加圧し溶解させたものである．

以上から（5）が正解．

▶答（5）

問題2　【令和4年 問17】

次のイ，ロ，ハ，ニの記述のうち，可燃性ガスについて正しいものはどれか．

イ．アセチレンは，可燃性，分解爆発性のガスである．

ロ．アセチレンは，鉄と反応して，爆発性化合物のアセチリドを生成する．

ハ．水素は，高温の状態で金属の酸化物，塩化物に作用すると，金属を遊離する．

ニ．メタンと水素は，空気中で完全燃焼するといずれも水と二酸化炭素を生成する．

(1) イ，ロ　(2) イ，ハ　(3) ロ，ハ　(4) ロ，ニ　(5) ハ，ニ

解説 イ　正しい．アセチレン（HC≡CH）は，可燃性，分解爆発性のガスである．

ロ　誤り．アセチレンは，銅や銀と反応して，爆発性化合物のアセチリド（銅アセチリドCuC≡CCu，銀アセチリドAgC≡CAg）を生成する．鉄とはアセチリドを生成しない．

ハ　正しい．水素は，高温の状態で金属の酸化物，塩化物に作用すると，還元して金属を遊離する．例　$Fe_2O_3 + 3H_2 \rightarrow 2Fe + 3H_2O$，$ZnCl_2 + H_2 \rightarrow Zn + 2HCl$

ニ　誤り．メタン（CH_4）は，空気中で完全燃焼すると，水と二酸化炭素を生成する．水素（H_2）は，空気中で完全燃焼すると，水のみを生成する．

$$CH_4 + 2O_2 \rightarrow CO_2 + 2H_2O$$

$$H_2 + 1/2O_2 \rightarrow H_2O$$

以上から（2）が正解.

▶答（2）

問題3 【令和3年 問17】

次のイ，ロ，ハ，ニの記述のうち，可燃性ガスについて正しいものはどれか.

イ．水素は，空気中で燃焼するとき，炎はほとんど無色で，水と窒素を生成する.

ロ．アセチレンと水素で爆発範囲（常温，0.1013 MPa，空気中）を比較すると，アセチレンのほうが広い.

ハ．メタンとアセチレンは，酸素と反応して完全燃焼すると，いずれも水と二酸化炭素を生成する.

ニ．アセチレンの配管に銀ろうで溶接した銅管を使用した.

(1) イ，ハ　(2) イ，ニ　(3) ロ，ハ　(4) ロ，ニ　(5) イ，ロ，ハ

解説 イ　誤り．水素は，空気中で燃焼するとき，炎はほとんど無色で，水を生成する.

$$H_2 + 1/2O_2 \rightarrow H_2O$$

ロ　正しい．アセチレンと水素で爆発範囲（常温，0.1013 MPa，空気中）を比較すると，アセチレン 2.5 ～ 100 vol%，水素 4.0 ～ 75.0 vol% であるから，アセチレンの方が広い（表2.2参照）.

ハ　正しい．メタン（CH_4）とアセチレン（C_2H_2）は，酸素と反応して完全燃焼すると，いずれも水と二酸化炭素を生成する.

$$CH_4 + 2O_2 \rightarrow CO_2 + 2H_2O,\ C_2H_2 + 5/2O_2 \rightarrow 2CO_2 + H_2O$$

ニ　誤り．アセチレン（HC≡CH）は，銅や銀と反応して爆発性化合物のアセチリド（CuC≡CCu，AgC≡CAg）を生成するため，アセチレンの配管に銀ろうで溶接した銅管は使用しない.

以上から（3）が正解.

▶答（3）

問題4 【令和2年 問17】

次のイ，ロ，ハ，ニの記述のうち，可燃性ガスについて正しいものはどれか.

イ．アセチレンは，自然発火性のガスである.

ロ．アセチレンは，鉄と反応して爆発性化合物であるアセチリドを生成する.

ハ．気体のメタンは，同一圧力，温度，体積において空気より軽く，無色で無臭である.

ニ．水素を酸素・水素バーナで燃焼させると，2,000°C を超える火炎温度を得ることができる.

(1) イ，ロ　(2) イ，ハ　(3) ロ，ハ　(4) ロ，ニ　(5) ハ，ニ

解説 イ　誤り．アセチレンは，自然発火性のガスではない．

ロ　誤り．アセチレンは，銅や銀と反応して爆発性化合物であるアセチリドを生成する．鉄はアセチリドを生成しない．

ハ　正しい．気体のメタン（CH_4：分子量16）は，同一圧力，温度，体積において空気（分子量29）より軽く，無色で無臭である．

ニ　正しい．水素を酸素・水素バーナで燃焼させると，2,000℃を超える火炎温度を得ることができる．

以上から（5）が正解．

▶答（5）

問題5　【令和元年 問17】

次のイ，ロ，ハ，ニの記述のうち，可燃性ガスについて正しいものはどれか．

イ．溶解アセチレンは，容器内部に充てんした多孔質物に，アセチレンを加圧し溶解したものである．

ロ．アセチレンが完全燃焼すると，水と二酸化炭素を生成し，高温度を発生する．

ハ．水素は，常温，大気圧下で炭素鋼中に侵入し，脱炭作用により炭素鋼を脆化させる．

ニ．気体のメタンは，無色，無臭で，同一圧力，温度，体積において空気より軽い．

（1）イ，ロ　（2）イ，ハ　（3）ロ，ハ　（4）ロ，ニ　（5）ハ，ニ

解説 イ　誤り．溶解アセチレンは，容器内部の多孔質物に浸潤させたアセトンまたはジメチルホルムアミド（溶剤）にアセチレンを加圧溶解させたものである．

ロ　正しい．アセチレン（C_2H_2）が完全燃焼すると，水と二酸化炭素を生成し，高温度を発生する．

$$C_2H_2 + 5/2O_2 \rightarrow 2CO_2 + H_2O$$

ハ　誤り．水素は，高温・高圧下で炭素鋼中に侵入し，脱炭作用により炭素鋼を脆化させる．「常温，大気圧下」が誤り．

ニ　正しい．気体のメタン（CH_4：分子量16）は，無色，無臭で，同一圧力，温度，体積において空気（分子量29）より軽い．

以上から（4）が正解．

▶答（4）

問題6　【平成30年 問17】

次のイ，ロ，ハ，ニの記述のうち，正しいものはどれか．

イ．常温，標準大気圧（0.1013 MPa）下において，水素とメタンの爆発範囲をくらべると，水素の方が広い．

ロ．アセチレンは鉄と反応して爆発性化合物であるアセチリドを生成する．

ハ. メタンは天然ガスの主成分で，完全燃焼すると水と二酸化炭素を生成するが，不完全燃焼すると一酸化炭素，水素，炭素（すす）なども生成する.

ニ. 水素は完全燃焼すると水と二酸化炭素を生成するが，不完全燃焼すると一酸化炭素も生成する.

(1) イ，ロ　(2) イ，ハ　(3) ロ，ハ　(4) ロ，ニ　(5) ハ，ニ

解説 イ　正しい. 常温，標準大気圧（0.1013 MPa）下において，水素とメタンの爆発範囲を比べると，メタンは 5.0 ～ 15.0 vol%，水素 4.0 ～ 75.0 vol% であるから，水素の方が広い（表 2.2 参照).

ロ　誤り. アセチレン（HC≡CH）は鉄と反応せず，アセチリドを生成しない. アセチレンは銅や銀と反応して爆発性化合物であるアセチリド（CuC≡CCu，AgC≡CAg）を生成する.

ハ　正しい. メタン（CH_4）は天然ガスの主成分で，完全燃焼すると水と二酸化炭素を生成するが，不完全燃焼すると一酸化炭素，水素，炭素（すす）なども生成する.

$$CH_4 + 2O_2 \rightarrow CO_2 + 2H_2O$$（完全燃焼）

ニ　誤り. 水素（H_2）は完全燃焼すると水のみを生成する. 炭素がないので不完全燃焼しても一酸化炭素も生成しない. $H_2 + 1/2O_2 \rightarrow H_2O$

以上から（2）が正解.　▶答（2）

■ 2.17.3　塩素

問題1　【令和5年 問18】

次のイ，ロ，ハ，ニの記述のうち，塩素について正しいものはどれか.

イ. 気体は，同一の温度，圧力，体積において空気より軽く，激しい刺激臭がある.

ロ. 支燃性かつ毒性のガスである.

ハ. 有機化合物が混入すると，発熱反応を起こして災害の原因になることがある.

ニ. 除害剤として希硫酸を使用した.

(1) イ，ロ　(2) イ，ニ　(3) ロ，ハ　(4) ハ，ニ　(5) イ，ロ，ニ

解説 イ　誤り. 塩素（Cl_2：分子量 71）の気体は，同一の温度，圧力，体積において空気（分子量 29）より重く，激しい刺激臭がある. なお，分子量が空気の分子量 29 より大きい気体は空気より重い.

ロ　正しい. 塩素は支燃性かつ毒性のガスである.

ハ　正しい. 塩素は有機化合物が混入すると，発熱反応を起こして災害の原因になることがある.

ニ　誤り．塩素の除害剤としてカセイソーダ（水酸化ナトリウム：$NaOH$）水溶液，炭酸ソーダ（炭酸ナトリウム：Na_2CO_3）水溶液，消石灰（水酸化カルシウム：$Ca(OH)_2$）または石灰乳（消石灰の懸濁液）などを使用する．

以上から（3）が正解．　▶答（3）

問題2　【令和4年 問18】

次のイ，ロ，ハ，ニの記述のうち，塩素について正しいものはどれか．

イ．気体は，同一の圧力，温度，体積において空気より重く，無臭である．

ロ．気体は，可燃性で毒性があり，その毒性はきわめて強い．

ハ．水分を含む塩素は，常温でも多くの金属を腐食する．

ニ．塩素の漏えい箇所にアンモニア水をしみこませた布を近づけると，塩化アンモニウムが生成され，白煙となって見える．

(1) イ，ロ　(2) イ，ハ　(3) ロ，ニ　(4) ハ，ニ　(5) イ，ハ，ニ

解説　イ　誤り．塩素（Cl_2：分子量71）の気体は，同一の圧力，温度，体積において空気（分子量29）より重く，強い刺激臭がある．

ロ　誤り．気体は，可燃性ではなく支燃性で，毒性があり，その毒性はきわめて強い．

ハ　正しい．水分を含む塩素は，常温でも多くの金属を腐食する．

ニ　正しい．塩素（Cl_2）の漏えい箇所にアンモニア水をしみこませた布を近づけると，塩化アンモニウム（NH_4Cl）が生成され，白煙となって見える．

$$NH_3 + HCl \rightarrow NH_4Cl$$

以上から（4）が正解．　▶答（4）

問題3　【令和3年 問18】

次のイ，ロ，ハ，ニの記述のうち，塩素について正しいものはどれか．

イ．気体は，黄緑色で無臭である．

ロ．水分を含まない塩素は，常温では多くの金属材料とほとんど反応しないが，チタンとは常温でも激しく反応し腐食させる．

ハ．除害剤としてカセイソーダ水溶液を使用した．

ニ．塩素と水素の等体積混合気体を加熱すると爆発的に激しく反応する．

(1) イ，ロ　(2) ハ，ニ　(3) イ，ロ，ニ

(4) イ，ハ，ニ　(5) ロ，ハ，ニ

解説　イ　誤り．塩素（Cl_2）の気体は，黄緑色で激しい刺激臭がある．

ロ　正しい．水分を含まない塩素は，常温では多くの金属材料とほとんど反応しないが，

チタンとは常温でも激しく反応し腐食させる.

ハ　正しい. 除害剤としてカセイソーダ（水酸化ナトリウム：NaOH）水溶液を使用する.

ニ　正しい. 塩素と水素の等体積混合気体を加熱すると爆発的に激しく反応して塩化水素（HCl）が生成する.

$$Cl_2 + H_2 \rightarrow 2HCl$$

以上から（5）が正解.　▶答（5）

問題4 【令和2年 問18】

次のイ, ロ, ハ, ニの記述のうち, 塩素について正しいものはどれか.

イ. 気体は, 同一の圧力, 温度, 体積において空気より重く, 無色で刺激臭がある.

ロ. 支燃性, 毒性があり, その毒性は強い.

ハ. 水分を含む塩素は, 常温でも多くの金属を腐食する.

ニ. 有機化合物と反応することはない.

(1) イ, ニ　(2) ロ, ハ　(3) ハ, ニ　(4) イ, ロ, ハ　(5) イ, ロ, ニ

解説 イ　誤り. 塩素（Cl_2：分子量71）の気体は, 同一の圧力, 温度, 体積において空気（分子量29）より重く, 黄緑色で刺激臭がある.

ロ　正しい. 支燃性, 毒性があり, その毒性は強い.

ハ　正しい. 水分を含む塩素は, 常温でも多くの金属を腐食する.

ニ　誤り. 塩素は有機化合物と反応し, 塩素化合物と塩化水素（HCl）が生成する.

以上から（2）が正解.　▶答（2）

問題5 【令和元年 問18】

次のイ, ロ, ハ, ニの記述のうち, 塩素について正しいものはどれか.

イ. 除害剤に希硫酸を用いた.

ロ. 気体は, 同一圧力, 温度, 体積において空気より重い.

ハ. チタンは, 水分を含まない塩素とは常温でも激しく反応し腐食される.

ニ. 塩素の漏えい箇所にアンモニア水をしみこませた布などを近づけると, 塩化アンモニウムを生成し, 白煙となって見える.

(1) イ, ロ　(2) イ, ニ　(3) ロ, ハ　(4) ハ, ニ　(5) ロ, ハ, ニ

解説 イ　誤り. 塩素（Cl_2）の水溶液は酸性であるから, 除害剤にはアルカリ性の水酸化ナトリウム水溶液を用いる.

ロ　正しい. 塩素（分子量71）の気体は, 同一圧力, 温度, 体積において空気（分子量

29）より重い．

ハ　正しい．チタンは，水分を含まない塩素とは常温でも激しく反応し腐食される．

ニ　正しい．塩素の漏えい箇所にアンモニア水をしみこませた布などを近づけると，塩化アンモニウム（NH_4Cl）を生成し，白煙となって見える．

$$Cl_2 + NH_4OH \rightarrow NH_4Cl\ (白煙) + HOCl$$

以上から（5）が正解．　▶答（5）

問題6　【平成30年 問18】

次のイ，ロ，ハ，ニの記述のうち，塩素について正しいものはどれか．

イ．気体は，黄緑色で，激しい刺激臭がある．

ロ．水分を含む塩素は，常温では金属への腐食性はない．

ハ．毒性を有するが，有機化合物と反応することはない．

ニ．除害剤には，カセイソーダ水溶液，消石灰などが用いられる．

（1）イ，ロ　（2）イ，ニ　（3）ロ，ハ　（4）ハ，ニ　（5）イ，ハ，ニ

解説　イ　正しい．塩素（Cl_2）の気体は，黄緑色で，激しい刺激臭がある．

ロ　誤り．水分を含む塩素は，常温で金属への腐食性がある．

ハ　誤り．毒性を有し，有機化合物と反応することがある．有機化合物と反応すると，その成分中の水素と塩素が置換し，塩素化合物と塩化水素（HCl）が生成して発熱する．

ニ　正しい．除害剤には，塩素が水溶液で酸性を示すので，カセイソーダ（水酸化ナトリウム：NaOH）水溶液，消石灰（水酸化カルシウム：$Ca(OH)_2$）などが用いられる．

以上から（2）が正解．　▶答（2）

■ 2.17.4　アンモニアおよびその他

問題1　【令和5年 問19】

次のイ，ロ，ハ，ニの記述のうち，アンモニアについて正しいものはどれか．

イ．可燃性・毒性ガスで，気体は無色で，同一の温度，圧力，体積において空気より軽く，特有の刺激臭がある．

ロ．液体をハロゲン，強酸と接触させると，激しく反応し，爆発・飛散することがある．

ハ．配管のガス置換には二酸化炭素が用いられる．

ニ．配管にアルミニウム管を使用した．

（1）イ，ロ　（2）イ，ハ　（3）イ，ニ　（4）ロ，ニ　（5）ハ，ニ

解説 イ　正しい．アンモニア（NH_3：分子量17）は可燃性・毒性ガスで，気体は無色で，同一の温度，圧力，体積において空気（分子量29）より軽く，特有の刺激臭がある．

ロ　正しい．アンモニアの液体をハロゲン（フッ素，塩素など），強酸と接触させると，激しく反応し，爆発・飛散することがある．

ハ　誤り．アンモニア配管のガス置換には窒素が用いられる．二酸化炭素（CO_2）を用いるとアンモニウムカーバメート（NH_2COONH_4）（水の存在で炭酸アンモニウム（$(NH_4)_2CO_3$））の結晶が生成するので，アンモニア配管のガス置換に二酸化炭素は使用できない．

ニ　誤り．アンモニア水溶液とアルミニウムは反応するため（水酸化アルミニウムが生成），アンモニアの配管にはアルミニウム管を使用しない．

以上から（1）が正解．

▶答（1）

問題2　【令和4年 問19】

次のイ，ロ，ハ，ニの記述のうち，正しいものはどれか．

イ．アンモニアは，支燃性，毒性ガスで，気体は同一の圧力，温度，体積において空気より重い．

ロ．シアン化水素とクロルメチル（塩化メチル）は，いずれも可燃性，毒性ガスである．

ハ．クロルメチル（塩化メチル）の配管材料にはアルミニウムおよびアルミニウム合金が適している．

ニ．アンモニアの除害剤として大量の水を使用した．

（1）イ，ロ　（2）イ，ハ　（3）イ，ニ　（4）ロ，ニ　（5）ハ，ニ

解説 イ　誤り．アンモニア（NH_3：分子量17）は，支燃性ではなく可燃性，毒性ガスで，気体は同一の圧力，温度，体積において空気（分子量29）より軽い．

ロ　正しい．シアン化水素（HCN）とクロルメチル（塩化メチル：CH_3Cl）は，いずれも可燃性，毒性ガスである．

ハ　誤り．クロルメチル（塩化メチル）は，一部分解して生成した塩化水素がアルミニウムおよびアルミニウム合金と反応する可能性があるため，これらの材料を使用した配管は使用しない．

ニ　正しい．アンモニアの除害剤として大量の水を使用する．

以上から（4）が正解．

▶答（4）

問題3　【令和3年 問19】

次のイ，ロ，ハ，ニの記述のうち，アンモニアについて正しいものはどれか．

イ．毒性，可燃性のガスで，気体は，無色で特有の強い刺激臭があり，同一圧力，温度，体積において空気より軽い．
ロ．ハロゲン，強酸と接触すると，激しく反応し，爆発，飛散することがある．
ハ．除害剤として消石灰を使用した．
ニ．配管に銅管を使用した．

(1) イ，ロ　(2) イ，ハ　(3) イ，ニ　(4) ロ，ニ　(5) ハ，ニ

解説 イ　正しい．アンモニア（NH_3：分子量17）は，毒性，可燃性のガスで，気体は，無色で特有の強い刺激臭があり，同一圧力，温度，体積において空気（分子量29）より分子量は小さいため軽い．

ロ　正しい．ハロゲン，強酸と接触すると，激しく反応し，爆発，飛散することがある．

ハ　誤り．除害剤として大量の水または希硫酸を使用する．消石灰（水酸化カルシウム：$Ca(OH)_2$）はアルカリ性であるから，アルカリ性を示すアンモニアを全く除去できない．

ニ　誤り．アンモニアの配管に銅管を用いると，著しく腐食するため使用しない．なお，アルミニウムやアルミニウム合金も同様であるから使用しない．

以上から（1）が正解．　▶答（1）

問題4　【令和2年 問19】

次のイ，ロ，ハ，ニの記述のうち，正しいものはどれか．

イ．アンモニアの配管に銅管を用いた．
ロ．クロルメチル（塩化メチル）の除害には，大量の水を用いることができる．
ハ．アンモニアとシアン化水素は，いずれも可燃性，毒性のガスである．
ニ．装置内のアンモニアのガス置換に二酸化炭素を用いた．

(1) イ，ロ　(2) イ，ハ　(3) イ，ニ　(4) ロ，ハ　(5) ハ，ニ

解説 イ　誤り．アンモニア（NH_3）の配管には，腐食性のある銅，銅合金，アルミニウムおよびアルミニウム合金を用いた配管を使用しない．

ロ　正しい．クロルメチル（塩化メチル：CH_3Cl）は水に少量溶解（約5 g/L）するため，その除害には，大量の水を用いることができる．

ハ　正しい．アンモニアとシアン化水素（HCN）は，いずれも可燃性，毒性のガスである．

ニ　誤り．装置内のアンモニアのガス置換に二酸化炭素を用いると，水の存在で炭酸アンモニウム（$(NH_4)_2CO_3$）が生成するので，使用しない．窒素ガスを使用する．

$$2NH_3 + CO_2 + H_2O \rightarrow (NH_4)_2CO_3$$

以上から（4）が正解．　▶答（4）

問題5　【令和元年 問19】

次のイ，ロ，ハ，ニの記述のうち，アンモニアについて正しいものはどれか．

イ．気体は，無色で特有の刺激臭があり，同一圧力，温度，体積において空気より重い．

ロ．配管材料として銅，銅合金が適している．

ハ．配管のガス置換に二酸化炭素を使用すると，反応生成物の結晶を生じることがある．

ニ．除害剤として大量の水を用いた．

(1) イ，ロ　(2) イ，ハ　(3) ハ，ニ　(4) イ，ロ，ニ　(5) ロ，ハ，ニ

解説　イ　誤り．アンモニア（NH_4：分子量17）の気体は，無色で特有の刺激臭があり，同一圧力，温度，体積において空気（分子量29）より軽い．

ロ　誤り．配管材料として，銅および銅合金，アルミニウムおよびアルミニウム合金は使用しない．

ハ　正しい．配管のガス置換に二酸化炭素を使用すると，次のように反応生成物（炭酸アンモニウム：$(NH_4)_2CO_3$）の結晶を生じることがある．

$$2NH_3 + CO_2 + H_2O \rightarrow (NH_4)_2CO_3$$

ニ　正しい．除害剤として大量の水を用いる．

以上から（3）が正解．　▶答（3）

問題6　【平成30年 問19】

次のイ，ロ，ハ，ニの記述のうち，正しいものはどれか．

イ．アンモニアの配管に鋼管を用いた．

ロ．アンモニアとクロルメチル（塩化メチル）の除害剤としては，いずれも消石灰が適している．

ハ．アンモニアは，支燃性，毒性のガスである．

ニ．クロルメチル（塩化メチル）とシアン化水素は，いずれも可燃性，毒性のガスである．

(1) イ，ロ　(2) イ，ハ　(3) イ，ニ　(4) ロ，ハ　(5) ロ，ニ

解説　イ　正しい．アンモニア（NH_3）の配管には鋼管を用いることができる．腐食性のある銅および銅合金，アルミニウムおよびアルミニウム合金は使用しない．

ロ　誤り．アンモニアの除害剤には，大量の水，希塩酸または希硫酸を用いる．クロルメ

チル（塩化メチル：CH_3Cl）の除害剤には，大量の水を用いる．

ハ　誤り．アンモニアは，支燃性はなく，可燃性，毒性のガスである．

ニ　正しい．クロルメチルとシアン化水素（HCN）は，いずれも可燃性，毒性のガスである．

以上から（3）が正解．　▶答（3）

2.18 特殊高圧ガス

問題1　【令和5年 問20】

次のイ，ロ，ハ，ニの記述のうち，正しいものはどれか．

イ．特殊高圧ガスとして定義されている7種類のガスは，すべて可燃性かつ毒性のガスである．

ロ．モノシランは，空気中に漏洩すれば，常温でも自然発火が起こる危険性がある．

ハ．五フッ化ヒ素等として規定されている7種類のガス（フッ素化合物）の中には，可燃性かつ毒性のガスもある．

ニ．三フッ化窒素は，常温でも酸素と容易に反応する．

（1）イ，ロ　（2）イ，ニ　（3）ロ，ハ　（4）ハ，ニ　（5）イ，ロ，ニ

解説　イ　正しい．特殊高圧ガスとして定義されている7種類のガス（**表2.3**参照）は，すべて可燃性かつ毒性のガスである．

表2.3　特殊高圧ガスの物理・化学的性質[1)]

	モノシラン SiH_4	ホスフィン PH_3	アルシン AsH_3	ジボラン B_2H_6	モノゲルマン GeH_4	ジシラン Si_2H_6	セレン化水素 H_2Se
分子量	32.1	34.0	77.9	27.7	76.6	62.2	81.0
色	無色	無色	無色	無色	無色	無色	無色
臭	不快臭	魚の腐った臭	にんにく臭	特有な臭	刺激臭	刺激臭	にんにく臭
液密度〔kg/m³〕	556（沸点）	740（沸点）	1,640（−64.3°C）	341（沸点）	1,523（−142°C）	901（沸点）	2,070（沸点）
ガス密度（大気圧）〔kg/m³〕	1.342（20°C）	1.402（25°C）	3.484（0°C）	1.248（0°C）	3.420（0°C）	2.865	3.312
相対密度（空気＝1）	1.114	1.184	2.69	0.97	2.65	2.15	2.80
沸点〔°C〕	−111.8	−87.7	−62.1	−92.5	−88.4	−14.5	−42.0

表 2.3　特殊高圧ガスの物理・化学的性質[1)]（つづき）

	モノシラン SiH_4	ホスフィン PH_3	アルシン AsH_3	ジボラン B_2H_6	モノゲルマン GeH_4	ジシラン Si_2H_6	セレン化水素 H_2Se
臨界温度〔°C〕	−3.4	51.7	99.9	16.7	34.8	150.9	138
臨界圧力〔MPa〕	4.84	6.53	6.59	4.05	5.55	5.15	8.91
爆発範囲*1〔vol%〕	1.37 ～ 上限不明	1.6 ～ 上限不明	5.1 ～ 78	0.84 ～ 93.3	2.28 ～ 100	(0.5) ～ 上限不明	8.84 ～ 62.4
燃焼・爆発性	可燃性（自然発火）	可燃性（自然発火）	可燃性	可燃性（38 ～ 51°C で自然発火）	可燃性（分解爆発性）	可燃性（自然発火）	可燃性（常温で自然発火せず）
許容濃度*2〔vol ppm〕	5	0.3	0.005	0.1	0.2	モノシランと同程度	0.05
水との反応性	弱アルカリ性の水で加水分解	冷水可溶 熱水不溶	やや水溶性	加水分解	水に不溶	アルカリ性の水では反応	水にある程度溶ける

*1　常温，大気圧，空気中での値を示す．爆発範囲で上限不明とは，ほぼ 100% と思われるが自然発火性のため測定不能を意味する．
*2　ACGIH 勧告値 TLV-TWA である．

ロ　正しい．モノシラン（SiH_4）は，空気中に漏洩すれば，常温でも自然発火が起こる危険性がある．

ハ　誤り．五フッ化ヒ素等として規定されている 7 種類のガス（フッ素化合物：**表 2.4** 参照）のうち，6 種類が不燃性かつ毒性のガスで，1 種類（三フッ化窒素：NF_3）が支燃性かつ毒性のガスである．この 7 種類の中に可燃性かつ毒性のガスはない．

ニ　誤り．三フッ化窒素は，支燃性であるから常温では酸素と反応しない．なお，約 770°C でも酸素と反応しない．

表 2.4　五フッ化ヒ素等の物理・化学的性質[1)]

	五フッ化ヒ素	五フッ化リン	三フッ化窒素	三フッ化ホウ素	三フッ化リン	四フッ化硫黄	四フッ化ケイ素
	AsF_5	PF_5	NF_3	BF_3	PF_3	SF_4	SiF_4
分子量	169.9	126.0	71.0	67.8	88.0	108.1	104.1
色	無色	無色	無色	無色	無色	無色	無色
臭	—	刺激臭	かび臭（純品は無臭）	刺激臭	無臭	刺激臭	息のつまる臭い
液密度〔kg/m³〕	2,330	1,636	1,533	1,571	1,574	1,816	1,590
	(−52.8°C)	(−84.6°C)	(−129°C)	(−99.9°C)	(−101.2°C)	(−40.4°C)	(−80°C)

表 2.4　五フッ化ヒ素等の物理・化学的性質[1]（つづき）

	五フッ化ヒ素	五フッ化リン	三フッ化窒素	三フッ化ホウ素	三フッ化リン	四フッ化硫黄	四フッ化ケイ素
	AsF_5	PF_5	NF_3	BF_3	PF_3	SF_4	SiF_4
ガス密度*1〔kg/m^3〕	7.58	5.62	3.17	3.03	3.93	4.82	4.65
相対密度（標準状態の空気＝1）	5.77	4.46	2.46	2.38	3.03	3.78	3.63
沸点〔°C〕	−52.8	−84.6	−129	−99.8	−101.2	−40.4	−95
臨界温度〔°C〕	—	19 または 25	−39.2	−12.3	−2	90.9	−14.2
臨界圧力〔MPa〕	—	3.39	4.53	4.98	4.32	—	3.72
燃焼性・毒性	不燃・毒性	不燃・毒性	支燃性・毒性	不燃・毒性	不燃・毒性	不燃・毒性	不燃・毒性
許容濃度*2〔vol ppm〕	0.01 mg/m^3（As として）	2.5 mg/m^3（F として）	10	1（C）（STEL）	2.5 mg/m^3（F として）	0.1（C）（STEL）	2.5 mg/m^3（F として）
水との反応性	反応し発熱する	加水分解	微溶性，不反応	加水分解	加水分解，アルカリ性で加速する	加水分解	加水分解，空気中の水分とも反応し発煙する

＊1　分子量から標準状態の値を推算した．
＊2　ACGIH 勧告値 TLV-TWA である．また，（STEL）は短時間曝露限界を示し，（C）はピーク値を示す．なお，改正高圧ガス取締法関係政省令質疑応答集 Q&A では，毒性について，次のように取り扱うこととされている．
例　三フッ化リン，五フッ化ヒ素，五フッ化リン，四フッ化ケイ素……フッ化水素と同程度（3 ppm）

以上から（1）が正解．　　▶答（1）

問題 2　【令和 4 年 問 20】

次のイ，ロ，ハ，ニの記述のうち，正しいものはどれか．

イ．三フッ化窒素は，メタン，アンモニアなどとの混合ガスに点火すると爆発的に反応するおそれがある．

ロ．ジボランは，室温でゆっくり分解し，水素と高級ボラン化合物を生成する．

ハ．モノシランは，常温ではフッ素，塩素とは反応しない．

ニ．アルシンは，自然発火性，毒性ガスであるが，微量であればガスを短時間吸入しても生命に危険を及ぼすことはない．

(1) イ，ロ　(2) イ，ハ　(3) ロ，ニ　(4) ハ，ニ　(5) イ，ロ，ハ

解説 イ　正しい．三フッ化窒素（NF_3）は，メタン（CH_4），アンモニア（NH_3），硫化水素（H_2S），一酸化炭素（CO）などとの混合ガスに点火すると爆発的に反応するおそれがある．

ロ　正しい．ジボラン（B_2H_6）は，室温でゆっくり分解し，水素と高級ボラン化合物を生成する．

ハ　誤り．モノシラン（SiH_4）は，常温でフッ素，塩素と爆発的に反応する．

ニ　誤り．アルシン（AsH_3）は，自然発火性ではなく可燃性，毒性ガスであり，微量であってもガスを短時間吸入しただけで生命に危険を及ぼすことがある．

以上から（1）が正解．

▶答（1）

問題3　【令和3年 問20】

次のイ，ロ，ハ，ニの記述のうち，正しいものはどれか．

イ．ハロン消火剤は，モノシランに対して支燃性として働く．

ロ．モノゲルマンは，自己分解爆発性ガスである．

ハ．三フッ化窒素は，毒性，可燃性のガスで，常温で酸素と激しく反応する．

ニ．ホスフィンは，毒性，可燃性のガスで，室温でゆっくり分解し，水素と高級ボラン化合物を生成する．

（1）イ，ロ　（2）イ，ハ　（3）イ，ニ　（4）ロ，ニ　（5）ロ，ハ，ニ

解説 イ　正しい．ハロン消火剤（フロンの一種を使用した消火剤）は，モノシラン（SiH_4）に対して支燃性として働く．

ロ　正しい．モノゲルマン（GeH_4）は，自己分解爆発性ガスである．

ハ　誤り．三フッ化窒素（NF_3）は，毒性（皮膚を刺激し肝臓障害や腎臓障害を起こす）であるが，支燃性ガスであるから同じく支燃性である酸素とは反応しない．

ニ　誤り．ホスフィン（PH_3）は，毒性，可燃性のガスで，室温では安定である．水素と高級ボラン化合物を生成するものは，室温でゆっくり分解するジボラン（B_2H_6）である．

以上から（1）が正解．

▶答（1）

問題4　【令和2年 問20】

次のイ，ロ，ハ，ニの記述のうち，正しいものはどれか．

イ．モノシランは，自然発火性で毒性のガスである．

ロ．三フッ化窒素は，フッ素と常温で爆発的に反応する．

ハ．ジボランは，室温でゆっくり分解し水素と高級ボラン化合物を生成する．

ニ．アルシンは，支燃性，毒性があり，その毒性は極めて強い．

（1）イ，ハ　（2）イ，ニ　（3）ロ，ニ　（4）イ，ロ，ハ　（5）ロ，ハ，ニ

解説 イ　正しい．モノシラン（SiH_4）は，自然発火性（空気中の酸素と反応して温度が徐々に上昇するため）で毒性のガスである（表2.3参照）．

ロ　誤り．三フッ化窒素（NF_3）は，フッ素（F_2）とは反応しない．

ハ　正しい．ジボラン（B_2H_6）は，室温でゆっくり分解し水素と高級ボラン化合物を生成する．

ニ　誤り．アルシン（AsH_3）は，可燃性で毒性があり，その毒性は極めて強い．支燃性はない．

以上から（1）が正解．　▶答（1）

問題5　【令和元年 問20】

次のイ，ロ，ハ，ニの記述のうち，特殊高圧ガスについて正しいものはどれか．

イ．特殊高圧ガスは，全て可燃性かつ毒性のガスである．

ロ．モノゲルマンは，自己分解爆発性のガスである．

ハ．モノシランの火炎の消火には，ハロン消火剤が適している．

ニ．ホスフィンは，常温ではフッ素，塩素とは反応しない．

（1）イ，ロ　（2）イ，ハ　（3）ロ，ニ　（4）ハ，ニ　（5）イ，ロ，ハ

解説 イ　正しい．特殊高圧ガスは，すべて可燃性かつ毒性のガスである（表2.3参照）．

ロ　正しい．モノゲルマン（GeH_4）は，自己分解爆発性のガスである．

ハ　誤り．モノシラン（SiH_4）の火炎の消火に，ハロン消火剤は支燃性として働くので使用してはならない．

ニ　誤り．ホスフィン（PH_3）は，常温でフッ素，塩素，硝酸と爆発的に反応する．

以上から（1）が正解．　▶答（1）

問題6　【平成30年 問20】

次のイ，ロ，ハ，ニの記述のうち，正しいものはどれか．

イ．モノシランは，空気中で燃焼すると白煙のように見える二酸化ケイ素（SiO_2）の粉末を生じる．

ロ．ホスフィンは，毒性，自然発火性のガスである．

ハ．ジボランは，酸素とは反応しない．

ニ．三フッ化窒素は，毒性，可燃性のガスである．

（1）イ，ロ　（2）イ，ハ　（3）ロ，ニ　（4）ハ，ニ　（5）イ，ロ，ハ

解説 イ　正しい．モノシラン（SiH_4）は，空気中で燃焼すると白煙のように見える二酸化ケイ素（SiO_2）の粉末を生じる．

ロ　正しい．ホスフィン（PH_3）は，毒性，自然発火性のガスである．

ハ　誤り．ジボラン（B_2H_6）は，可燃性で酸素とは激しく反応する．なお，三フッ化窒素の支燃性物質とも激しく反応する．

ニ　誤り．三フッ化窒素（NF_3）は，毒性（皮膚を刺激し，肝臓障害や腎臓障害を起こす），支燃性のガスである．

以上から（1）が正解．　▶答（1）

■参考文献

1)『第一種販売講習テキスト（第3次改訂版）』，高圧ガス保安協会（2023）
2)『第二種販売講習テキスト（第5次改訂版）』，高圧ガス保安協会（2023）
3)『中級 高圧ガス保安技術（乙種化学・機械講習テキスト）（第20次改訂版）』，高圧ガス保安協会（2023）
4)『高圧ガス保安技術（甲種化学・機械講習テキスト）（第12次改訂版）』，高圧ガス保安協会（2015）
5) 公害防止の技術と法規編集委員会『新・公害防止の技術と法規2014　大気編』，産業環境管理協会（2014）

索　引

サ

シ

ス

セ

ソ

タ

〈著者略歴〉

三 好 康 彦（みよし　やすひこ）

1968 年　九州大学工学部合成化学科卒業
1971 年　東京大学大学院博士課程中退
2002 年　東京都公害局（当時）入局
　　　　博士（工学）
2005 年 4 月～ 2011 年 3 月　県立広島大学生命環境学部 教授
現　在　EIT 研究所 主宰

主な著書 小型焼却炉 改訂版 / 環境コミュニケーションズ（2004 年）
汚水・排水処理 ―基礎から現場まで― / オーム社（2009 年）
丙種ガス主任技術者試験 精選問題集 / オーム社（2012 年）
公害防止管理者試験 水質関係 速習テキスト / オーム社（2013 年）
公害防止管理者試験 大気関係 速習テキスト / オーム社（2013 年）
公害防止管理者試験 ダイオキシン類 精選問題 / オーム社（2013 年）
年度版 環境計量士試験［濃度・共通］攻略問題集 / オーム社
年度版 公害防止管理者試験 攻略問題集 / オーム社
年度版 第 1 種放射線取扱主任者試験 完全対策問題集 / オーム社
年度版 高圧ガス販売主任者試験 第二種販売 攻略問題集 / オーム社
その他，論文著書多数

高圧ガス販売主任者試験　第一種販売　合格問題集（第 2 版）

2021 年 2 月 4 日　　第 1 版第 1 刷発行
2024 年 7 月 23 日　　第 2 版第 1 刷発行

著　　者　三 好 康 彦
発 行 者　村 上 和 夫
発 行 所　株式会社 オ ー ム 社
　　　　　郵便番号　101-8460
　　　　　東京都千代田区神田錦町 3-1
　　　　　電 話　03（3233）0641（代表）
　　　　　URL　https://www.ohmsha.co.jp/

印刷・製本　小宮山印刷工業
ISBN978-4-274-23220-6　Printed in Japan